概率论与数理统计

主　编　吕小俊
副主编　吕鹏辉　焦　岑　孙唯唯

苏州大学出版社

图书在版编目(CIP)数据

概率论与数理统计/吕小俊主编. —苏州:苏州
大学出版社,2022.12
  ISBN 978-7-5672-4182-4

  Ⅰ.①概… Ⅱ.①吕… Ⅲ.①概率论-高等学校-教
材②数理统计-高等学校-教材 Ⅳ.①O21

  中国版本图书馆 CIP 数据核字(2022)第 248316 号

书　　名:概率论与数理统计
主　　编:吕小俊
责任编辑:周建兰　征　慧
装帧设计:吴　钰
出版发行:苏州大学出版社(Soochow University Press)
出 版 人:盛惠良
社　　址:苏州市十梓街1号　邮编:215006
印　　装:常熟市华顺印刷有限公司
网　　址:www.sudapress.com
邮　　箱:sdcbs@suda.edu.cn
邮购热线:0512-67480030
开　　本:787 mm×1 092 mm　1/16　印张:14.75　字数:332 千
版　　次:2022 年 12 月第 1 版
印　　次:2022 年 12 月第 1 次印刷
书　　号:ISBN 978-7-5672-4182-4
定　　价:44.00 元

凡购本社图书发现印装错误,请与本社联系调换
服务热线:0512-67481020

前　言

从 1999 年起,我国高校开始扩大招生规模,在这二十几年里,我国高等教育实现了从精英教育到大众化教育的转变.教育规模的迅速扩大,给我国的高等教育带来了一系列的新变化、新问题与新挑战.应用型本科教育是我国高等教育体系的重要组成部分,为了适应新形势下数学教学改革的精神及应用型本科教育改革的要求,针对应用型本科院校学生的认知水平和心理发展规律,并结合编者多年的教学实践经验,我们编写了这本《概率论与数理统计》,供应用型本科院校管理类、理工类等专业学生使用.

本教材是参照教育部颁布的高等工科院校本科"概率论与数理统计"课程教学基本要求编写的.全书共八章,第一章是随机事件及其概率,主要介绍概率论最基本的概念;第二、三章介绍现代概率论的主要研究对象,如随机变量,包括离散型和连续型,一维和多维随机变量;第四章介绍了随机变量的数字特征,如期望、方差、协方差和相关系数;第五章介绍了大数定理及中心极限定理,既回答了频率和概率之间的关系,又为数理统计部分建立了理论基础;第六章介绍了数理统计基础知识,包括总体、样本、统计量和抽样分布等概念;第七、八章分别介绍了参数估计和假设检验,让读者了解怎样利用数理统计知识解决实际问题.

本教材具有以下几个方面的特点:

(1) 突出应用型本科人才培养的特色.

本教材针对应用型本科高校的人才培养目标,结合应用型本科高校学生的认知水平和心理发展规律编写而成,在确保知识结构完整性和系统性的基础上,弱化定理的严格证明,注重概念的通俗易懂和知识的应用性.

(2) 案例紧密联系实际,服务专业课程.

本教材精选了一些经济管理和工程应用领域的概率统计案例,不仅为学生理解概率统计的抽象概念提供了认识基础,还有助于加强与后续专业课程的联系.

（3）加强概率论与数理统计课程思政元素的设计.

本教材从教学例题和习题、知识应用、数学家生平事迹和数学史等多方面挖掘思政育人素材,潜移默化地培养学生的爱国情怀、辩证唯物主义观念和严谨治学态度等,促进学生树立正确的人生观和价值观.

本教材由吕小俊、吕鹏辉、焦岑、孙唯唯四位老师完成初稿,第一、二章由焦岑编写,第三、四章由吕鹏辉编写,第五、六章由孙唯唯编写,第七、八章由吕小俊编写.最后由吕小俊统稿和定稿.参与本书编写的还有聂家升和唐敏慧,他们主要负责本书内容的校对和修订工作.

本教材在编写过程中,得到了苏州大学应用技术学院多位领导与老师的支持和帮助,他们为本书的出版提出宝贵的意见和建议.另外,苏州大学出版社的老师们也为本书的出版做了大量的工作.在此一并表示最诚挚的谢意!

由于编者水平有限,书中疏漏与错误在所难免,希望各位专家、同行和读者批评指正.

目 录

第一章 随机事件及其概率

　　自然界和人类社会中发生的现象是多种多样的,主要可以分为两类:一类是在一定的条件下必然发生的现象,如太阳从东方升起,同性电荷相互排斥等,这类现象称为确定性现象;另一类是不确定性现象,主要表现是在一定的条件下,这类现象可能出现这种结果,也可能出现另一种结果,且在试验前无法确定会出现哪种结果.例如,在相同的条件下抛掷同一枚硬币,可能出现正面,也可能出现反面;购买一张彩票,可能中奖,也可能不中奖;等等.但在不确定性现象中,也有这样的一类,这类现象被称为随机现象,其试验结果在个别试验中呈现出不确定性,但在大量重复试验中又呈现出某种规律性.例如,多次重复抛掷同一枚均匀的硬币,得到正面朝上的次数和反面朝上的次数大致相同;多次重复抛一颗均匀的骰子,骰子的每一面出现的次数大致相同;等等.这种在大量重复试验中所呈现出的固有规律性,称为统计规律性,概率论与数理统计就是一门专门研究和揭示随机现象统计规律性的数学学科.

　　本章主要介绍概率论的一些基本概念,包括随机试验与样本空间,随机事件,频率与概率,条件概率与乘法公式,两个或多个事件的独立性,等等.

第一节 随机事件

一、随机试验

　　在概率论中,对某一随机现象进行的观察或试验,称为**随机试验**,简称**试验**,通常用大写字母 E 表示.作为研究对象,随机试验需满足以下三个条件:

　　(1) 重复性:试验可以在相同的条件下重复进行.

　　(2) 可知性:试验的所有可能结果在试验前是已知的.

　　(3) 不确定性:在试验之前不能确定会出现哪一个结果.

　　以下是一些随机试验的例子:

　　E_1:抛掷一枚均匀的硬币,观察正反面出现的情况;

　　E_2:抛掷一颗均匀的骰子,观察出现的点数;

　　E_3:某城市一天内发生的交通事故的次数;

E_4：一位顾客在超市内排队等待付款的时间.

读者还可以列举出很多有趣的随机试验.

二、样本空间

由于随机试验的所有可能结果在试验前可以明确,所以我们有:

定义 1　将随机试验 E 的所有可能结果组成的集合称为随机试验 E 的**样本空间**,记为 $S.S$ 中的每一个元素,即随机试验 E 的每一个结果,称为**样本点**,常用 e 表示.

从而我们可以写出上述随机试验 E_1,E_2,E_3,E_4 的样本空间依次为

S_1：{正面,反面}；

S_2：$\{1,2,3,4,5,6\}$；

S_3：$\{0,1,2,3,\cdots\}$；

S_4：$\{t \mid t \geqslant 0\}$.

由此可见,样本空间可以由有限个(至少 2 个)样本点组成,也可以由无限个样本点组成；样本空间中的每一个元素可以用文字来表示,也可以用数字来表示.

三、随机事件

在实际生活中,当进行随机试验时,人们常常关心满足某些条件的样本点所组成的集合.例如,在随机试验 E_4 中,人们关心的是排队等待付款的时间小于等于 5 min,用集合表示出来即是 $\{t \mid 0 \leqslant t \leqslant 5\}$.满足这一条件的所有样本点组成了 S_4 的一个子集,不妨记为 A,则 $A = \{t \mid 0 \leqslant t \leqslant 5\}$,此时我们称 A 为随机试验 E_4 的一个随机事件.显然,此时若有 A 中的一个样本点出现,即有 $0 \leqslant t \leqslant 5$；反之,若出现了 $0 \leqslant t \leqslant 5$,则称事件 A 发生了.

定义 2　一般地,我们将随机试验 E 的样本空间 S 的子集称为试验 E 的**随机事件**,简称事件,通常用大写字母 $A,B,C,\cdots$ 来表示.在每一次试验中,当且仅当这一子集中的某一样本点出现时,称这一事件发生了.

【例 1】　在试验 E_2 中,假设事件 A_1 表示"点数为奇数",即 $A_1 = \{1,3,5\}$.此时若抛出的点数为 3,由于 $3 \in A_1$,因此事件 A_1 在这次试验中发生了；若又进行了一次试验,这次抛出的点数是 6,由于 $6 \notin A_1$,因此事件 A_1 在这次试验中没有发生.故我们得出结论:一方面,当试验结果的样本点属于事件集合时,我们称事件发生；当样本点不属于事件集合时,我们称事件未发生.另一方面,若随机事件中不止有一个样本点,则导致该随机事件发生的结果不止一个.

特别地,由一个样本点组成的集合称为**基本事件**.例如,试验 E_1 有两个基本事件:{正面},{反面}.

注　样本空间 S 也是自身的子集,它包含所有的样本点,因而在每次试验中必然发生,故称其为**必然事件**；$\varnothing$ 也是样本空间 S 的子集,它不包含任何的样本点,因而它在每一次试验中必然不发生,故称其为**不可能事件**.必然事件和不可能事件都不是随机事件,因为它们发生与否是确定的,不具有随机性,但是为了今后讨论的方便,我们仍将它们当成随机事件

来处理,只不过是随机事件的两个极端情形而已.

四、事件间的关系和运算

从随机事件的定义可以看出,事件是一个集合,因此事件间的关系和运算自然应该满足集合论中集合的关系和运算.故我们给出这些关系和运算在概率论中的描述,并根据"事件发生"的含义,给出它们在概率论中的含义.

首先,假设试验 E 的样本空间为 S,A,B,$A_i(i=1,2,\cdots)$ 都是 S 的子集.

1. 事件的包含

若"事件 A 发生必然导致事件 B 发生",则称事件 A 包含于事件 B,或称事件 B 包含事件 A,记为 $A \subset B$ 或 $B \supset A$,如图 1-1 所示.

2. 事件的相等

若"$A \subset B$ 且 $B \subset A$",则称事件 A 与事件 B 相等,记为 $A=B$.

3. 和事件

若"事件 A 与事件 B 中至少有一个发生",则称该事件为事件 A 与事件 B 的和事件,记为 $A \cup B = \{x \mid x \in A \text{ 或 } x \in B\}$,如图 1-2 所示.

类似地,称 $\bigcup_{i=1}^{n} A_i$ 为有限个事件 $A_1,A_2,\cdots,A_n$ 中至少有一个发生;称 $\bigcup_{i=1}^{\infty} A_i$ 为无穷可列个事件 $A_1,A_2,\cdots,A_n,\cdots$ 中至少有一个发生.

4. 积事件

若"事件 A 与事件 B 同时发生",则称该事件为事件 A 与事件 B 的积事件,记为 $A \cap B = \{x \mid x \in A \text{ 且 } x \in B\}$,简写为 AB,即 $AB = \{x \mid x \in A \text{ 且 } x \in B\}$(图 1-3).

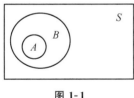
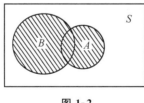
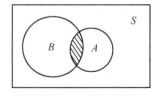

图 1-1　　　　　　　　图 1-2　　　　　　　　图 1-3

类似地,称 $\bigcap_{i=1}^{n} A_i$ 为有限个事件 $A_1,A_2,\cdots,A_n$ 同时发生;称 $\bigcap_{i=1}^{\infty} A_i$ 为无穷可列个事件 A_1,$A_2,\cdots,A_n,\cdots$ 同时发生.

5. 差事件

若"事件 A 发生而事件 B 不发生",则称该事件为事件 A 与事件 B 的差事件,记为 $A-B = \{x \mid x \in A \text{ 且 } x \notin B\}$(图 1-4、图 1-5).

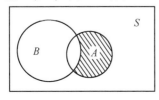
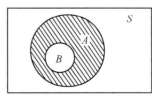

图 1-4　　　　　　　　　　图 1-5

6. 互不相容事件(互斥事件)

若"事件 A 与事件 B 不能同时发生",则称事件 A 与事件 B 互不相容或互斥,记为 $A\cap B=\varnothing$(图 1-6). 显然,基本事件之间两两互不相容.

此外,两个事件间的互不相容性可以推广到多个事件间的互不相容性. 假设在同一试验中有 n 个事件 $A_1,A_2,\cdots,A_n$,若其中任意两个事件都是互不相容的,则称这 n 个事件互不相容(图 1-7).

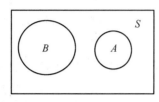
图 1-6

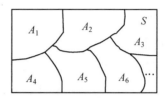
图 1-7

7. 对立事件(逆事件)

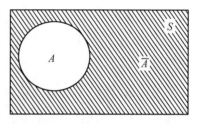
图 1-8

若"事件 A 与事件 B 在每一次试验中有且仅有一个发生",则称事件 A 与事件 B 互为对立事件或逆事件,记为 $A=\overline{B}$ 或 $B=\overline{A}$. 此时 A 与 B 之间的关系是 $A\cup B=S$ 且 $AB=\varnothing$,如图 1-8 所示.

特别地,必然事件 S 和不可能事件 $\varnothing$ 互为对立事件,即 $\overline{S}=\varnothing,\overline{\varnothing}=S$.

值得注意的是,根据逆事件的定义,差事件 $A-B$,即"事件 A 发生而事件 B 不发生"可以理解为"事件 A 发生且事件 $\overline{B}$ 发生",而根据积事件的定义,后者即为事件 $A\overline{B}$,故

$$A-B=A\overline{B}.$$

在进行事件运算时,经常要用到如下的运算规律. 假设 A,B,C 是随机事件,则有

(1) 交换律:$A\cup B=B\cup A,A\cap B=B\cap A$.

(2) 结合律:$A\cup(B\cup C)=(A\cup B)\cup C,A\cap(B\cap C)=(A\cap B)\cap C$.

(3) 分配律:$A\cup(B\cap C)=(A\cup B)\cap(A\cup C),A\cap(B\cup C)=(A\cap B)\cup(A\cap C)$.

(4) 德·摩根(De Morgan)律:$\overline{A\cup B}=\overline{A}\cap\overline{B},\overline{A\cap B}=\overline{A}\cup\overline{B}$.

【例2】 设 A,B,C 是三个事件,试用 A,B,C 的运算关系式表示下列事件:

(1) 恰有 A 发生; 　　　　　　(2) A,B 都发生而 C 不发生;

(3) A,B,C 都发生; 　　　　　(4) A,B,C 都不发生;

(5) A,B,C 至少有一个发生; 　(6) A,B,C 至少有两个发生;

(7) A,B,C 恰有一个发生; 　　(8) A,B,C 恰有两个发生;

(9) A,B,C 至多只有一个发生; (10) A,B,C 至多只有两个发生.

解 (1) $A\overline{B}\overline{C}$; (2) $AB\overline{C}$; (3) ABC; (4) $\overline{A}\,\overline{B}\,\overline{C}(=\overline{A\cup B\cup C})$;

(5) $A\cup B\cup C$; (6) $AB\cup AC\cup BC=\overline{A}BC\cup A\overline{B}C\cup AB\overline{C}\cup ABC$;

(7) $A\overline{B}\,\overline{C}\cup\overline{A}B\overline{C}\cup\overline{A}\,\overline{B}C$; (8) $\overline{A}BC\cup A\overline{B}C\cup AB\overline{C}$;

(9) $A\overline{B}\,\overline{C}\cup\overline{A}B\overline{C}\cup\overline{A}\,\overline{B}C\cup\overline{A}\,\overline{B}\,\overline{C}$; (10) $\overline{ABC}=\overline{A}\cup\overline{B}\cup\overline{C}$.

习题 1-1

1. 写出下列随机试验的样本空间:

(1) 商学院某位学生参加高等数学期末考试,观察其及格情况;

(2) 从装有 3 个红球、2 个黑球的袋子中随机摸出 2 个球(不放回,这些球除了颜色外都相同),观察摸出黑球的个数;

(3) 从一大批产品中随机抽取 100 件产品进行检查,观察合格品的数量;

(4) 观察学校门口的公交站台每天中午 12 点的候车人数;

(5) 观察工学院某班级一次概率统计考试的平均分数;

(6) 观察某批灯泡的使用寿命.

2. 从一批产品中每次取出一个产品进行检验,事件 A_i 表示第 i 次取到合格品 $(i=1,2,3,4)$,试用事件间的运算关系式表示下列事件:

(1) 四次中恰有两次取到了合格品;

(2) 四次都没有取到合格品;

(3) 四次中最多只有一次取到了不合格品;

(4) 四次中最多有三次取到了合格品.

第二节　频率和概率

随机事件的发生是具有偶然性的,但是随机事件发生的可能性大小是可以度量的.比如抛掷一枚硬币,出现正面的可能性和出现反面的可能性是相同的,都是 $\frac{1}{2}$.但购买一张彩票,中奖的可能性有多大呢? 故我们希望找到一个合适的数来表征某一随机事件在一次随机试验中发生的可能性大小.为此,我们首先引入频率的概念和性质,继而引出概率的概念和性质.

一、频率

定义 3　在相同的条件下,重复进行了 n 次试验,在这 n 次试验中,事件 A 出现的次数记为 n_A,称 n_A 为在这 n 次试验中事件 A 发生的**频数**,称 $\frac{n_A}{n}$ 为在这 n 次试验中事件 A 发生的**频率**,记为 $f_n(A)$,即 $f_n(A)=\frac{n_A}{n}$.

由频率的定义,易知频率具有如下性质:

(1) 非负性:对任一事件 A,有 $f_n(A)\geqslant 0$.

（2）规范性：$f_n(S) = 1$.

（3）有限可加性：设 $A_1, A_2, \cdots, A_k$ 为 k 个两两互不相容的事件，即对于任意整数 $i \neq j$，$1 \leqslant i, j \leqslant k$，$A_i \bigcap A_j = \varnothing$，有

$$f_n(A_1 \bigcup A_2 \bigcup \cdots \bigcup A_k) = f_n(A_1) + f_n(A_2) + \cdots + f_n(A_k).$$

频率反映事件发生的频繁程度，事件 A 的频率越大，表明事件 A 发生的就越频繁，也意味着事件 A 在一次试验中发生的可能性就越大；反之亦然. 因此，较为直观的想法是能否用随机事件发生的频率来表示随机事件发生的可能性大小，因为频率是可以度量的. 我们先来看下面的例子.

【例3】　考虑"抛硬币"试验，将一枚均匀的硬币抛掷 5 次、50 次、500 次，每个试验重复 6 次，得到硬币出现正面的频数和频率的结果见表 1-1 所列（其中 n_H 表示硬币正面朝上的频数，$f_n(H)$ 表示硬币正面朝上的频率）.

表 1-1　硬币出现正面的频数和频率

试验序号	$n=5$		$n=50$		$n=500$	
	n_H	$f_n(H)$	n_H	$f_n(H)$	n_H	$f_n(H)$
1	2	0.4	22	0.44	251	0.502
2	3	0.6	25	0.50	249	0.498
3	1	0.2	21	0.42	256	0.512
4	5	1.0	25	0.50	253	0.506
5	1	0.2	24	0.48	251	0.502
6	2	0.4	21	0.42	246	0.492

在历史上，也曾有很多统计学家做了以上试验，部分试验结果见表 1-2 所列.

表 1-2　几位统计学家的部分试验结果

试验者	n	n_H	$f_n(H)$
德·摩根（De Morgan）	2 048	1 061	0.518 1
蒲丰（Buffon）	4 040	2 048	0.506 9
皮尔逊（Pearson）	12 000	6 019	0.501 6
皮尔逊（Pearson）	24 000	12 012	0.500 5

从以上两表可以看出，当抛硬币的试验次数 n 较小时，正面朝上的频率 $f_n(H)$ 在 0 与 1 之间随机波动，且试验次数 n 越小，频率 $f_n(H)$ 波动的范围越广. 但随着试验次数 n 的增大，正面朝上的频率 $f_n(H)$ 呈现出稳定性，即出现正面朝上的频率总在常数 0.5 附近波动，且试验次数 n 越大，频率 $f_n(H)$ 越接近于常数 0.5，而这一常数正是反映了"抛一次硬币出现正面"这一事件发生的可能性大小，也就是我们所说的概率. 据此，我们给出表征事件发生的可能性大小的概率的定义.

二、概率

定义 4　设 E 是随机试验，S 是它的样本空间，对于 E 中的每一个事件 A，给它赋予一

个实数,记为 $P(A)$,若集合函数 $P(\cdot)$ 满足以下条件:

(1) 非负性:对任何事件 A,有 $P(A) \geqslant 0$;

(2) 规范性:对于必然事件 S,有 $P(S)=1$;

(3) 可列可加性:设 $A_1,A_2,\cdots,A_n,\cdots$ 是 E 中一列两两互不相容的事件,即对于任意整数 $i \neq j, i,j \geqslant 1, A_i \cap A_j = \varnothing$,有

$$P\left(\bigcup_{i=1}^{\infty} A_i \right) = \sum_{i=1}^{\infty} P(A_i).$$

则称 $P(A)$ 为事件 A 的**概率**.

在第五章中将证明,当 $n \to \infty$ 时,事件 A 发生的频率 $f_n(A)$ 在一定意义下趋近于事件 A 发生的概率 $P(A)$. 基于这一事实,我们就有充分的理由用概率 $P(A)$ 来表征事件 A 在一次试验中发生的可能性大小.

由概率的定义,可以得到有关概率的一些重要的性质.

性质 1 $P(\varnothing)=0$.

证 令 $A_k = \varnothing (k=1,2,\cdots)$,则 $\bigcup_{k=1}^{\infty} A_k = \varnothing$,且对于任意整数 $i \neq j, i,j \geqslant 1, A_i \cap A_j = \varnothing$,故由概率的可列可加性,得

$$P(\varnothing) = P\left(\bigcup_{k=1}^{\infty} A_k \right) = \sum_{k=1}^{\infty} P(A_k) = \sum_{k=1}^{\infty} P(\varnothing) = P(\varnothing) + P(\varnothing) + \cdots.$$

而由概率的非负性知,$P(\varnothing) \geqslant 0$,从而有 $P(\varnothing)=0$.

性质 2(有限可加性) 设 $A_1,A_2,\cdots,A_n$ 是随机试验 E 中 n 个两两互不相容的事件,即对于任意整数 $i \neq j, 1 \leqslant i,j \leqslant n, A_i \cap A_j = \varnothing$,则有

$$P(A_1 \cup A_2 \cup \cdots \cup A_n) = P(A_1) + P(A_2) + \cdots + P(A_n).$$

证 令 $A_{n+1} = A_{n+2} = \cdots = \varnothing$,即有 $A_i \cap A_j = \varnothing, i \neq j, i,j = n+1, n+2, \cdots$. 又因为 $A_1, A_2, \cdots, A_n$ 是 E 中 n 个两两互不相容的事件,则事件 $A_1, A_2, \cdots, A_n, A_{n+1}, A_{n+2}, \cdots$ 两两互不相容,即对于任意整数 $i \neq j, i,j \geqslant 1, A_i \cap A_j = \varnothing$,故由概率的可列可加性及性质 1,得

$$P(A_1 \cup A_2 \cup \cdots \cup A_n) = P(A_1 \cup A_2 \cup \cdots \cup A_n \cup \varnothing \cup \varnothing \cup \cdots)$$
$$= P(A_1 \cup A_2 \cup \cdots \cup A_n \cup A_{n+1} \cup A_{n+2} \cup \cdots)$$
$$= P\left(\bigcup_{k=1}^{\infty} A_k \right) = \sum_{k=1}^{\infty} P(A_k)$$
$$= P(A_1) + P(A_2) + \cdots + P(A_n) + P(\varnothing) + P(\varnothing) + \cdots$$
$$= P(A_1) + P(A_2) + \cdots + P(A_n).$$

性质 3(单调性) 设事件 A,B 满足 $A \subset B$,则有 $P(A) \leqslant P(B)$.

证 由 $A \subset B$ 可知,$B = A \cup (B-A)$,且 $A \cap (B-A) = \varnothing$,再由性质 2,得

$$P(B) = P(A) + P(B-A).$$

从而有 $P(B-A) = P(B) - P(A)$,而由概率的非负性,知 $P(B-A) \geqslant 0$,故 $P(B) \geqslant P(A)$.

性质 4 对于任一事件 A,有 $P(A) \leqslant 1$.

证　由于 $A \subset S$,由性质 3,得 $P(A) \leqslant P(S)=1$.

性质 5(逆事件的概率)　对任一事件 A,有

$$P(\overline{A})=1-P(A).$$

证　因 $A \cup \overline{A}=S, A \cap \overline{A}=\varnothing$,由概率的有限可加性,得

$$1=P(S)=P(A \cup \overline{A})=P(A)+P(\overline{A}), 即 P(\overline{A})=1-P(A).$$

性质 6(加法公式)　对任意事件 A,B,有

$$P(A \cup B)=P(A)+P(B)-P(AB).$$

证　因 $A \cup B=A \cup(B-AB), A \cap(B-AB)=\varnothing, AB \subset B$,由性质 2 和性质 3,知

$$P(A \cup B)=P(A \cup(B-AB))=P(A)+P(B-AB)=P(A)+P(B)-P(AB).$$

该性质还可以推广到任意有限多个事件的情况.假设 A_1, A_2, A_3 为任意 3 个事件,则

$$P(A_1 \cup A_2 \cup A_3)=P(A_1)+P(A_2)+P(A_3)-P(A_1 A_2)-$$
$$P(A_1 A_3)-P(A_2 A_3)+P(A_1 A_2 A_3).$$

一般地,对于任意 n 个事件 $A_1, A_2, \cdots, A_n$,有

$$P(A_1 \cup A_2 \cup \cdots \cup A_n)=\sum_{i=1}^{n} P(A_i)-\sum_{1 \leqslant i<j \leqslant n} P(A_i A_j)+$$
$$\sum_{1 \leqslant i<j<k \leqslant n} P(A_i A_j A_k)+\cdots+(-1)^{n-1} P(A_1 A_2 \cdots A_n).$$

性质 7(减法公式)　对任意事件 A,B,有 $P(A-B)=P(A)-P(AB)$.

证　由于 $A=(A-B) \cup AB$,且 $(A-B) \cap AB=\varnothing$,故由性质 2,得

$$P(A)=P((A-B) \cup AB)=P(A-B)+P(AB),$$

即

$$P(A-B)=P(A)-P(AB).$$

【例 4】　已知 A,B 为两个事件,且 $P(A)=0.6, P(B)=0.3$,根据下列条件分别求 $P(A-B)$:(1) $B \subset A$;　(2) $P(AB)=0.2$.

解　(1) 当 $B \subset A$ 时,$P(A-B)=P(A)-P(B)=0.6-0.3=0.3$.

(2) 当 $P(AB)=0.2$ 时,$P(A-B)=P(A)-P(AB)=0.6-0.2=0.4$.

【例 5】　已知 A,B 为两个事件,且 $P(A)=0.8, P(B)=0.6, P(AB)=0.4$,求 $P(\overline{A}B)$, $P(\overline{A} \cup \overline{B})$.

解　$$P(\overline{A}B)=P(B-A)=P(B)-P(AB)=0.6-0.4=0.2.$$
$$P(\overline{A} \cup \overline{B})=P(\overline{AB})=1-P(AB)=1-0.4=0.6.$$

【例 6】　设 A,B,C 为三个事件,$P(A)=P(B)=P(C)=\dfrac{1}{4}, P(AB)=P(BC)=0$, $P(AC)=\dfrac{1}{8}$,求事件 A,B,C 中至少有一个发生的概率.

解　因 $ABC \subset AB$,故由单调性,知 $P(ABC) \leqslant P(AB)$.

而 $P(AB)=0$,且概率具有非负性,所以 $P(ABC)=0$,从而由加法公式,得

$$P(A \cup B \cup C)=P(A)+P(B)+P(C)-P(AB)-P(AC)-P(BC)+P(ABC)$$

$$=\frac{1}{4}+\frac{1}{4}+\frac{1}{4}-0-0-\frac{1}{8}+0=\frac{5}{8}.$$

【例7】 设 A,B 满足 $P(A)=0.6,P(B)=0.7$,试问分别在什么条件下 $P(AB)$ 取得最值,值为多少?

解 因 $AB\subset A,AB\subset B$,故由单调性,知 $P(AB)\leqslant P(A)$,且 $P(AB)\leqslant P(B)$,故 $P(AB)$ 的最大值为 $P(A)=0.6$,即 $AB=A$ 时取得.

又因 $P(A\cup B)=P(A)+P(B)-P(AB)=0.6+0.7-P(AB)$,即 $P(A\cup B)+P(AB)=1.3$,故 $P(A\cup B)$ 越大,$P(AB)$ 越小.又由概率的性质 4,知 $P(A\cup B)\leqslant 1$,故当 $P(A\cup B)=1$ 时,$P(AB)$ 取得最小值 0.3,即 $A\cup B=S$ 时取得.

习题 1-2

1. 已知 A,B 为两个事件,且 $A\subset B,P(A)=0.2,P(B)=0.3$,求 $P(\overline{A}),P(A\cup B),P(AB),P(\overline{AB}),P(\overline{A}\,\overline{B}),P(B-A),P(A-B)$.

2. 已知 A,B 为两个事件,且 $P(A)=0.5,P(B)=0.7,P(A\cup B)=0.8$,求 $P(B-A)$ 和 $P(A-B)$.

3. 设 A,B,C 为三个事件,且 $P(A)=P(B)=\frac{1}{4},P(C)=\frac{1}{2},P(AB)=\frac{1}{8},P(AC)=P(BC)=0$.求 A,B,C 三个事件都发生的概率和 A,B,C 三个事件中至少有一个发生的概率.

第三节　等可能概型

一、排列与组合基础知识

排列与组合是两类计数公式,它们的推导都基于以下两条计数原理:

(1) 加法原理:如果某件事可用 k 类不同办法去完成,在第一类办法中有 n_1 种完成方法,在第二类办法中有 n_2 种完成方法,…,在第 k 类办法中有 n_k 种完成方法,那么完成这件事就一共有 $n_1+n_2+\cdots+n_k$ 种方法.

例如,从 A 城市到 B 城市有三类交通工具:大巴车、高铁和飞机.大巴车每天有 4 个班次,高铁每天有 20 个班次,飞机每天有 2 个班次,则从 A 城市到 B 城市共有 $4+20+2=26$ 个班次可供选择.

(2) 乘法原理:如果某件事需经 k 个步骤才能完成,做第一步有 n_1 种方法,做第二步有 n_2 种方法,…,做第 k 步有 n_k 种方法,那么完成这件事共有 $n_1\times n_2\times\cdots\times n_k$ 种方法.

例如,从 A 城市到 B 城市有 2 条线路,从 B 城市到 C 城市有 3 条线路,从 C 城市到 D 城市有 4 条线路,则从 A 城市经 B,C 城市到 D 城市共有 $2\times3\times4=24$ 条线路.

1. 排列

从 n 个不同的元素中任取 $r(r\leqslant n)$ 个元素排成一列,称为一个排列,按乘法原理,此种排列共有 $n\times(n-1)\times\cdots\times(n-r+1)$ 个,记为 A_n^r. 若 $r=n$,则称其为全排列,全排列共有 $n!$ 个,记为 A_n^n,其中 $n!=n\times(n-1)\times\cdots\times2\times1$.

2. 组合

从 n 个不同的元素中任取 $r(r\leqslant n)$ 个元素并成一组(不考虑其顺序),称为一个组合,按乘法原理,此种组合的总数为

$$\frac{A_n^r}{r!}=\frac{n\times(n-1)\times\cdots\times(n-r+1)}{r!}=\frac{n!}{r!(n-r)!}.$$

记为 C_n^r. 另外规定:$0!=1$ 和 $C_n^0=1$.

同时,这里 C_n^r 还是二项式展开式的系数,即 $(a+b)^n=\sum_{r=0}^{n}C_n^r a^r b^{n-r}$. 在该式中,若令 $a=b=1$,则有 $C_n^0+C_n^1+C_n^2+\cdots+C_n^n=2^n$.

上述排列与组合的知识将在下面所讲的古典概型计算概率中经常使用,在使用时要注意识别有序与无序.

二、古典概型

在第一节中,我们介绍了一些随机试验的例子.例如:

E_1:抛掷一枚均匀的硬币,观察正反面出现的情况;

E_2:抛掷一颗均匀的骰子,观察出现的点数.

E_1 和 E_2 具有两个相同的特点:

(1) 试验的样本空间中只有有限个元素;

(2) 样本空间中的每个样本点发生的可能性相同.

具有这两个特点的随机试验是大量存在的,这种试验也称为**等可能概型**. 在概率论发展初期,它们是主要的研究对象,所以也称为**古典概型**. 等可能概型的一些概念具有直观、容易理解的特点,因此有着广泛的应用.首先我们给出古典概型的定义.

定义 5 设 E 是随机试验,S 是它的样本空间,如果 S 中只有有限个样本点,且每个样本点发生的可能性相同,则称该试验模型为**古典概型**或**等可能概型**.

下面我们来讨论古典概型中事件概率的计算公式.

设试验 E 是古典概型,根据定义,其样本空间 S 中只有有限个样本点,不妨设 $S=\{e_1,e_2,\cdots,e_n\}$,且样本空间中的每个样本点发生的可能性相同,即

$$P(\{e_1\})=P(\{e_2\})=\cdots=P(\{e_n\}).$$

由于每个样本点之间两两互不相容,所以

$$P(\{e_1\}\bigcup\{e_2\}\bigcup\cdots\bigcup\{e_n\})=P(\{e_1\})+P(\{e_2\})+\cdots+P(\{e_n\}).$$

而

$$P(\{e_1\} \bigcup \{e_2\} \bigcup \cdots \bigcup \{e_n\}) = P(S) = 1,$$

故

$$P(\{e_1\}) + P(\{e_2\}) + \cdots + P(\{e_n\}) = 1.$$

又

$$P(\{e_1\}) = P(\{e_2\}) = \cdots = P(\{e_n\}),$$

从而有

$$P(\{e_1\}) = P(\{e_2\}) = \cdots = P(\{e_n\}) = \frac{1}{n}.$$

此时,若事件 A 中包含 $k(0 \leqslant k \leqslant n)$ 个样本点,即 $A = \{e_{i_1}\} \bigcup \{e_{i_2}\} \bigcup \cdots \bigcup \{e_{i_k}\}$,这里的 $i_1, i_2, \cdots, i_k$ 是 $1, 2, \cdots, n$ 中 k 个不同的数,则

$$\begin{aligned} P(A) &= P(\{e_{i_1}\} \bigcup \{e_{i_2}\} \bigcup \cdots \bigcup \{e_{i_k}\}) \\ &= P(\{e_{i_1}\}) + P(\{e_{i_2}\}) + \cdots + P(\{e_{i_k}\}) \\ &= \frac{k}{n} = \frac{A \text{ 中所包含的样本点数}}{S \text{ 中的总数}}. \end{aligned}$$

上式即为古典概型中事件 A 发生的概率的计算公式.不难验证,其满足概率定义中的三个条件.

【例8】 将一枚硬币抛掷两次.设事件 A_1 为"恰有一次出现正面",事件 A_2 为"至少有一次出现正面",求 $P(A_1), P(A_2)$.

解 首先考虑样本空间,记 H 表示"出现正面",T 表示"出现反面",则 $S = \{HH, HT, TH, TT\}$.而 $A_1 = \{HT, TH\}$,$A_2 = \{HH, HT, TH\}$,由古典概型的定义,知

$$P(A_1) = \frac{2}{4} = 0.5, \quad P(A_2) = \frac{3}{4} = 0.75.$$

注意:样本空间中每一基本事件发生的概率都是相等的.

【例9】 假设 5 件产品中有 2 件是次品,现从中任取 2 件.设事件 $A = $"2 件中只有 1 件是次品",事件 $B = $"2 件中都不是次品",求 $P(A), P(B)$.

解 首先考虑样本空间,记 a_1, a_2 表示 2 件次品,b_1, b_2, b_3 表示 3 件正品,则

$$S = \{a_1a_2, a_1b_1, a_1b_2, a_1b_3, a_2b_1, a_2b_2, a_2b_3, b_1b_2, b_1b_3, b_2b_3\}.$$

而 $A = \{a_1b_1, a_1b_2, a_1b_3, a_2b_1, a_2b_2, a_2b_3\}$,$B = \{b_1b_2, b_1b_3, b_2b_3\}$,由古典概型的定义,得

$$P(A) = \frac{6}{10} = 0.6, \quad P(B) = \frac{3}{10} = 0.3.$$

【例10】 在 $1,2,3,4$ 四个数字中可重复地每次取出一个数,共取两次,记事件 A 表示"取到的两个数中一个数是另一个数的两倍",求 $P(A)$.

解 首先考虑样本空间:

$$\begin{aligned} S = \{&(1,1), (1,2), (1,3), (1,4), (2,1), (2,2), (2,3), (2,4), (3,1), \\ &(3,2), (3,3), (3,4), (4,1), (4,2), (4,3), (4,4)\}. \end{aligned}$$

而 $A = \{(1,2), (2,1), (2,4), (4,2)\}$,由古典概型的定义,得

$$P(A) = \frac{4}{16} = 0.25.$$

当样本空间中的元素较多时，我们一般不再一一列出，只需分别求出样本空间中所包含的样本点总数和事件 A 中所包含的样本点数，再根据古典概型的定义，即可得到事件 A 发生的概率.

【例 11】　一个袋子中装有 5 个除了颜色外均相同的球，其中 2 个白球、3 个黑球. 现按下列不同方法抽取：(1) 每次取出 1 个，取后不放回，共取两次；(2) 每次取出 1 个，取后再放回，共取两次. 试分别就上面的两种情况求事件 $A=$"取到的 2 个球都是白球"，事件 $B=$"恰好取到 1 个白球"的概率.

解　(1) 从 5 个球中不放回地任取 2 个球共有 $C_5^2 = 10$ 种取法，其中"取到 2 个白球"有 $C_2^2 = 1$ 种取法，根据古典概型的定义，得

$$P(A) = \frac{C_2^2}{C_5^2} = \frac{1}{10} = 0.1.$$

而"恰好取到 1 个白球"有 $C_2^1 \times C_3^1 = 6$ 种取法，根据古典概型的定义，得

$$P(B) = \frac{C_2^1 \times C_3^1}{C_5^2} = \frac{6}{10} = 0.6.$$

(2) 从 5 个球中有放回地任取 2 个球，可分为两次进行：第一次从袋中取球共有 5 个球可取，第二次也有 5 个球可取. 根据乘法原理，共有 $5 \times 5 = 25$ 种取法.

同样，"取到两个白球"也分两次进行，每次都有 2 个球可取，故有 $2 \times 2 = 4$ 种取法. 根据古典概型的定义，得

$$P(A) = \frac{2 \times 2}{5 \times 5} = \frac{4}{25}.$$

而"恰好取到 1 个白球"有 $2 \times 3 \times 2 = 12$ 种取法，根据古典概型的定义，得

$$P(B) = \frac{2 \times 3 \times 2}{5 \times 5} = \frac{12}{25}.$$

注　$2 \times 3 \times 2$ 中第一个 2 表示取球的颜色顺序(先取黑球后取白球，或先取白球后取黑球)有 2 种，第二个 2 表示取到白球有 2 种取法.

【例 12】　一副标准的扑克牌(除去大小王)由 52 张组成，它有 2 种颜色(红、黑)、4 种花式(红心、黑桃、梅花、方块)和 13 种牌型(A，2，3，4，5，6，7，8，9，10，J，Q，K).

假如 52 张牌的大小、厚度和外形完全一样(一般的扑克牌都满足这一条件)，那么 52 张牌中任一张被抽出的可能性是相同的. 我们来研究一下下面这些事件的概率.

(1) 事件 $A=$"抽出 1 张红色牌".

(2) 事件 $B=$"抽出 1 张牌，不是红心牌".

(3) 事件 $C=$"抽出 2 张红心牌".

(4) 事件 $D=$"抽出 2 张不同颜色的牌".

(5) 事件 $E=$"抽出 2 张同花色的牌".

(6) 事件 $F=$"抽出 2 张同色的牌".

解 我们先来看(1)和(2). 由于(1)和(2)中都属于抽出 1 张牌试验,该试验的样本空间中的样本点个数均为 52,且每个样本点发生的概率相等.

(1) "抽出 1 张红色牌". 由于红色牌有 26 张(13 张红心和 13 张方块),故根据古典概型,事件 A 的概率为

$$P(A)=\frac{26}{52}=0.5.$$

(2) "抽出 1 张牌,不是红心牌". 由于不是红心的牌有 39 张(13 张黑桃、13 张梅花和 13 张方块),故事件 B 的概率为

$$P(B)=\frac{39}{52}=0.75.$$

(3) 事件 C="抽出 2 张红心牌". 在这个试验中,样本空间中共有 C_{52}^2 个样本点,其中 2 张牌全是红心牌才能使得事件 C 发生. 而抽到 2 张红心牌共有 C_{13}^2 个样本点. 因此根据古典概型,事件 C 发生的概率为

$$P(C)=\frac{C_{13}^2}{C_{52}^2}=\frac{1}{17}.$$

(4) 事件 D="抽出 2 张不同颜色的牌". 在这个试验中,样本空间中仍是 C_{52}^2 个样本点,其中 2 张不同颜色的牌才能使得事件 D 发生. 而要抽到 2 张不同颜色的牌,可以设想分两步完成此事:第一步,从 26 张红色牌中任取 1 张;第二步,从 26 张黑色牌中任取 1 张. 依据乘法原理,要抽到 2 张不同颜色的牌,共有 $C_{26}^1 \times C_{26}^1$ 个样本点,故

$$P(D)=\frac{C_{26}^1 \times C_{26}^1}{C_{52}^2}=\frac{26}{51}.$$

(5) 事件 E="抽出 2 张同花色的牌". 在这个试验中,样本空间中依旧是 C_{52}^2 个样本点,其中抽到 2 张同花色的牌才能使得事件 E 发生. 而要抽到 2 张同花色的牌,可以分四种方式:

① 从 13 张红心牌中任取 2 张,共有 C_{13}^2 个样本点;

② 从 13 张黑桃牌中任取 2 张,共有 C_{13}^2 个样本点;

③ 从 13 张梅花牌中任取 2 张,共有 C_{13}^2 个样本点;

④ 从 13 张方块牌中任取 2 张,共有 C_{13}^2 个样本点.

依据加法原理,要抽到 2 张同花色的牌,共有 $C_{13}^2+C_{13}^2+C_{13}^2+C_{13}^2$ 个样本点,故

$$P(E)=\frac{C_{13}^2+C_{13}^2+C_{13}^2+C_{13}^2}{C_{52}^2}=\frac{12}{51}.$$

(6) 事件 F="抽出 2 张同色的牌". 在这个试验中,样本空间中依旧是 C_{52}^2 个样本点,其中抽到 2 张同色的牌,才能使得事件 F 发生. 而要抽到 2 张同色的牌,可以分两种方式:

① 从 26 张红色牌中任取 2 张,共有 C_{26}^2 个样本点;

② 从 26 张黑色牌中任取 2 张,共有 C_{26}^2 个样本点.

依据加法原理,要抽到 2 张同花色的牌,共有 $C_{26}^2+C_{26}^2$ 个样本点,故

$$P(F)=\frac{C_{26}^2+C_{26}^2}{C_{52}^2}=\frac{4}{17}.$$

【例13】 将 n 个球随机地放入 $N(N \geqslant n)$ 个盒子中, 试求每个盒子至多有一个球的概率(假设盒子容量不限).

解 将 n 个球随机地放入 N 个盒子中, 每一种放法都是一个基本事件, 这仍是一道古典概型问题. 对每个球而言, 都有 N 个盒子可以选择, 故样本空间中共有 N^n 种放法. 而每个盒子至多有一个球, 共有 A_N^n 种不同的放法. 记事件 A = "每个盒子至多有一个球". 因而

$$P(A) = \frac{A_N^n}{N^n}.$$

有许多问题和本例具有相同的数学模型.

例如, 假设每人的生日在一年 365 天中的任一天是等可能的, 即都等于 $\dfrac{1}{365}$, 那么随机选取 $n(n \leqslant 365)$ 个人, 他们的生日各不相同的概率为 $\dfrac{A_{365}^n}{365^n}$.

因而, n 个人中至少有两人生日相同的概率为

$$P = 1 - \frac{A_{365}^n}{365^n}.$$

经计算可得如表 1-3 所示的结果.

表 1-3　n 个人中至少有两人生日相同的概率

n	20	23	30	40	50	64	100
P	0.411	0.507	0.706	0.891	0.970	0.997	0.999 999 7

从表 1-3 可以看出, 在仅有 64 个人的班级中, "至少有两个人生日相同"这一事件的概率与 1 相差无几. 找一找, 在你的班级里, 有出现两个人生日相同的情况吗?

【例14】 设有 N 件产品, 其中 M 件为次品. 今从中不放回地任取 n 件, 问其中恰有 $m(m \leqslant M)$ 件次品的概率是多少?

解 在 N 件产品中抽取 n 件, 所有可能的取法共有 C_N^n 种, 且每一种取法都是一个基本事件. 而从 M 件次品中任取 m 件, 所有可能的取法共有 C_M^m 种. 在 $N-M$ 件正品中任取 $n-m$ 件, 所有可能的取法共有 C_{N-M}^{n-m} 种. 由乘法原理可知, 在 N 件产品中取 n 件, 且恰有 m 件次品的取法共有 $C_M^m \times C_{N-M}^{n-m}$ 种. 记事件 A 表示"不放回地任取 n 件, 其中恰有 m 件次品", 则

$$P(A) = \frac{C_M^m \times C_{N-M}^{n-m}}{C_N^n}.$$

该式即所谓的超几何分布的概率公式.

【例15】 袋子中装有 a 个红球、b 个白球, 今有 k 个人依次从袋子中各取一个球, 求在下列两种情况下, 第 $i(i=1,2,\cdots,k)$ 个人取到红球(记为事件 A_i)的概率: (1) 作放回抽样; (2) 作不放回抽样.

解 (1) 放回抽样. 显然有

$$P(A_i) = \frac{a}{a+b}, i=1,2,\cdots,k.$$

（2）不放回抽样．将 $a+b$ 个球视为有编号后两两不同，则 k 个人不放回地取球，共有 A_{a+b}^{k} 种取法．当事件 A_i 发生时，表示第 i 个人取到的是红球，该球可以是 a 个红球中的任意一个，故有 a 种取法．其余被取的 $k-1$ 个球可以是其余 $a+b-1$ 个球中的任意 $k-1$ 个，共有 A_{a+b-1}^{k-1} 种取法．根据乘法原理，事件 A_i 中包含 $a\times A_{a+b-1}^{k-1}$ 个基本事件，则

$$P(A_i)=\frac{a\times A_{a+b-1}^{k-1}}{A_{a+b}^{k}}=\frac{a}{a+b},i=1,2,\cdots,k.$$

值得注意的是，$P(A_i)$ 的值与 i 无关，尽管取球的先后次序不同，各人取到红球的概率是一样的，大家机会相同（例如，在购买福利彩票时，各人得奖的机会是一样的）．另外，还需注意的是，两种取球方式下的结果也是一样的．

【例 16】　将 15 名新生随机地平均分配到三个班级，这 15 名新生中有 3 名是优秀生．问：

（1）每个班级各分配到 1 名优秀生的概率是多少？

（2）3 名优秀生分配在同一班级的概率是多少？

解　将 15 名新生随机地平均分配到三个班级，这一试验的样本空间中共有 $C_{15}^{5}\times C_{10}^{5}\times C_{5}^{5}$ 个基本事件．

（1）记"每个班级各分配到 1 名优秀生"为事件 A，该事件可分两步完成：第一步，将 3 名优秀生平均分配到三个班级，共有 $3!$ 种分法；第二步，将剩下的 12 名新生平均分配到三个班级，共有 $C_{12}^{4}\times C_{8}^{4}\times C_{4}^{4}$ 种分法．根据乘法原理及古典概型的定义，有

$$P(A)=\frac{3!\times C_{12}^{4}\times C_{8}^{4}\times C_{4}^{4}}{C_{15}^{5}\times C_{10}^{5}\times C_{5}^{5}}=\frac{25}{91}.$$

（2）记"3 名优秀生分配在同一班级"为事件 B，该事件也可分两步完成：第一步，为 3 名优秀生寻找一个班级，共有 3 种分法；第二步，将剩下的 12 名新生依次补到三个班级（有 3 名优秀生的班级 2 名，其余班级 5 名），共有 $C_{12}^{2}\times C_{10}^{5}\times C_{5}^{5}$ 种分法．根据乘法原理及古典概型，有

$$P(B)=\frac{3\times C_{12}^{2}\times C_{10}^{5}\times C_{5}^{5}}{C_{15}^{5}\times C_{10}^{5}\times C_{5}^{5}}=\frac{6}{91}.$$

【例 17】　某接待站每周接待采访．通过观察发现在某一周该接待站接待了 12 次采访，但这 12 次接待均在周二和周四进行，请问是否可以依此判断该接待站的接待时间是规定的？

解　假设接待站的接待时间没有规定，而各来访者在一周的任一天中去接待站都是等可能的，那么 12 次接待来访者都在周二和周四的概率为

$$p=\frac{2^{12}}{7^{12}}\approx 2.959\times 10^{-7}.$$

人们在长期的实践中总结得到"概率很小的事件在一次试验中实际上几乎是不发生的"（称之为实际推断原理）．现在概率很小的事件在一次试验中竟然发生了，因此有理由怀疑假设的正确性，从而推断接待站不是每天都接待来访者，即认为其接待时间是有规定的．

习题 1-3

1. 房间里共有 10 人,分别佩戴从 1 号到 10 号的纪念章,任选 3 人记录其纪念章的号码.求:(1) 最小号码是 5 的概率;　(2) 最大号码是 5 的概率.

2. 袋中装有 5 个白球和 3 个黑球.问:

(1) 从袋中任取 2 个球,取到的 2 个球都是白球的概率为多少?

(2) 从袋中任取 2 个球,取到 1 个白球和 1 个黑球的概率为多少?

(3) 从袋中任取 3 个球,取到 1 个白球和 2 个黑球的概率为多少?

3. 某城市发行 A,B,C 三种报纸,经调查在该市居民中,订阅 A 报的有 48%,订阅 B 报的有 38%,订阅 C 报的有 30%,同时订阅 A 报和 B 报的有 15%,同时订阅 A 报和 C 报的有 10%,同时订阅 B 报和 C 报的有 8%,同时订阅三种报纸的有 5%.试求下列事件的概率:

(1) 至少订阅一种报纸;

(2) 不订阅这三种报纸;

(3) 只订阅 A 报;

(4) 只订阅一种报纸;

(5) 只订阅 A 报和 B 报;

(6) 正好订阅两种报纸.

第四节　条件概率

一、条件概率

条件概率也是概率论中的一个重要概念.它考虑的是在某一个事件(不妨记为事件 A)发生的条件下,另一个事件(不妨记为事件 B)发生的概率.我们先来看下面一个例子.

【例 18】　一医疗团队为研究某地的一种地方性疾病与当地居民的卫生习惯(卫生习惯分为良好和不够良好两类)的关系,在已患该疾病的病例中随机调查了 100 人(称为病例组),同时在未患该疾病的人群中随机调查了 100 人(称为对照组).具体如表 1-4 所示的二维列联表:

表 1-4　病例组和对照组比较

类别	不够良好	良好
病例组	40	60
对照组	10	90

考虑以下两个事件：$A-$"选到的人卫生习惯不够良好"，$B=$"选到的人患有该疾病"，根据二维列联表提供的信息，容易计算得事件 A、事件 B 及事件 AB 的概率：

$$P(A)=\frac{50}{200}=\frac{1}{4}, P(B)=\frac{100}{200}=\frac{1}{2}, P(AB)=\frac{40}{200}=\frac{1}{5}.$$

其中，AB 表示的是"选到的人卫生习惯不够良好且患有该疾病".

现在我们考虑如下问题：在已知事件 B 发生的条件下，事件 A 发生的概率是多少？当事件 B 确定发生时，原来的样本空间立即发生了变化，因为 B 的对立事件 $\overline{B}=$"选到的人不患有该疾病"不会发生了，故所有可能发生的样本点只剩下导致事件 B 发生的 100 个样本点. 而此时，在事件 B 已经发生的条件下，能使得事件 A 发生的基本事件数有 40 个，故在事件 B 已经发生的条件下，事件 A 发生的概率为 $P(A|B)=\frac{40}{100}=\frac{2}{5}$.

我们继续观察这个例子. 条件概率 $P(A|B)=\frac{40}{100}$，其分母是使得事件 B 发生的基本事件数，分子是使得事件 AB 发生的基本事件数. 若让其都除以样本空间中总的基本事件数，则有如下关系式：

$$P(A|B)=\frac{40}{100}=\frac{\frac{40}{200}}{\frac{100}{200}}=\frac{P(AB)}{P(B)}.$$

这便是条件概率.

定义 6 设 A 与 B 是样本空间 S 中的两个随机事件，且 $P(B)>0$，称比值 $\frac{P(AB)}{P(B)}$ 为在事件 B 发生的条件下事件 A 发生的**条件概率**，记作 $P(A|B)$，即

$$P(A|B)=\frac{P(AB)}{P(B)}. \tag{1}$$

不难验证，条件概率 $P(\cdot|B)$ 满足概率的公理化定义中的三个条件：

(1) 非负性：对于任一事件 A，因 $P(AB)\geqslant0$，$P(B)>0$，故 $P(A|B)=\frac{P(AB)}{P(B)}\geqslant0$.

(2) 规范性：对于样本空间 S，$P(S|B)=\frac{P(BS)}{P(B)}=\frac{P(B)}{P(B)}=1$.

(3) 可列可加性：设 $A_1,A_2,\cdots,A_n,\cdots$ 是一列两两互不相容的事件，则

$$P(\bigcup_{i=1}^{\infty}A_i|B)=\frac{P((\bigcup\limits_{i=1}^{\infty}A_i)\bigcap B)}{P(B)}=\frac{P(\bigcup\limits_{i=1}^{\infty}(A_i\bigcap B))}{P(B)}=\frac{\sum\limits_{i=1}^{\infty}P(A_i\bigcap B)}{P(B)}=\sum_{i=1}^{\infty}P(A_i|B).$$

此外，既然条件概率是概率，那么概率的性质也都适用于条件概率，如

$$P(\overline{A}|B)=1-P(A|B),$$
$$P(A_1\bigcup A_2|B)=P(A_1|B)+P(A_2|B)-P(A_1A_2|B),$$
$$P(A_1-A_2|B)=P(A_1|B)-P(A_1A_2|B).$$

【**例 19**】 在 100 件圆柱形零件中有 95 件长度合格，93 件直径合格，90 件两个指标都合格. 从中任取一件，讨论在长度合格的条件下直径也合格的概率.

解 设事件 A 表示"零件长度合格",事件 B 表示"零件直径合格",此时事件 AB 表示的就是"零件的长度和直径均合格".

方法一(公式法):由题意知 $P(A)=0.95, P(B)=0.93, P(AB)=0.90$,则

$$P(B|A)=\frac{P(AB)}{P(A)}=\frac{0.90}{0.95}=\frac{18}{19}.$$

方法二(缩减样本空间法):由于零件已经长度合格,故事件 A 必然发生,而能使得事件 A 发生的基本事件数为 95,即目前的样本空间中的基本事件数为 95;而使得事件 AB 发生的基本事件数为 90,根据古典概型的定义,有

$$P(A|B)=\frac{90}{95}=\frac{18}{19}.$$

【例 20】 某批灯泡能用 $1\,000\ h$ 的概率为 0.8,能用 $1\,500\ h$ 的概率为 0.4.求该灯泡已经用了 $1\,000\ h$ 的基础上还能再使用 $500\ h$ 的概率.

解 设事件 A 为"灯泡能使用 $1\,000\ h$",事件 B 为"灯泡能使用 $1\,500\ h$",显然 $B \subset A$,即 $AB=B$.由题意,知 $P(A)=0.8, P(B)=0.4$,从而

$$P(B|A)=\frac{P(AB)}{P(A)}=\frac{P(B)}{P(A)}=\frac{1}{2}.$$

【例 21】 某市的一项调查表明:该市有 30% 的学生视力有缺陷,7% 的学生听力有缺陷,3% 的学生视力与听力都有缺陷.问:

(1) 已知一学生视力有缺陷,那么他听力也有缺陷的概率是多少?

(2) 已知一学生听力有缺陷,那么他视力也有缺陷的概率是多少?

解 记事件 A 表示"学生视力有缺陷",事件 B 表示"学生听力有缺陷",根据题意,知 $P(A)=0.3, P(B)=0.07, P(AB)=0.03$,则

(1) $P(B|A)=\dfrac{P(AB)}{P(A)}=\dfrac{0.03}{0.3}=0.1;$

(2) $P(A|B)=\dfrac{P(AB)}{P(B)}=\dfrac{0.03}{0.07}=\dfrac{3}{7}.$

二、乘法公式

根据条件概率的定义,可得下述公式.

(乘法公式) 对任意两个事件 A,B,有

$$P(AB)=P(A|B)P(B)=P(B|A)P(A). \tag{2}$$

其中第一个等式成立要求 $P(B)>0$,第二个等式成立要求 $P(A)>0$.

我们给出更一般的结果:

(乘法定理) 设 $A_1, A_2, \cdots, A_n$ 是 $n(n \in \mathbf{Z}, n \geqslant 2)$ 个事件,且 $P(A_1 A_2 \cdots A_{n-1})>0$,则有

$$P(A_1 A_2 \cdots A_n)=P(A_1)P(A_2|A_1)P(A_3|A_1 A_2) \cdots P(A_n|A_1 A_2 \cdots A_{n-1}). \tag{3}$$

【例 22】 一批零件共 100 个,其中有 10 个是次品.从中任取一个,取出后不放回,再从余下的零件中任取一个,求两个都是合格品的概率.

解 设事件 A_i 表示"第 i 次取到的零件是合格品",由题意,知 $P(A_1)=\dfrac{90}{100}$,

$P(A_2\mid A_1)=\dfrac{89}{99}$,则

$$P(A_1A_2)=P(A_1)P(A_2\mid A_1)=\frac{90}{100}\times\frac{89}{99}\approx0.809.$$

【例23】 (罐子模型)设罐子中有 a 个红球和 b 个白球,每次随机地取出一个球,观察其颜色后放回,再放入 r 个与所取出的球同色的球.若事件 A_i 表示"第 i 次取出红球",求第一、二次取出红球而第三、四次取出白球的概率.

解 由题意知,问题转为求 $P(A_1A_2\overline{A_3}\,\overline{A_4})$,根据乘法定理,有

$$P(A_1A_2\overline{A_3}\,\overline{A_4})=P(A_1)P(A_2\mid A_1)P(\overline{A_3}\mid A_1A_2)P(\overline{A_4}\mid A_1A_2\overline{A_3})$$

$$=\frac{a}{a+b}\times\frac{a+r}{a+b+r}\times\frac{b}{a+b+2r}\times\frac{b+r}{a+b+3r}.$$

三、全概率公式

全概率公式是概率论中的一个基本公式,它将一个复杂事件的概率计算问题化繁为简加以解决.下面我们来看一下全概率公式的简单形式和一般形式.

定理1 设 A 与 B 是任意两个事件,假设 $0<P(B)<1$,则

$$P(A)=P(A\mid B)P(B)+P(A\mid\overline{B})P(\overline{B}). \tag{4}$$

【例24】 设在 n 张彩票中只有一张可以中奖.求第二个人摸到中奖彩票的概率.(假设等所有人都摸完才开奖)

解 记事件 A_i 为"第 i 个人摸到中奖彩票".如今要求 $P(A_2)$,但显然我们知道,A_2 的发生与 A_1 是否发生关系很大,若 A_1 已经发生,则 A_2 不会发生,即 $P(A_2\mid A_1)=0$;若 A_1 没有发生($\overline{A_1}$ 发生),则 A_2 发生的概率会变大,即 $P(A_2\mid\overline{A_1})=\dfrac{1}{n-1}$.而 A_1 与 $\overline{A_1}$ 是样本空间中两个概率大于 0 的事件,$P(A_1)=\dfrac{1}{n}$,$P(\overline{A_1})=\dfrac{n-1}{n}$,于是由全概率公式,知

$$P(A_2)=P(A_1)P(A_2\mid A_1)+P(\overline{A_1})P(A_2\mid\overline{A_1})=\frac{1}{n}\times0+\frac{n-1}{n}\times\frac{1}{n-1}=\frac{1}{n}.$$

用类似的方法还可以计算得第3人、第4人……第 n 人摸到中奖彩票的概率均为 $\dfrac{1}{n}$,这说明摸到中奖彩票的机会与先后次序无关.类似地,在体育比赛中抽签不论先后,机会都是均等的.

【例25】 某保险公司认为某险种的投保人可以分成两类:一类为易出事故者,另一类为安全者.统计表明:一个易出事故者在一年内发生事故的概率为 0.4,而安全者的这个概率则减少为 0.1.若假定易出事故者占此险种投保人的比例为 20%.现有一个新的投保人来投保此险种,问该投保人在投保一年内发生事故的概率有多大?

解 记事件 A 表示"投保人在购买保单的一年内发生事故",事件 B 表示"投保人为易出事故者",由题意知 $P(B)=0.2$,$P(A\mid B)=0.4$,$P(A\mid\overline{B})=0.1$,则事件 A 发生的概率由

全概率公式,有

$$P(A)=P(B)P(A|B)+P(\overline{B})P(A|\overline{B})=0.2\times0.4+0.8\times0.1=0.16.$$

定义 7 设 S 为试验 E 的样本空间,$B_1,B_2,\cdots,B_n$ 为 E 的一组事件,若

(1) $P(B_i)>0,i=1,2,\cdots,n$;

(2) $B_i\bigcap B_j=\varnothing,i\neq j,i,j=1,2,\cdots,n$;

(3) $\bigcup\limits_{i=1}^{n}B_i=S.$

则称事件组 $B_1,B_2,\cdots,B_n$ 为样本空间 S 的一个划分或分割,如图 1-9 所示.

显然,满足 $0<P(B)<1$ 的事件 B 与其逆事件 $\overline{B}$ 就构成了样本空间 S 的一个最简单的划分.

定理 2(全概率公式) 设 $B_1,B_2,\cdots,B_n$ 是样本空间 S 的一个划分,则对 S 中的任一事件 A,都有

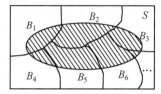

图 1-9

$$P(A)=\sum_{i=1}^{n}P(B_i)P(A|B_i). \tag{5}$$

【例 26】 现有 3 个布袋:1 个红袋、1 个绿袋和 1 个黄袋.在红袋中装有 60 个红球和 40 个绿球,在绿袋中装有 30 个红球和 50 个绿球,在黄袋中装有 20 个红球和 30 个绿球.今任取一袋,从中任取一球,已知每个袋子和每个球被取到的可能性都是相等的.求:

(1) 取到红袋中红球的概率;

(2) 取到红球的概率.

解 记事件 A 表示"取到红球",事件 B_1 表示"取到红袋",事件 B_2 表示"取到绿袋",事件 B_3 表示"取到黄袋",则由题意,知

$$P(B_1)=P(B_2)=P(B_3)=\frac{1}{3},$$

$$P(A|B_1)=\frac{60}{100}=\frac{3}{5},$$

$$P(A|B_2)=\frac{30}{80}=\frac{3}{8},$$

$$P(A|B_3)=\frac{20}{50}=\frac{2}{5}.$$

(1) 根据乘法公式,有

$$P(AB_1)=P(B_1)P(A|B_1)=\frac{1}{3}\times\frac{3}{5}=\frac{1}{5}.$$

(2) 根据全概率公式,有

$$P(A)=P(B_1)P(A|B_1)+P(B_2)P(A|B_2)+P(B_3)P(A|B_3)$$

$$=\frac{1}{3}\times\frac{3}{5}+\frac{1}{3}\times\frac{3}{8}+\frac{1}{3}\times\frac{2}{5}=\frac{11}{24}.$$

【例 27】 一批产品来自三个工厂,要求这批产品的合格率.为此对这三个工厂的产品进行调查,发现甲厂产品的合格率为 95%,乙厂产品的合格率为 80%,丙厂产品的合格率为 65%.且这批产品中有 60% 的产品来自甲厂,30% 的产品来自乙厂,10% 的产品来自丙厂.

解 记事件 A 表示"产品合格",事件 B_1 表示"产品来自甲厂",事件 B_2 表示"产品来自乙厂",事件 B_3 表示"产品来自丙厂",由调查知

$$P(B_1)=0.6, P(B_2)=0.3,$$
$$P(B_3)=0.1, P(A|B_1)=0.95,$$
$$P(A|B_2)=0.8, P(A|B_3)=0.65.$$

故根据全概率公式,有

$$P(A)=P(B_1)P(A|B_1)+P(B_2)P(A|B_2)+P(B_3)P(A|B_3)$$
$$=0.6\times0.95+0.3\times0.8+0.1\times0.65=0.875.$$

四、贝叶斯公式

在全概率公式的基础上可推得一个很著名的公式——贝叶斯公式.

定理3(贝叶斯公式) 设事件 $B_1, B_2, \cdots, B_n$ 是样本空间 S 的一个划分,且 $P(B_i)>0$ $(i=1,2,\cdots,n)$,对任何事件 A,若 $P(A)>0$,则对任何 i,都有

$$P(B_i|A)=\frac{P(AB_i)}{P(A)}=\frac{P(A|B_i)P(B_i)}{\sum\limits_{j=1}^{n}P(A|B_j)P(B_j)}, i=1,2,\cdots,n. \tag{6}$$

【例28】 对以往数据分析结果表明,当机器调整得良好时,产品的合格率为 98%;而当机器发生某种故障时,其合格率为 55%.每天早上机器开动时,机器调整良好的概率为 95%.试求已知某日早上第一件产品是合格品时,机器调整良好的概率.

解 记事件 A 表示"产品合格",事件 B 表示"机器调整良好".由题意,知

$$P(B)=0.95, P(A|B)=0.98, P(A|\overline{B})=0.55.$$

根据贝叶斯公式,有

$$P(B|A)=\frac{P(A|B)P(B)}{P(A|B)P(B)+P(A|\overline{B})P(\overline{B})}=\frac{0.98\times0.95}{0.98\times0.95+0.55\times0.05}\approx0.97.$$

这就是说,当生产出第一件产品是合格品时,此时机器调整良好的概率为 0.97.这里的概率 0.95 是由以往的数据分析得到的,叫作先验概率,而在得到信息(生产出的第一件产品是合格品)之后再重新加以修正的概率(0.97)叫作后验概率.有了后验概率,我们就能对机器的情况有进一步的了解.

【例29】 据调查,某地区居民的肝癌发病率为 0.0004,若记"该地区居民患肝癌"为事件 B,则 $P(B)=0.0004$.现用甲胎蛋白法检查肝癌,若呈阴性,表明不患肝癌;若呈阳性,表明患肝癌.由于技术和操作的不完善及种种特殊原因,是肝癌者未必检出阳性,不是肝癌者也有可能呈阳性反应.根据多次实验记录表明 $P(A|B)=0.99, P(A|\overline{B})=0.05$.其中事件 A 表示"甲胎蛋白检验为阳性".问:现在已知某人的甲胎蛋白检验结果为阳性,这个人患肝癌的概率有多少?

解 可用贝叶斯公式计算,得概率为

$$P(B|A)=\frac{P(A|B)P(B)}{P(A|B)P(B)+P(A|\overline{B})P(\overline{B})}$$

$$= \frac{0.99 \times 0.000\ 4}{0.99 \times 0.000\ 4 + 0.05 \times 0.999\ 6} \approx 0.007\ 86.$$

这表明,在已检查出呈阳性的人群中,真正患肝癌的人不到 1%,这个结果可能会令人吃惊,但仔细分析一下就可以理解了.因为肝癌的发病率很低,在 10 000 人中只有 4 人左右,而约有 9 996 人不患肝癌.如对这 10 000 人用甲胎蛋白法进行检查,按其错检率可知,4 位肝癌患者都呈阳性,而 9 996 位不患肝癌的人中约有 9 996×0.05≈500 个呈阳性.在总共 504 个呈阳性者中,真正患肝癌的 4 人占总阳性的不到 1%,其中大部分人(500 人)实属"虚报".从这个例子看出,减少"虚报"是提高检验精度的关键.这在实际生活中往往不是件容易的事.在实际生活中,医生常常用另一些简单易行的辅助方法先进行初查,排除大量明显不是肝癌的人,当医生怀疑某人有可能患肝癌时,才建议用甲胎蛋白法检验.这时,在被怀疑的对象中,肝癌的发病率已显著提高了,比如 $P(B)=0.4$,这时再用贝叶斯公式进行计算,可得

$$P(B|A) = \frac{P(A|B)P(B)}{P(A|B)P(B) + P(A|\overline{B})P(\overline{B})} = \frac{0.99 \times 0.4}{0.99 \times 0.4 + 0.05 \times 0.6} \approx 0.929\ 6.$$

这样就大大提高了甲胎蛋白法的准确率.

习题 1-4

1. 已知 $P(A) = \frac{1}{4}$,$P(B|A) = \frac{1}{3}$,$P(A|B) = \frac{1}{2}$,求 $P(AB)$,$P(A \cup B)$.

2. 掷两颗骰子,已知两颗骰子的点数之和为 7,求其中有一颗骰子是 1 点的概率.

3. 一批产品共有 100 件,其中 5 件为不合格品.从中不放回地任取两次,求两次都取到合格品的概率.

4. 有 2 个箱子,第一个箱子中有 10 个球,其中 8 个是白球;第二个箱子中有 20 个球,其中 4 个是白球.今从第一个箱子中任取 1 个球(不知球颜色)放入第二个箱子,再从第二个箱子中取 1 个球,问取到白球的概率有多大?

5. 假定某工厂甲、乙、丙三个车间生产同一种螺钉,甲、乙、丙车间的产量分别占全厂的 45%,35% 和 20%.又假定每个车间的次品率依次为 4%,2% 和 5%.现从待出厂的产品中任取一个螺钉,求:

(1) 它是次品的概率;

(2) 已知取到的是次品,它是甲车间生产的概率.

第五节　独立性

独立性是概率论的另一个重要概念.我们先讨论两个事件之间的独立性,然后讨论多个事件之间的独立性,最后再讨论两个或更多个试验之间的独立性.

一、两个事件的独立性

两个事件之间的独立性是指一个事件的发生不影响另一个事件的发生.例如,在抛两枚硬币这样的试验中,我们考察如下两个事件:A 表示"第一枚硬币出现正面",B 表示"第二枚硬币出现正面".

经验事实告诉我们,第一枚硬币出现的正反面情况不会影响到第二枚硬币出现的正反面情况,假如第二枚硬币出现正面可以中奖,那么不管第一枚硬币出现正面还是反面都不会影响中奖的机会,这时可以说事件 A 与事件 B 独立.

从概率角度看,两个事件之间的独立性与这两个事件同时发生的概率有密切关系.仍以上面的例子为例,随机试验的样本空间 $S=\{(正,正),(正,反),(反,正),(反,反)\}$,事件 $A=\{(正,正),(正,反)\}$,事件 $B=\{(正,正),(反,正)\}$,事件 $AB=\{(正,正)\}$,根据古典概型,我们知 $P(A)=P(B)=\dfrac{2}{4}=\dfrac{1}{2}$,$P(AB)=\dfrac{1}{4}$,于是有等式 $P(AB)=P(A)P(B)$.从而,我们给出两个事件独立的一般定义.

定义 8　对任意两个事件 A 与 B,若有

$$P(AB)=P(A)P(B),\tag{7}$$

则称事件 A 与事件 B 相互独立,简称 A 与 B 独立.

【例30】　(1)从一副不含大小王的扑克牌中任取一张,"出现红桃"和"出现数字2"是相互独立的,因为它们的概率分别为 $\dfrac{1}{4}$ 和 $\dfrac{1}{13}$,而它们同时出现的概率为 $\dfrac{1}{52}$.

(2)考虑有三个小孩的家庭(男生记为 B,女生记为 G),则其样本空间

$$S=\{(B,B,B),(B,B,G),(B,G,B),(B,G,G),(G,B,B),$$
$$(G,B,G),(G,G,B),(G,G,G)\}.$$

我们来考虑以下两个事件:

A 表示"家庭中既有男孩又有女孩",B 表示"家庭中至多一个女孩".

根据古典概型,这两个随机事件的概率分别为 $P(A)=\dfrac{6}{8}$,$P(B)=\dfrac{4}{8}$,而事件 AB 表示"家庭中恰有一个女孩",其概率为 $P(AB)=\dfrac{3}{8}$,从而有 $P(AB)=P(A)P(B)$.

即在家庭中有三个小孩的情况下,这两个事件是独立的.

考虑有两个小孩的家庭(男生记为 B,女生记为 G),其样本空间

$$S=\{(B,B),(B,G),(G,B),(G,G)\}.$$

我们来考虑以下两个事件:

事件 A 表示"家庭中既有男孩又有女孩",事件 B 表示"家庭中至多一个女孩".

根据古典概型,这两个随机事件的概率分别为 $P(A)=\dfrac{2}{4}$,$P(B)=\dfrac{3}{4}$,而事件 AB 表示"家庭中恰有一个女孩",其概率为 $P(AB)=\dfrac{1}{2}$,这时,$P(AB)\neq P(A)P(B)$.

说明在家庭中有两个小孩的情况下,这两个事件是不独立的.这也说明,两事件之间是否独立并不总是显然的.

两事件独立是相互的,即若事件 A 与事件 B 独立,则事件 B 也与事件 A 独立.独立性还有如下性质.

定理 4 (1) 若 $P(B)>0$,则事件 A 与 B 相互独立的充要条件是 $P(A|B)=P(A)$,即事件 B 的发生对事件 A 的发生没有影响;

(2) 若事件 A 与 B 独立,则 A 与 $\overline{B}$,$\overline{A}$ 与 B,$\overline{A}$ 与 $\overline{B}$ 也分别相互独立,即这四组事件中只要有一组是独立的,其他三组也是独立的.

证 由事件间的关系及运算,可知 $A\overline{B}=A-B$;再由减法公式和事件的独立性,知
$$P(A\overline{B})=P(A-B)=P(A)-P(AB)=P(A)-P(A)P(B)$$
$$=P(A)(1-P(B))=P(A)P(\overline{B}),$$
从而有
$$P(A\overline{B})=P(A)P(\overline{B}).$$
即事件 A 与 $\overline{B}$ 独立.类似地,可证明 $\overline{A}$ 与 B 独立,$\overline{A}$ 与 $\overline{B}$ 独立.

(3) 若 $P(A)=0$,则任何事件 B 都与 A 独立;

(4) 若 $P(A)=1$,则任何事件 B 都与 A 独立.

【例 31】 一台戏有两位主要演员甲与乙,考察如下两个事件:

A 表示"演员甲准时到达排练场",B 表示"演员乙准时到达排练场".假设 A 与 B 独立,假如 $P(A)=0.95$,$P(B)=0.7$,则两位演员均准时到达排练场的概率为
$$P(AB)=P(A)P(B)=0.95\times0.7=0.665.$$

两位演员均未准时到达排练场的概率为
$$P(\overline{A}\,\overline{B})=P(\overline{A})P(\overline{B})=0.05\times0.3=0.015.$$

在实际问题中,判断两事件独立可以从定义出发,但更多的是根据经验或事实去判定.顺便指出,"两事件独立"与"两事件不相容"是两个不同的概念,前者用概率等式
$$P(AB)=P(A)P(B)$$
判断,后者用事件等式 $AB=\varnothing$ 判断.这两个概念并无什么联系,两个独立事件可以相容,也可以不相容.但实际中遇到的两个独立事件常常是相容的,因为它们可以同时发生.

二、多个事件的独立性

首先研究三个事件的独立性.设 A,B,C 是三个事件,我们说它们相互独立,首先要求它们两两独立,即
$$P(AB)=P(A)P(B),$$
$$P(AC)=P(A)P(C),$$
$$P(BC)=P(B)P(C).$$
但这还不够,因为从这三个等式推不出 AB 与 C 独立,$A\bigcup B$ 与 C 独立.

假如再添加一个概率等式:

$$P(ABC)=P(A)P(B)P(C),$$

就能保证 AB 与 C 独立，$A\bigcup B$ 与 C 独立．而且还能保证用 A 和 B 运算所表示的事件均与 C 独立．所以刻画 A,B,C 三个事件相互独立要用上述四个概率等式．由此可以看出，对于三个及三个以上事件的相互独立，需要用更多个概率等式去定义．

定义9　设 $A_1,A_2,\cdots,A_n$ 是任意 $n(n\in\mathbf{Z},n\geqslant2)$ 个事件，若对任意 $k(k\in\mathbf{Z},2\leqslant k\leqslant n)$ 及任意 $1\leqslant i_1<i_2<\cdots<i_k\leqslant n$，都有

$$P(A_{i_1}A_{i_2}\cdots A_{i_k})=P(A_{i_1})P(A_{i_2})\cdots P(A_{i_k}),$$

即事件 $A_1,A_2,\cdots,A_n$ 中任意 k 个事件的积事件的概率都等于对应事件的概率的乘积，则称 $A_1,A_2,\cdots,A_n$ **相互独立**．

显然，n 个事件相互独立需要有

$$\sum_{k=2}^{n}\mathrm{C}_n^k=\sum_{k=0}^{n}\mathrm{C}_n^k-\mathrm{C}_n^0-\mathrm{C}_n^1=2^n-1-n$$

个等式来保证．

由定义，可以得到以下两个推论：

（1）若事件 $A_1,A_2,\cdots,A_n(n\geqslant2)$ 相互独立，则其中任意 $k(2\leqslant k\leqslant n)$ 个事件也是相互独立的；

（2）若 n 个事件 $A_1,A_2,\cdots,A_n(n\geqslant2)$ 相互独立，则将 $A_1,A_2,\cdots,A_n$ 中任意多个事件换成它们各自的对立事件，所得的 n 个事件仍相互独立．

在实际应用中，对于事件的独立性常常是根据事件的实际意义去判断的．一般地，若由实际情况分析，A,B 两事件之间没有关联或关联很微弱，那就认为它们是相互独立的．例如，A,B 分别表示甲、乙患感冒，如果甲、乙两人的活动范围相距甚远，就认为 A,B 相互独立．若甲、乙两人是同住在一个房间里的，那就不能认为 A,B 相互独立了．

【例32】　某航空公司上午10时左右各有一个航班从北京飞往上海、广州、沈阳，记 A,B,C 为如下三个事件：

$$A=\text{"飞往上海的航班满座"},$$
$$B=\text{"飞往广州的航班满座"},$$
$$C=\text{"飞往沈阳的航班满座"}.$$

假设这三个事件相互独立，且 $P(A)=0.9,P(B)=0.8,P(C)=0.6$，现求如下几个事件的概率．

（1）三个航班都满座的概率；

（2）至少有一个航班是满座的概率；

（3）至少有一个航班不是满座的概率；

（4）仅有一个航班是满座的概率．

解　（1）因为 A,B,C 相互独立，所以 $P(ABC)=P(A)P(B)P(C)=0.9\times0.8\times0.6=0.432$．

（2）由加法公式，知

$$P(A \cup B \cup C) = P(A) + P(B) + P(C) - P(AB) - P(AC) - P(BC) + P(ABC).$$

又因为 A, B, C 相互独立,所以

$$\begin{aligned} P(A \cup B \cup C) &= P(A) + P(B) + P(C) - P(A)P(B) - P(A)P(C) - \\ &\quad P(B)P(C) + P(A)P(B)P(C) \\ &= 0.9 + 0.8 + 0.6 - 0.9 \times 0.8 - 0.9 \times 0.6 - \\ &\quad 0.8 \times 0.6 + 0.9 \times 0.8 \times 0.6 \\ &= 0.992. \end{aligned}$$

(3) 至少有一个航班不是满座的概率为

$$P(\overline{A} \cup \overline{B} \cup \overline{C}) = P(\overline{ABC}) = 1 - P(ABC) = 1 - 0.432 = 0.568.$$

(4) 仅有一个航班是满座的概率为

$$\begin{aligned} P(A\overline{B}\,\overline{C} \cup \overline{A}B\overline{C} \cup \overline{A}\,\overline{B}C) &= P(A\overline{B}\,\overline{C}) + P(\overline{A}B\overline{C}) + P(\overline{A}\,\overline{B}C) \\ &= P(A)P(\overline{B})P(\overline{C}) + P(\overline{A})P(B)P(\overline{C}) + P(\overline{A})P(\overline{B})P(C) \\ &= 0.9 \times 0.2 \times 0.4 + 0.1 \times 0.8 \times 0.4 + 0.1 \times 0.2 \times 0.6 = 0.116. \end{aligned}$$

【例 33】 有 3 人独立地破译某个密码,他们各自破译出的概率分别为 $\frac{1}{5}, \frac{1}{4}, \frac{1}{3}$,求此密码被破译的概率.

解 记事件 A_i 表示"第 i 人破译密码",则密码被破译表明,3 人中至少有 1 人破译出密码,用事件表示出来即是 $A_1 \cup A_2 \cup A_3$. 对该事件的概率,我们可利用概率的加法公式,得

$$\begin{aligned} P(A_1 \cup A_2 \cup A_3) &= P(A_1) + P(A_2) + P(A_3) - P(A_1A_2) - \\ &\quad P(A_1A_3) - P(A_2A_3) + P(A_1A_2A_3) \\ &= \frac{1}{5} + \frac{1}{4} + \frac{1}{3} - \frac{1}{5} \times \frac{1}{4} - \frac{1}{5} \times \frac{1}{3} - \frac{1}{4} \times \frac{1}{3} + \frac{1}{5} \times \frac{1}{4} \times \frac{1}{3} \\ &= \frac{3}{5}. \end{aligned}$$

【例 34】 一架飞机有两个发动机,向该机射击时,仅当击中驾驶舱或同时击中两个发动机时,飞机才会被击落(假设击中驾驶舱和击中发动机是相互独立的). 若记事件 A 表示"击中驾驶舱",B_i 表示"击中第 i 个发动机",$P(A) = 0.4$,$P(B_1) = P(B_2) = 0.6$,求飞机被击落的概率.

解 记事件 C 表示"飞机被击落",由题意知 $C = A \cup B_1B_2$. 又因为 A, B_1, B_2 相互独立,根据概率的加法公式,有

$$\begin{aligned} P(C) &= P(A \cup B_1B_2) = P(A) + P(B_1B_2) - P(AB_1B_2) \\ &= P(A) + P(B_1)P(B_2) - P(A)P(B_1)P(B_2) \\ &= 0.4 + 0.6 \times 0.6 - 0.4 \times 0.6 \times 0.6 = 0.616. \end{aligned}$$

【例 35】 用晶体管装配某仪表要用 128 个元器件,改用集成电路元件后,只需 12 个元器件. 如果每个元器件能用 2 000 h 以上的概率为 0.996,当且仅当每一个元器件都正常使用时(设每个元器件正常使用是相互独立的),仪表才能正常工作. 试分别求上面两种配置下仪表能正常使用 2 000 h 以上的概率.

解 记事件 A_i 表示"第 i 个元器件能用 2 000 h",事件 B 表示"仪表正常工作 2 000 h".若使用晶体管装配仪表,则事件 $B = A_1A_2 \cdots A_{128}$,而每个元器件正常使用是相互独立的,则

$$P(B) = P(A_1A_2 \cdots A_{128}) = P(A_1)P(A_2) \cdots P(A_{128}) = 0.996^{128} \approx 0.598\ 7.$$

若使用集成电路装配仪表,则事件 $B = A_1A_2 \cdots A_{12}$,而每个元器件正常使用是相互独立的,则

$$P(B) = P(A_1A_2 \cdots A_{12}) = P(A_1)P(A_2) \cdots P(A_{12}) = 0.996^{12} \approx 0.953\ 0.$$

比较上面两个结果可以看出,改进设计、减少元器件的数量,可以提高仪表正常工作的效率.

【例 36】 某彩票每周开奖一次,每次中头奖的概率都是百万分之一.某人每周购买一张彩票,坚持了十年(每年 52 周)之久,请问这个人从未中过头奖的概率是多少?

解 记事件 A_i 表示"某人第 i 次购买彩票未中头奖",由题意知 $P(\overline{A_i}) = 10^{-6}$,且 A_i 之间相互独立,在十年内这个人从未中过头奖的概率为

$$P(A_1A_2 \cdots A_{520}) = P(A_1)P(A_2) \cdots P(A_{520}) = (1 - 10^{-6})^{520} \approx 0.999\ 5.$$

这个很大的概率表明十年内从未中头奖是很正常的事.所以你还会觉得"早中、晚中、早晚要中"吗?

三、独立性简便算法

在计算和事件概率的时候,用加法公式比较麻烦,特别是多个事件的情形.但是如果事件是相互独立的,则有如下简便的计算方法.

定理 5 设事件 $A_1, A_2, \cdots, A_n$ 相互独立,则

$$P\left(\bigcup_{i=1}^{n} A_i\right) = 1 - \prod_{i=1}^{n} (1 - P(A_i)). \tag{8}$$

证 事实上,由 $A_1, A_2, \cdots, A_n$ 相互独立,根据推论可知,$\overline{A_1}, \overline{A_2}, \cdots, \overline{A_n}$ 也相互独立,因此

$$P(\bigcup_{i=1}^{n} A_i) = 1 - P(\overline{\bigcup_{i=1}^{n} A_i}) = 1 - P(\overline{A_1 \bigcup A_2 \bigcup \cdots \bigcup A_n}) = 1 - P(\overline{A_1} \bigcap \overline{A_2} \bigcap \cdots \bigcap \overline{A_n})$$

$$= 1 - P(\overline{A_1})P(\overline{A_2}) \cdots P(\overline{A_n}) = 1 - \prod_{i=1}^{n} P(\overline{A_i}) = 1 - \prod_{i=1}^{n} (1 - P(A_i)).$$

下面给出一些有关独立性应用的例子.

【例 37】 现行市场上有 3 只股票,通过初步预测,这 3 只股票能为持股人带来经济效益的概率分别为 0.8,0.5 和 0.3,且这 3 只股票相互独立.问:这 3 只股票中至少有 1 只股票能够获利的概率有多大?

解 记事件 A_i 表示"第 i 只股票获利",$i = 1, 2, 3$,则"3 只股票中至少有 1 只股票获利"用事件 $A_1 \bigcup A_2 \bigcup A_3$ 表示,其概率为

$$P(A_1 \bigcup A_2 \bigcup A_3) = 1 - \prod_{i=1}^{3} (1 - P(A_i)) = 1 - 0.2 \times 0.5 \times 0.7 = 0.93.$$

【例 38】 某地发生一起抢劫案,现有两个相互独立的证据,每个证据均以 0.7 的概率证明为某一犯罪团伙所为.求这一起抢劫案为这一犯罪团伙所为的概率.

解 记事件 A_i 表示"第 i 个证据表明这起抢劫案为该犯罪团伙所为",$i=1,2,\cdots,$ 且

$$P(A_i)=0.7,i=1,2,\cdots.$$

故根据定理 5 知,在两个相互独立的证据的情况下,这一起抢劫案为这一犯罪团伙所为的概率为

$$P(A_1 \bigcup A_2)=1-(1-P(A_1))(1-P(A_2))=1-0.3\times0.3=0.91.$$

追问 若要以 99% 以上的概率确定这起抢劫案为这一犯罪团伙所为,问至少需要多少个相互独立的证据?(仍假设每个证据以 0.7 的概率可以证明抢劫案为该犯罪团伙所为)

解 一般地,在有 n 个相互独立的证据的情况下,这一起抢劫案为这一犯罪团伙所为的概率为

$$P(\bigcup_{i=1}^{n} A_i)=1-\prod_{i=1}^{n}(1-P(A_i))=1-0.3^n.$$

若要以 99% 以上的概率确定这起抢劫案为这一犯罪团伙所为,只要 $1-0.3^n>0.99$.由于 $1-0.3^3=0.973<0.99$,$1-0.3^4=0.9919>0.99$,因此至少需要 4 个相互独立的证据,才能以 99% 以上的概率确定这起抢劫案为这一犯罪团伙所为.

【例 39】 某血库急需 AB 型血,要从身体素质合格的献血者中获得.根据经验,每百名身体素质合格的献血者中只有 2 名是 AB 型血,则在 20 名身体素质合格的献血者中,至少有一人是 AB 型血的概率是多少?

解 记事件 A_i 表示"第 i 名身体素质合格的献血者是 AB 型血",$i=1,2,\cdots,$ 且

$$P(A_i)=0.02,i=1,2,\cdots.$$

根据定理 5 知,在 20 名身体素质合格的献血者中,至少有一人是 AB 型血的概率为

$$P(A_1 \bigcup A_2 \bigcup \cdots \bigcup A_{20})=1-\prod_{i=1}^{20}(1-P(A_i))=1-0.98^{20}\approx0.3324.$$

追问 若要以 95% 以上的把握至少获得一份 AB 型血,需要多少名身体素质合格的献血者?

一般地,在 n 名身体素质合格的献血者当中,至少获得一份 AB 型血的概率为

$$P(\bigcup_{i=1}^{n} A_i)=1-\prod_{i=1}^{n}(1-P(A_i))=1-0.98^n.$$

若要以 95% 以上的概率获得一份 AB 型血,只要 $1-0.98^n>0.95$,解得 $n\geqslant149$.即至少需要 149 名身体素质合格的献血者,才能以 95% 以上的概率保证至少获得一份 AB 型血.

【例 40】 设某类高射炮,每门炮发射一发炮弹击中飞机的概率为 0.6.现有若干门炮同时发射(每门炮发射一次,且各门炮工作是相互独立的),欲以 99% 以上的把握击中一架来犯敌机,问至少需要几门炮?

解 记事件 A_i 表示"第 i 门炮发射一发炮弹击中来犯敌机",$i=1,2,\cdots,$ 由题意知

$$P(A_i)=0.6,i=1,2,\cdots.$$

又因为各门炮工作是相互独立的,故在 n 门炮中至少有一门炮击中飞机的概率为

$$P(\bigcup_{i=1}^{n} A_i) = 1 - \prod_{i=1}^{n} (1 - P(A_i)) = 1 - 0.4^n.$$

若要以 99% 以上的把握击中一架来犯敌机,只要 $1-0.4^n>0.99$. 从而解得 $n \geqslant 6$,即至少需要 6 门炮,才能以 99% 以上的把握击中一架来犯敌机.

四、试验的独立性

利用事件的独立性可以定义两个或更多个试验的独立性. 设有两个试验 E_1, E_2,假如试验 E_1 的任一结果(事件)与试验 E_2 的任一结果(事件)都是相互独立的,则称这**两个试验相互独立**. 譬如,掷一枚硬币(试验 E_1)和掷一颗骰子(试验 E_2)是相互独立的试验,因为硬币出现正面或反面与骰子出现 1 至 6 点中的任一点都是相互独立的事件.

类似地,可以定义 n 个试验 $E_1, E_2, \cdots, E_n$ 的相互独立性,假如试验 E_1 的任一结果、E_2 的任一结果……E_n 的任一结果都是相互独立的事件,则称**试验 $E_1, E_2, \cdots, E_n$ 相互独立**. 假如这 n 个试验还是相同的,则称其为 n **重独立重复试验**. 譬如,掷 n 枚硬币,掷 n 颗骰子,检查 n 个产品等都是 n 重独立重复试验.

n 重伯努利试验是一类常见的随机模型,下面我们从伯努利试验开始分几点叙述这个模型.

(1) **伯努利试验** 只有两个结果(成功与失败,或记为 A 与 $\overline{A}$)的试验称为伯努利试验. 譬如,抛一枚硬币(正面与反面),检查一个产品(合格与不合格),一次射击打靶(命中与不命中),诞生一个婴儿(男与女),检查一个人的眼睛是否色盲(色盲与不色盲),等等,都可以看作是一次伯努利试验,再也没有比伯努利试验更简单的随机试验了,而最简单的通常是用得最频繁的.

(2) 在一次伯努利试验中,设成功的概率为 p,即

$$P(A) = p, P(\overline{A}) = 1 - p,$$

其中 $0<p<1$. 不同的 p 可用来描述不同的伯努利试验. 譬如,在检查一个产品的合格率时,有

$$P(合格) = 0.9, P(不合格) = 0.1.$$

假如,我们的兴趣在研究不合格品上,那么可假设 $p=0.1$,即把不合格品的出现看作"成功",当然,也可假设 $p=0.9$,这时我们的注意力将转到合格品的出现上,把合格品看作"成功",这两种设定都是可以的,但一定要明确"成功"的含义是什么.

(3) n **重伯努利试验** 由 n 个(次)相同的、独立的伯努利试验组成的随机试验称为 n 重伯努利试验. 譬如,抛 3 枚硬币(或一硬币抛 3 次)观察出现正面的情况,检查 7 个产品中的合格品情况,打 10 次靶的命中情况,观察刚出生的 100 个婴儿的性别情况,等等,都是多重伯努利试验.

n 重伯努利试验的基本结果可用长为 n 的 A 与 $\overline{A}$ 的序列表示. 譬如,4 重伯努利试验中的几个基本结果:

$A A \overline{A} \, \overline{A}$ 表示前两次成功,后两次失败;

$A \overline{A} \, \overline{A} A$ 表示第一次和最后一次成功,中间两次失败;

$A A \overline{A} A$ 表示第三次失败,其余都成功;

$\overline{A} \, \overline{A} \, \overline{A} A$ 表示直到第四次才成功.

根据独立性,可以算得上述几个基本结果发生的概率为

$$P(A A \overline{A} \, \overline{A}) = p^2 (1-p)^2,$$
$$P(A \overline{A} \, \overline{A} A) = p (1-p)^2 p = p^2 (1-p)^2,$$
$$P(A A \overline{A} A) = p^3 (1-p),$$
$$P(\overline{A} \, \overline{A} \, \overline{A} A) = p (1-p)^3.$$

在 n 重伯努利试验中,人们最关心的是成功次数(或 A 的个数),因为成功次数是基本结果中所含的最重要的信息,而 A 与 $\overline{A}$ 的排列次序在实际中往往是不感兴趣的信息. 记

$$B_{n,k} = \text{“}n \text{ 重伯努利试验中 } A \text{ 出现 } k \text{ 次”}.$$

例如,事件 $B_{n,0}$ 表示“n 重伯努利试验中 A 出现 0 次”,言下之意,$\overline{A}$ 出现 n 次,即

$$B_{n,0} = \{\overline{A} \, \overline{A} \cdots \overline{A}\}.$$

它的概率为

$$P(B_{n,0}) = (1-p)^n.$$

又如,事件 $B_{n,1}$ 表示“n 重伯努利试验中 A 出现 1 次”,言下之意,$\overline{A}$ 出现 $n-1$ 次,即

$$B_{n,1} = \{A \overline{A} \cdots \overline{A}, \overline{A} A \cdots \overline{A}, \cdots, \overline{A} \, \overline{A} \cdots A\},$$

其中共有 n 个基本结果,每个基本结果的概率为 $p(1-p)^{n-1}$,故其概率为

$$P(B_{n,1}) = np(1-p)^{n-1}.$$

一般地,事件 $B_{n,k}$ 中的基本结果是由 k 个 A 和 $n-k$ 个 $\overline{A}$ 组成的序列,由于它们位置上的差别,此种基本结果共有 C_n^k 个,每个发生的概率皆为 $p^k (1-p)^{n-k}$,所以

$$P(B_{n,k}) = C_n^k p^k (1-p)^{n-k}. \tag{9}$$

其中,k 可取 $0,1,\cdots,n$,这就是“n 重伯努利试验中成功 k 次”的概率的一般计算公式,在实际中很常用.

【例 41】 一位射手打靶,命中率为 0.9,4 次打靶就是 4 重伯努利试验,记

$$B_{4,k} = \text{“}4 \text{ 次打靶中命中 } k \text{ 次”}.$$

显然,k 可取 $0,1,2,3,4$. 由 (9) 式,知

$$P(B_{4,0}) = C_4^0 0.9^0 0.1^4 = P(4 \text{ 次打靶都没命中}) = 0.000\ 1,$$
$$P(B_{4,1}) = C_4^1 0.9^1 0.1^3 = P(4 \text{ 次打靶,命中 } 1 \text{ 次}) = 0.003\ 6,$$
$$P(B_{4,2}) = C_4^2 0.9^2 0.1^2 = P(4 \text{ 次打靶,命中 } 2 \text{ 次}) = 0.048\ 6,$$
$$P(B_{4,3}) = C_4^3 0.9^3 0.1^1 = P(4 \text{ 次打靶,命中 } 3 \text{ 次}) = 0.291\ 6,$$
$$P(B_{4,4}) = C_4^4 0.9^4 0.1^0 = P(4 \text{ 次打靶都命中}) = 0.656\ 1.$$

由上述 5 个概率可计算很多事件的概率,如

$$P(4 \text{ 次打靶至少命中 } 2 \text{ 次}) = P(B_{4,2}) + P(B_{4,3}) + P(B_{4,4}) = 0.996\ 3,$$

$$P(4 \text{ 次打靶最多命中 } 3 \text{ 次}) = P(B_{4,0}) + P(B_{4,1}) + P(B_{4,2}) + P(B_{4,3}) = 0.343\ 9$$
$$= 1 - P(B_{4,4}).$$

习题 1-5

1. 一盒螺钉共有 20 个,其中 19 个是合格的;另一盒螺母也有 20 个,其中 18 个是合格的.今从两盒中各取一个螺钉和螺母,求两个都是合格品的概率.

2. 有两批种子,发芽率分别为 0.8 和 0.9,在两批种子中任取一粒,求:

(1) 两粒种子都能发芽的概率;

(2) 两粒种子中至少有一粒种子能发芽的概率.

3. 甲、乙两人独立地对同一目标射击一次,其命中率分别为 0.8 和 0.7,现已知目标被击中,求它是甲射中的概率.

4. 设电路由 A, B, C 三个元件组成,若元件 A, B, C 发生故障的概率分别是 $0.3, 0.2, 0.2$,且各元件独立工作,试在以下情况下,求此电路发生故障的概率:

(1) A, B, C 三个元件串联;

(2) A, B, C 三个元件并联;

(3) 元件 B 与 C 并联,再与元件 A 串联.

5. 假设 $P(A) = 0.4, P(A \cup B) = 0.9$,在以下情况下求 $P(B)$:

(1) A, B 不相容;

(2) A, B 独立;

(3) $A \subset B$.

阅 读 资 料

托马斯·贝叶斯

托马斯·贝叶斯(Thomas Bayes)(图 1-10):英国神学家、数学家、数理统计学家和哲学家,1702 年出生于英国伦敦,做过神父,1742 年成为英国皇家学会会员.

贝叶斯是对概率论与统计的早期发展有重大影响的两位人物[另一位是布莱斯·帕斯卡(Blaise Pascal)]之一.他在数学方面主要研究概率论.他首先将归纳推理法用于概率论基础理论,并创立了贝叶斯统计理论,对于统计决策函数、统计推断、统计的估算等做出了贡献.1763 年,他发表了这方面的论著,对于现代概率论和数理统计都有很重要的作用.贝叶斯的另一著作《机

图 1-10

会的学说概论》发表于 1758 年,他所采用的许多术语被沿用至今.

贝叶斯对统计推理的主要贡献是使用了"逆概率"这个概念,并把它作为一种普遍的推理方法提出来.贝叶斯定理原本是概率论中的一个定理,这一定理可用一个数学公式来表达,这个公式就是著名的贝叶斯公式.

1763 年,由理查德·普莱斯(Richard Price)整理发表了贝叶斯的成果《An Essay towards solving a Problem in the Doctrine of Chances》,提出了如下的贝叶斯公式:

假定 $B_1, B_2, \cdots$ 是某个过程的若干可能的前提,则 $P(B_i)$ 是人们事先对各前提条件出现可能性大小的估计,称之为验前概率;如果这个过程得到了一个结果 A,那么贝叶斯公式提供了我们根据 A 的出现而对前提条件做出新评价的方法;$P(B_i|A)$ 即是对前提 B_i 的出现概率的重新认识,称 $P(B_i|A)$ 为验后概率.

经过多年的发展与完善,贝叶斯公式及由此发展起来的一整套理论与方法,已经成为概率统计中的一个冠以"贝叶斯"名字的学派,在自然科学及国民经济的许多领域中有着广泛应用.

贝叶斯统计的技术原理来源于两个概念:

(1) 先验分布.

它是总体分布参数 θ 的一个概率分布.贝叶斯学派的根本观点是,认为在关于 θ 的任何统计推断问题中,除了使用样本 X 所提供的信息外,还必须对 θ 规定一个先验分布,它是在进行推断时不可或缺的一个要素.贝叶斯学派把先验分布解释为在抽样前就有的关于 θ 的先验信息的概率表述,先验分布不必有客观的依据,它可以部分地或完全地基于主观信念.

例如,甲怀疑自己患有一种疾病 A,在就诊时医生对他测了诸如体温、血压等指标,其结果构成样本 X.引进参数 θ:有病时,$\theta=1$;无病时,$\theta=0$.X 的分布取决于 θ 是 0 还是 1,因而知道了 X 有助于推断 θ 是否为 1.按传统(频率)学派的观点,医生诊断时,只使用 X 提供的信息;而按贝叶斯学派观点,则认为只有在规定了一个介于 0 与 1 之间的数 p 作为事件 $\{\theta=1\}$ 的先验概率时,才能对甲是否有病(θ 是否为 1)进行推断.p 这个数刻画了本问题的先验分布,且可解释为疾病 A 的发病率.先验分布的规定对推断结果有影响,如在此例中,若疾病 A 的发病率很小,医生将倾向于只有在样本 X 显示出很强的证据时,才诊断甲有病.在这里先验分布的使用看来是合理的,但贝叶斯学派并不是基于"p 是发病率"这样一个解释而使用它的,事实上即使对疾病的发病率毫无所知,也必须规定这样一个 p,否则问题就无法求解.

(2) 后验分布.

根据样本 X 的分布 $P(\theta)$ 及 θ 的先验分布 $\pi(\theta)$,用概率论中求条件概率分布的方法,可算出在已知 $X=x$ 的条件下 θ 的条件分布 $\pi(\theta|x)$.因为这个分布是在抽样以后才得到的,故称为后验分布.贝叶斯学派认为:这个分布综合了样本 X 及先验分布 $\pi(\theta)$ 所提供的有关信息.抽样的全部目的,就在于完成由先验分布到后验分布的转换.

如上例,设 $p=P(\theta=1)=0.001$,而 $\pi(\theta=1|x)=0.86$,贝叶斯学派解释为:在甲的指标量出之前,他患病的可能性定为 0.001,而在得到 X 后,认识发生了变化(其患病的可能性提

高为 0.86），这一点的实现既与 X 有关，也离不开先验分布．计算后验分布的公式本质上就是概率论中著名的贝叶斯公式，这个公式正是上面提到的贝叶斯在 1763 年的文章中的一个重要内容．

贝叶斯推断方法的关键在于所作出的任何推断都必须也只需根据后验分布 $\pi(\theta|x)$，而不能再涉及 X 的样本分布 $P(\theta)$．

总习题一

一、选择题

1. 随机试验 E：统计某路段一个月中的重大交通事故的次数，事件 A 表示"无重大交通事故"，事件 B 表示"至少有一次重大交通事故"，事件 C 表示"重大交通事故的次数大于 1"，事件 D 表示"重大交通事故的次数小于 2"，则相容的事件是（　　）.

A. A 与 C　　　　　B. C 与 D　　　　　C. A 与 B　　　　　D. B 与 D

2. 打靶 3 发，设事件 A_i 表示"击中 i 发"，$i=0,1,2,3$，那么事件 $A_1\bigcup A_2\bigcup A_3$ 表示（　　）.

A. "全部击中"　　　　　　　　　　B. "至少有一发击中"

C. "全部没击中"　　　　　　　　　D. "至少有一发没击中"

3. 若 A,B,C 为随机试验中的三个事件，则 A,B,C 中三者都出现可表示为（　　）.

A. $A\bigcup(B\bigcap C)$　　　　　　　B. $A(B\bigcup C)$

C. $\overline{A}\bigcup\overline{B}\bigcup\overline{C}$　　　　　　　D. $A\bigcup B\bigcup C$

4. 设 A,B,C 为随机试验中的三个事件，则 $\overline{A\bigcup B\bigcup C}=$（　　）.

A. $\overline{A}\bigcup\overline{B}\bigcup\overline{C}$　　　B. $\overline{A}\bigcap\overline{B}\bigcap\overline{C}$　　　C. ABC　　　D. $A\bigcup B\bigcup C$

5. 若事件 A,B 互不相容，则有（　　）.

A. $P(A\bigcup B)=1$　　　　　　　B. $P(AB)=P(A)P(B)$

C. $\overline{A}$ 与 $\overline{B}$ 也互斥　　　　　　D. $A\overline{B}=A$

6. 设事件 A 与 B 互斥，且 $P(A)=p,P(B)=q$，则 $P(\overline{A}B)=$（　　）.

A. $(1-p)q$　　　B. pq　　　C. q　　　D. p

7. 设随机事件 A,B 互不相容，且 $P(A)=p,P(B)=q$，则 $P(\overline{A}\bigcup B)=$（　　）.

A. q　　　　B. $1-q$　　　　C. p　　　　D. $1-p$

8. 设事件 A 与 B 互斥，则下列结论肯定正确的是（　　）.

A. $\overline{A}$ 与 $\overline{B}$ 不相容　　　　　　B. $\overline{A}$ 与 $\overline{B}$ 必相容

C. $P(AB)=P(A)P(B)$　　　　　D. $P(A-B)=P(A)$

9. 设袋中有 6 个球，其中有 2 个红球、4 个白球，随机等可能地作不放回抽样，连续抽两次，则使 $P(A)=\dfrac{1}{3}$ 成立的事件 A 是（　　）.

A. "两次都取到红球" B. "第二次取到红球"

C. "两次抽样中至少有一次取到红球" D. "第一次取到白球,第二次取到红球"

10. 设有 10 个人抓阄抽取两张戏票,则第三个人抓到戏票的事件的概率为(　　).

A. 0 B. $\dfrac{1}{4}$ C. $\dfrac{1}{8}$ D. $\dfrac{1}{5}$

二、填空题

1. 设 A,B 为两个事件,若 $P(A)=0.7,P(A-B)=0.3$,则 $P(\overline{AB})=$_____.

2. 从 $1,2,3,4,5,6$ 中有放回地任取两个数字,则所取的两个数字不同的概率为_____.

3. 3 封信随机地投入 4 个邮筒,则第 1 个邮筒恰有 1 封信的概率为_____.

4. 设 $P(A)=P(B)=\dfrac{1}{4},P(C)=\dfrac{1}{2},P(AB)=0,P(AC)=P(BC)=\dfrac{1}{8}$,则 A,B,C 三者都不发生的概率为_____.

5. 设 A,B 为两个事件,若 $P(A)=0.6,P(B)=0.5,P(B|A)=0.3$,则 $P(A\bigcup B)=$_____.

6. 已知 $P(A)=\dfrac{1}{2},P(B|A)=\dfrac{3}{4},P(B)=\dfrac{5}{8}$,则 $P(A|B)=$_____.

7. 已知 $P(A)=0.1,P(B)=0.3,P(A|B)=0.2$,则 $P(A|\overline{B})=$_____.

8. 设事件 A,B 相互独立,$P(A)=0.4,P(A\bigcup B)=0.7$,则 $P(B)=$_____.

9. 设在三次独立试验中,事件 A 发生的概率都相等.若已知事件 A 至少发生一次的概率为 0.784,则事件 A 发生的概率为_____.

10. 某柜台有 4 名服务员,他们是否使用台秤是相互独立的,每个人在 1 h 内使用台秤的概率均为 $\dfrac{1}{4}$,则 4 人在 1 h 内同时使用台秤不超过 2 人的概率为_____.

三、计算题

1. 写出下列随机试验的样本空间:

(1) 同时掷 3 颗骰子,记录 3 颗骰子出现的点数之和;

(2) 向同一目标进行射击,直到击中 3 次为止,记录所需射击的次数;

(3) 5 件产品中有 2 件次品,每次从中不放回地任取 1 件,直到将 2 件次品全部取出所进行的抽取次数.

2. 某工程队承包建造了 3 幢楼房,设事件 A_i 表示"第 i 幢楼房验收合格",$i=1,2,3$.试用 A_1,A_2,A_3 表示下列事件:

(1) 只有第 1 幢楼房合格;

(2) 恰有 1 幢楼房合格;

(3) 至少有 1 幢楼房合格;

(4) 至多有 1 幢楼房合格.

3. 设 $P(A)=0.6, P(B)=0.7, P(AB)=0.5$, 求：

(1) $P(A \bigcup B)$;

(2) $P(A \bigcup \overline{B})$;

(3) $P(B\overline{A})$.

4. 连掷 2 颗骰子, 求点数和大于 10 的概率.

5. 袋中装有 5 个白球、3 个黑球和 4 个红球, 从中任取 3 个球, 求取到的 3 个球颜色相同的概率.

6. 盒中有 6 个正品、4 个次品. 不放回地从中取球, 直到取到正品为止. 求取了 4 次的概率.

7. 设某地区成年人中肥胖者占 10%, 不胖不瘦者占 82%, 瘦者占 8%. 又知肥胖者患高血压的概率为 20%, 不胖不瘦者患高血压的概率为 10%, 瘦者患高血压的概率为 5%.

(1) 试求该地区成年人患高血压的概率;

(2) 若已知某人患高血压, 则他属于肥胖者的概率有多大?

8. 已知灯泡使用寿命在 1 000 h 以上的概率为 0.2, 求 3 个灯泡在使用 1 000 h 后最多只有一个损坏的概率.

9. 设有两门高射炮, 每门炮一发炮弹击中敌机的概率都是 0.7, 两门高射炮之间相互独立. 求同时发射一发炮弹就击中敌机的概率. 又若有一架敌机入侵领空, 欲以 95% 的概率击中它, 问至少需要多少门高射炮?

10. 从混有 5 张假钞的 20 张百元钞票中任取 2 张, 并将其中的 1 张拿到验钞机上检验, 结果发现是假钞, 求抽到的 2 张都是假钞的概率.

第二章　一维随机变量及其分布

第一节　一维随机变量

在第一章中,我们看到一些随机试验,它们的结果可以用数来表示,如随机试验 E_2:抛掷一颗均匀的骰子,观察出现的点数,该试验的样本空间 $S_2=\{1,2,3,4,5,6\}$;但有些则不然,如随机试验 E_1:抛掷一枚均匀的硬币,观察正反面的出现情况,该试验的样本空间 $S_1=\{正面,反面\}$.当样本空间 S 的元素不是一个数时,人们对于 S 就难以描述和研究.现在来讨论如何引入一个法则,将随机试验的每一个结果,即将 S 的每个元素 e 与实数 x 对应起来,从而引入随机变量的概念.我们先来看如下几个例子.

【**例 1**】 将一枚硬币抛掷三次,观察正反面出现的情况,该随机试验的样本空间是(其中正面记为 H,反面记为 T)
$$S=\{HHH,HHT,HTH,HTT,THH,THT,TTH,TTT\}.$$

以 X 表示三次抛掷得到正面 H 的总次数,那么对于样本空间 S 中的每一个样本点 e,X 都有一个数与之对应.X 是定义在样本空间 S 上的一个单值实值函数.它的定义域是样本空间 S,值域是实数集合 $\{0,1,2,3\}$.使用函数记号可将 X 写成
$$X=X(e)=\begin{cases}3, & e=HHH,\\2, & e=HHT,HTH,THH,\\1, & e=HTT,THT,TTH,\\0, & e=TTT.\end{cases}$$

【**例 2**】 一袋中装有编号分别为 $1,2,3$ 的 3 只球,在袋中任取一只球,放回,再任取一只球,记录它们的编号.试验的样本空间 $S=\{(i,j)\mid i,j=1,2,3\}$,$i,j$ 分别为第 1 次、第 2 次取到的球的编号.以 X 表示两球号码之和,我们可以看到,对于任一样本点 $e=(i,j)\in S$,X 都有一个指定的值 $i+j$ 与之对应.X 是定义在样本空间 S 上的一个单值实值函数,它的定义域是样本空间 S,值域是实数集合 $\{2,3,4,5,6\}$.使用函数记号可将 X 写成
$$X=X(e)=X((i,j))=i+j,i,j=1,2,3.$$

一般地,有如下定义:

定义 1　设 E 是随机试验,S 是 E 的样本空间,若对 S 中的每一个样本点 e,都存在唯一

的实数 $X(e)$ 与之对应,则称 X 为定义在 S 上的**一维实值随机变量**,简称**随机变量**.

图 2-1 画出了样本点 e 与实数 $X=X(e)$ 对应的示意图.

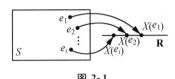

图 2-1

有许多随机试验,它们的结果本身就是一个数,即样本点 e 是一个数,我们直接令 $X=X(e)=e$,那么 X 就是一个随机变量.例如,用 Y 记某车间一天的缺勤人数,以 W 记某地区第一季度的降雨量,以 Z 记某工厂一天的耗电量,以 N 记某医院一天的挂号人数,等等,那么 Y,W,Z,N 都是随机变量.

随机变量通常用大写字母 X,Y,Z 等或希腊字母 ξ,η,ζ 等表示,随机变量的取值用小写的字母 x,y,z 等表示.

随机变量的取值随试验的结果而定,而试验中各个结果的出现具有一定的概率,因而随机变量的取值有一定的概率.例如,例 1 中的 X 的取值为 2,记成 $X=2$,对应于样本点的集合

$$A=\{HHT,HTH,THH\}.$$

当且仅当事件 A 发生时有 $X=2$.我们称概率 $P(A)=P\{HHT,HTH,THH\}$ 为 $X=2$ 的概率,即 $P\{X=2\}=P(A)=\dfrac{3}{8}$.以后,还将事件 $A=\{HHT,HTH,THH\}$ 说成事件 $X=2$.类似地,有

$$P\{X\leqslant 1\}=P\{HTT,THT,TTH,TTT\}=\frac{1}{2}.$$

随机变量的取值随试验的结果而定,在试验之前不能预知它取什么值,且它的取值有一定的概率.这些性质显示了随机变量与普通函数有着本质的差异.

随机变量的引入,使得我们能用随机变量来描述各种随机现象,并能利用高等数学的方法对随机试验的结果进行深入而广泛的研究和讨论.

第二节 一维离散型随机变量的概率分布

本节将介绍一类在实际生活中比较常见又比较直观的随机变量——离散型随机变量.

定义 2 设 X 为随机变量,若 X 仅取数轴上的有限个或可列个孤立点,即它的所有可能取值是有限个或可列无限多个,则称 X 为**离散型随机变量**,如图 2-2 所示.

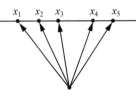

图 2-2

例如,抛掷一枚硬币五次,记正面出现的次数为 X,则 X 只可能取 $0,1,2,3,4,5$,它是一个离散型随机变量;某公交站台一天的候车人数也是一个离散型随机变量.但若以 T 表示某一只灯泡的使用寿命,T 就不是一个离

散型随机变量了,因为它的所有可能取值无法按一定次序——列举出来.本节只讨论离散型随机变量.

若要掌握一个离散型随机变量 X 的统计规律,必须且只需知道 X 的所有可能取值及取每一个可能值的概率.

定义 3 设离散型随机变量 X 的所有可能取值为 $x_k(k=1,2,\cdots)$,X 取各个可能值的概率,即事件 $\{X=x_k\}$ 的概率为

$$P\{X=x_k\}=p_k,k=1,2,\cdots. \tag{1}$$

由概率的定义,p_k 满足如下两个条件:

（Ⅰ）$p_k \geqslant 0,k=1,2,\cdots;$ \hfill (2)

（Ⅱ）$\sum\limits_{k=1}^{\infty} p_k = 1.$ \hfill (3)

由于概率的非负性,(2)式是显然的.

对于(3)式的证明. 由于 $S=\bigcup\limits_{k=1}^{\infty}\{X=x_k\}$,且 $\{X=x_i\}\bigcap\{X=x_j\}=\varnothing,\forall i\neq j$,从而根据概率的可列可加性,有 $1=P(S)=P(\bigcup\limits_{k=1}^{\infty}\{X=x_k\})=\sum\limits_{k=1}^{\infty}P\{X=x_k\}$,即 $\sum\limits_{k=1}^{\infty}p_k=1$.

称(1)式为离散型随机变量 X 的**分布律**(或**分布列**).分布律也可以用表 2-1 的形式来表示.

表 2-1　离散型随机变量的分布律

X	x_1	x_2	$\cdots$	x_n	$\cdots$
p_k	p_1	p_2	$\cdots$	p_n	$\cdots$

表 2-1 的第一行列举了随机变量 X 的所有可能取值,第二行列举了取每个值所对应的概率. 表 2-1 还直观地表示了随机变量 X 取各个值的概率的规律. X 取各个值的概率之和为 1.可以想象成:概率 1 以一定的规律分布在各个可能值上,这就是表 2-1 称为分布律的缘故.

【**例 3**】 设一辆汽车在开往目的地的道路上需经过四组信号灯,每组信号灯以 $\frac{1}{2}$ 的概率允许汽车通过.以 X 表示汽车首次停下时它已经通过的信号灯的组数(假设各组信号灯之间是相互独立的),求 X 的分布律.

解 由题意知 X 的所有可能取值为 $0,1,2,3,4$,故 X 是一个离散型随机变量,且

$$P\{X=0\}=\frac{1}{2},P\{X=1\}=\frac{1}{2}\times\frac{1}{2},$$

$$P\{X=2\}=\left(\frac{1}{2}\right)^2\times\frac{1}{2},$$

$$P\{X=3\}=\left(\frac{1}{2}\right)^3\times\frac{1}{2},P\{X=4\}=\left(\frac{1}{2}\right)^4.$$

即 X 的分布律如表 2-2 所示.

表 2-2 X 的分布律

X	0	1	2	3	4
p_k	0.5	0.25	0.125	0.062 5	0.062 5

下面介绍几个常用的离散型随机变量.

一、退化分布

定义 4 设 X 是随机变量,a 是常数,若
$$P\{X=a\}=1,\tag{4}$$
则称 X 服从退化分布.

退化分布在某种程度上已经丧失了随机性,就像随机事件里的不可能事件和必然事件一样,我们可以将退化分布理解为分布的某种极端.

二、0-1 分布

定义 5 设随机变量 X 只可能取 0 与 1 两个值,它的分布律是
$$P\{X=k\}=p^k(1-p)^{1-k},k=0,1,0<p<1,\tag{5}$$
则称 X 服从参数为 p 的 **0-1 分布**或**两点分布**.

0-1 分布的分布律也可以写成表 2-3 的形式.

表 2-3 0-1 分布的分布律

X	0	1
p_k	$1-p$	p

对于一个随机试验,如果它的样本空间中仅包含两个元素,即 $S=\{e_1,e_2\}$,我们总能在 S 上定义一个服从 0-1 分布的随机变量
$$X=X(e)=\begin{cases}0, & e=e_1,\\ 1, & e=e_2\end{cases}$$
来描述这个随机试验的结果.例如,对新生儿的性别进行登记,检查产品的质量是否合格,抛硬币的正反面情况,投篮是否投中等都可以用 0-1 分布的随机变量来描述.0-1 分布是经常遇到的一种分布.

三、二项分布

在第一章第五节中我们讲解了 n 重伯努利试验,n 重伯努利试验有如下几个特点:
(1) 每次试验只有两个结果:A 和 $\overline{A}$.
(2) $P(A)=p,P(\overline{A})=1-p$.
(3) 试验独立重复了 n 次.
我们曾用事件 $B_{n,k}$ 表示"n 重伯努利试验中 A 出现 k 次",现我们用随机变量来表示这个事件.

定义 6 设 X 为 n 重伯努利试验中 A 出现的次数,则有 $B_{n,k}=$"$X=k$",其中 X 的所有可能取值为 $0,1,2,\cdots,n$,它取这些值的概率为

$$P\{X=k\}=C_n^k p^k(1-p)^{n-k}, \ k=0,1,2,\cdots,n. \tag{6}$$

显然,

$$P\{X=k\}\geqslant 0, \ k=0,1,2,\cdots,n,$$

$$\sum_{k=0}^{n} P\{X=k\} = \sum_{k=0}^{n} C_n^k p^k(1-p)^{n-k} = [p+(1-p)]^n = 1.$$

即 $P\{X=k\}$ 满足条件(2)和(3).我们称随机变量 X 服从参数为 n,p 的**二项分布**,并记作 $X\sim b(n,p)$.

【例 4】 按规定,某种型号电子元件的使用寿命超过 1 500 h 的为一级品.已知某一大批产品的一级品率为 0.2,现从中随机地抽查 20 只,问 20 只元件中恰有 k 只($k=0,1,2,\cdots,$ 20)为一级品的概率是多少?

解 这是不放回抽样,但由于这批元件的总数很大,且抽查的元件数量相对于元件的总数来说又很小,因而可以当作放回抽样来处理.这样做会有一些误差,但误差不大.我们将检查一只元件看它是否为一级品看成是一次试验,检查 20 只元件相当于做 20 重伯努利试验.以 X 表示 20 只元件中一级品的个数,则 X 是一个随机变量,且有 $X\sim b(20,0.2)$.由式(6)即得所求概率为

$$P\{X=k\}=C_{20}^k 0.2^k 0.8^{20-k}, \ k=0,1,2,\cdots,20.$$

将上述概率计算结果列表如表 2-4 所示.

表 2-4 概率计算结果

$P\{X=0\}=0.011\ 5$	$P\{X=1\}=0.057\ 6$	$P\{X=2\}=0.136\ 9$
$P\{X=3\}=0.205\ 4$	$P\{X=4\}=0.218\ 2$	$P\{X=5\}=0.174\ 6$
$P\{X=6\}=0.109\ 1$	$P\{X=7\}=0.054\ 5$	$P\{X=8\}=0.022\ 2$
$P\{X=9\}=0.007\ 4$	$P\{X=10\}=0.002\ 0$	$P\{X=11\}=0.000\ 5$
$P\{X=k\}\leqslant 0.000\ 5$,当 $k\geqslant 11$ 时		

我们根据表 2-4 的计算结果作出的图形如图 2-3 所示.

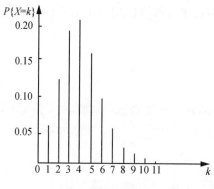

图 2-3

从图 2-3 可以看出,当 k 增加时,概率 $P\{X=k\}$ 先是随之增加,直至达到最大值(本例中

当 $k=4$ 时取到最大值),随后单调减少.一般地,对于固定的 n 及 p,二项分布 $b(n,p)$ 都具有这一性质.

【例 5】 某人进行射击,设每次射击的命中率为 0.02,独立射击 400 次,试求至少击中 1 次的概率.

解 将一次射击看成一次试验.设击中的次数为 X,显然 $X \sim b(400,0.02)$,则 X 的分布律为

$$P\{X=k\} = C_{400}^k 0.02^k 0.98^{400-k}, \quad k=0,1,2,\cdots,400.$$

于是所求概率为

$$P\{X \geqslant 1\} = 1 - P\{X<1\} = 1 - P\{X=0\} = 1 - C_{400}^0 0.02^0 0.98^{400} \approx 0.999\ 69.$$

这个概率很接近 1,我们从两个方面来讨论这一结果的实际意义.其一,虽然每次射击的命中率很低(0.02),但如果射击 400 次,则击中目标至少 1 次是几乎可以肯定的.这一事实说明,一个事件尽管在一次试验中发生的概率很小,但只要试验次数足够多,而且试验独立地进行,那么这一事件的发生几乎是必然的,这说明绝不能轻视小概率事件;其二,如果射手在 400 次射击中,击中目标的次数居然不到 1 次,由于概率 $P\{X<1\} \approx 0.000\ 3$(很小),根据实际推断原理,我们将怀疑"每次射击的命中率为 0.02"这一假设的正确性,即认为该射手的射击命中率达不到 0.02.

四、泊松分布

定义 7 设随机变量 X 的所有可能取值为 $0,1,2,\cdots$,而取每个值的概率为

$$P\{X=k\} = \frac{\lambda^k}{k!} e^{-\lambda}, \quad k=0,1,2,\cdots, \tag{7}$$

其中 $\lambda>0$ 是常数,则称 X 服从参数为 λ 的泊松分布,记为 $X \sim \pi(\lambda)$.

易知,$P\{X=k\} \geqslant 0, k=0,1,2,\cdots$,且由泰勒公式,有

$$\sum_{k=0}^{\infty} P\{X=k\} = \sum_{k=0}^{\infty} \frac{\lambda^k}{k!} e^{-\lambda} = e^{-\lambda} \sum_{k=0}^{\infty} \frac{\lambda^k}{k!} = e^{-\lambda} \cdot e^{\lambda} = 1,$$

即 $P\{X=k\}$ 满足条件(2)和(3).

实际生活中,观察某电话局在单位时间内收到用户的呼叫次数、一本书一页中的印刷错误数、某地区在一天内邮递遗失的信件数、某医院在一天内接待的急诊病人数、某城市在一个时间间隔内发生交通事故的次数、某耕地单位面积内出现的杂草数目等随机变量,均可用泊松分布来描述.

【例 6】 某电话服务中心每分钟接到的呼唤次数 X 是一个随机变量,设 $X \sim \pi(\lambda)$ 且 $P\{X=0\} = e^{-4}$,求:

(1) 参数 λ 的值;

(2) 1 分钟内呼唤次数恰为 8 次的概率;

(3) 1 分钟内呼唤次数不超过 1 次的概率.

解 因为 $X \sim \pi(\lambda)$,根据泊松分布的定义,知

（1）$P\{X=0\}=\dfrac{\lambda^0}{0\,!}\mathrm{e}^{-\lambda}=\mathrm{e}^{-4}$，解得 $\lambda=4$；

（2）由泊松分布表（附录 1），得 $P\{X=8\}=\dfrac{4^8}{8\,!}\mathrm{e}^{-4}\approx0.029\,770$；

（3）由泊松分布表，得 $P\{X\leqslant1\}=P\{X=0\}+P\{X=1\}\approx0.091\,579$.

【例 7】 由某超市过去的销售记录可知，某种商品每月的销售数可以用参数 $\lambda=10$ 的泊松分布来描述. 为保证有 95% 以上的把握不脱销，问超市在月底至少应进该商品多少件？

解 该商品每月的销售数是随机变量，记作 X，由题意知 $X\sim\pi(10)$. 设月底进货为 a 件，则当 $X\leqslant a$ 时就不会脱销，因此，按题意，要求出最小的 a，使得

$$P\{X\leqslant a\}>0.95.$$

由泊松分布表，知

$$\sum_{k=0}^{14}\frac{10^k}{k\,!}\mathrm{e}^{-10}\approx0.916\,5<0.95,$$

$$\sum_{k=0}^{15}\frac{10^k}{k\,!}\mathrm{e}^{-10}\approx0.951\,3>0.95.$$

因此，该超市只要在月底进该商品 15 件（假定上个月没有存货），就可以保证有 95% 以上的把握不脱销.

下面介绍用泊松分布来逼近二项分布的定理.

泊松定理 设 $\lambda>0$ 是一个常数，n 是任意正整数，设 $np_n=\lambda$，则对于任一固定的非负整数 k，有

$$\lim_{n\to\infty}\mathrm{C}_n^k p_n^k(1-p_n)^{n-k}=\frac{\lambda^k}{k\,!}\mathrm{e}^{-\lambda}.$$

证 由 $p_n=\dfrac{\lambda}{n}$，有

$$\mathrm{C}_n^k p_n^k(1-p_n)^{n-k}=\frac{n(n-1)\cdots(n-k+1)}{k\,!}\left(\frac{\lambda}{n}\right)^k\left(1-\frac{\lambda}{n}\right)^{n-k}$$

$$=\frac{\lambda^k}{k\,!}\left[1\times\left(1-\frac{1}{n}\right)\times\cdots\times\left(1-\frac{k-1}{n}\right)\right]\left(1-\frac{\lambda}{n}\right)^n\left(1-\frac{\lambda}{n}\right)^{-k}.$$

对于任意固定的 k，当 $n\to\infty$ 时，

$$1\times\left(1-\frac{1}{n}\right)\times\cdots\times\left(1-\frac{k-1}{n}\right)\to1,\quad\left(1-\frac{\lambda}{n}\right)^n=\left(1-\frac{\lambda}{n}\right)^{\frac{n}{\lambda}\times\lambda}\to\mathrm{e}^{-\lambda},\quad\left(1-\frac{\lambda}{n}\right)^{-k}\to1,$$

故有

$$\lim_{n\to\infty}\mathrm{C}_n^k p_n^k(1-p_n)^{n-k}=\frac{\lambda^k}{k\,!}\mathrm{e}^{-\lambda}.$$

定理的条件是 $np_n=\lambda$（常数），意味着当 n 很大时，p_n 必定很小. 因此，上述定理表明当 n 很大、p 很小（$np=\lambda$）时，有以下近似式：

$$\mathrm{C}_n^k p^k(1-p)^{n-k}\approx\frac{\lambda^k}{k\,!}\mathrm{e}^{-\lambda}\quad(\lambda=np). \tag{8}$$

也就是说，以 n,p 为参数的二项分布的概率值可以由参数 $\lambda=np$ 的泊松分布的概率值近似

得到,而要计算泊松分布的概率值,有专门的泊松分布表可查(附录1).

【例8】 计算机硬件公司制造某种特殊型号的微型芯片,次品率为 0.1%,各芯片成为次品相互独立,求在 1 000 只产品中至少有 2 只是次品的概率.

解 记 X 表示 1 000 只产品中的次品数,则 $X \sim b(1\,000, 0.001)$.故所求概率为

$$P\{X \geqslant 2\} = 1 - P\{X < 2\} = 1 - P\{X = 0\} - P\{X = 1\}$$
$$= 1 - C_{1\,000}^{0} 0.001^{0} 0.999^{1\,000} - C_{1\,000}^{1} 0.001^{1} 0.999^{999}$$
$$\approx 0.264\,241\,087.$$

而由泊松定理知,$X \sim \pi(\lambda)$,其中 $\lambda = np = 1\,000 \times 0.001 = 1$.查表得所求概率为

$$P\{X \geqslant 2\} = 1 - P\{X < 2\} = 1 - P\{X = 0\} - P\{X = 1\} = 1 - \frac{1^{0}}{0!}\mathrm{e}^{-1} - \frac{1^{1}}{1!}\mathrm{e}^{-1} \approx 0.264\,242.$$

显然利用(8)式的计算更方便.

一般地,当 $n \geqslant 20, p \leqslant 0.05$ 时用 $\dfrac{\lambda^{k}}{k!}\mathrm{e}^{-\lambda}(\lambda = np)$ 作为 $C_{n}^{k} p^{k}(1-p)^{n-k}$ 的近似值效果颇佳.

【例9】 为保证设备正常工作,需要配备一些维修工,设备台设备发生故障是相互独立的,且每台设备发生故障的概率都是 0.01.若有 n 台设备,则 n 台设备中同时发生故障的台数 X 服从二项分布 $b(n, 0.01)$.由于 $p = 0.01$ 很小,故 X 又可以近似看作服从泊松分布 $\pi(\lambda)$,其中 $\lambda = np = n \times 0.01$.下面用此看法来讨论几个问题.

(1)若用 1 名维修工负责维修 20 台设备,求设备发生故障时得不到及时维修的概率;

(2)若用 3 名维修工负责维修 80 台设备,求设备发生故障时得不到及时维修的概率;

(3)若有 300 台设备,需要配备多少名维修工,才能使设备发生故障时得不到及时维修的概率不超过 0.01?

解 (1)记 X_1 表示 20 台设备中同时发生故障的台数,则 $X_1 \sim b(20, 0.01)$,根据泊松定理,可认为 $X_1 \sim \pi(0.2)$.因此,20 台设备中因发生故障时得不到及时维修只在同时有 2 台或 2 台以上设备发生故障时才出现.故所求概率为

$$P\{X_1 \geqslant 2\} = 1 - P\{X_1 < 2\} = 1 - P\{X_1 = 0\} - P\{X_1 = 1\} = 1 - \frac{0.2^{0}}{0!}\mathrm{e}^{-0.2} - \frac{0.2^{1}}{1!}\mathrm{e}^{-0.2} \approx 0.017\,5.$$

这表明,1 名维修工负责维修 20 台设备时,因同时发生故障时得不到及时维修的概率很小,还不到 0.02.

(2)记 X_2 表示 80 台设备中同时发生故障的台数,则 $X_2 \sim b(80, 0.01)$,根据泊松定理,可认为 $X_2 \sim \pi(0.8)$.在 80 台设备中因发生故障时得不到及时维修只在同时有 4 台或 4 台以上设备发生故障时才出现.故所求概率为

$$P\{X_2 \geqslant 4\} = 1 - P\{X_2 < 4\} = 1 - P\{X_2 = 0\} - P\{X_2 = 1\} - P\{X_2 = 2\} - P\{X_2 = 3\}$$
$$= 1 - \frac{0.8^{0}}{0!}\mathrm{e}^{-0.8} - \frac{0.8^{1}}{1!}\mathrm{e}^{-0.8} - \frac{0.8^{2}}{2!}\mathrm{e}^{-0.8} - \frac{0.8^{3}}{3!}\mathrm{e}^{-0.8} \approx 0.009\,1.$$

这表明,3 名维修工负责维修 80 台设备时,因同时发生故障得不到及时维修的概率仅为 $0.009\,1$,几乎为前面 $0.017\,5$ 的一半,提高了效率.

(3)记 X_3 表示 300 台设备中同时发生故障的台数,则 $X_3 \sim b(300, 0.01)$,根据泊松定

理,可认为 $X_3 \sim \pi(3)$.记 N 为所需配备的维修工人数.在 300 台设备中因故障得不到及时维修只在同时有 $N+1$ 台或 $N+1$ 台以上设备发生故障时才出现.故 N 需满足

$$P\{X_3 \geqslant N+1\} = 1 - P\{X_3 < N+1\} = 1 - \sum_{k=0}^{N} \frac{3^k}{k!} e^{-3} \leqslant 0.01,$$

即

$$\sum_{k=0}^{N} \frac{3^k}{k!} e^{-3} \geqslant 0.99.$$

由泊松分布表,知

$$\sum_{k=0}^{7} \frac{3^k}{k!} e^{-3} \approx 0.988\,1 < 0.99,$$

$$\sum_{k=0}^{8} \frac{3^k}{k!} e^{-3} \approx 0.996\,2 > 0.99.$$

故当 $N=8$ 时满足要求,即要用 8 名维修工才能使 300 台设备发生故障时得不到及时维修的概率不超过 0.01.

习题 2-2

1. 设离散型随机变量 X 的分布律为

$$P\{X=k\} = 3a\left(\frac{1}{2}\right)^k, k=1,2,\cdots,$$

试确定常数 a.

2. 袋子中装有编号为 1,2,3,4,5 的 5 只球,不放回地从袋子中任取 3 只球.以 X 表示取出的 3 只球中编号最大的号码,试写出 X 的分布律.

3. 某一仪器由 3 个相同的独立工作的元件构成,该仪器工作时每个元件发生故障的概率为 0.1,试求该仪器工作时发生故障的元件数 X 的分布律.

4. 从学校乘汽车到火车站的途中有 3 个交通岗,假设在各个交通岗遇到红灯的事件是相互独立的,各交通岗红灯亮的时间占 $\frac{2}{5}$.设 X 为途中遇到红灯的次数,求至多遇到 1 次红灯的概率.

5. 设随机变量 X 服从泊松分布,且 $P\{X=0\} = \frac{1}{2}$,求 $P\{X>1\}$.

6. 某一繁忙的汽车站每天有大量汽车通过,设一辆汽车在一天的某段时间内出事故的概率为 0.000 1,在某天的该时间段内有 1 000 辆汽车通过.问出事故的车辆数不小于 2 的概率是多少?

第三节 一维随机变量的分布函数

对于非离散型随机变量 X,由于其所有可能取值无法一一列举出来,因而不能像离散型随机变量那样可以用分布律来描述它.此外,我们通常所遇到的非离散型随机变量取任一指定的实数值的概率都等于0(这一点在下一节将会讲到).再者,在实际生活中,对于这样的随机变量,如误差 ε、元件的使用寿命 T 等,我们并不会对误差 $\varepsilon=0.05$ mm,使用寿命 $T=1$ 251.3 h 的概率感兴趣,而是考虑误差落在某个区间内的概率、使用寿命大于某个值的概率.因此会选择研究随机变量所取的值落在一个区间 $(x_1,x_2]$ 上的概率:$P\{x_1<X\leqslant x_2\}$.但由于

$$P\{x_1<X\leqslant x_2\}=P\{X\leqslant x_2\}-P\{X\leqslant x_1\}.$$

所以,我们只需知道 $P\{X\leqslant x_2\}$ 和 $P\{X\leqslant x_1\}$ 就可以了.下面引入随机变量的分布函数的概念.

定义 8 设 X 是一个随机变量,x 是任意实数,函数

$$F(x)=P\{X\leqslant x\},\quad -\infty<x<+\infty$$

称为 X 的分布函数.

对于任意实数 $x_1,x_2(x_1<x_2)$,有

$$P\{x_1<X\leqslant x_2\}=P\{X\leqslant x_2\}-P\{X\leqslant x_1\}=F(x_2)-F(x_1).$$

因此,若已知 X 的分布函数,我们就知道 X 落在任一区间 $(x_1,x_2]$ 上的概率,从这个意义上说,分布函数完整地描述了随机变量的统计规律性.

分布函数是一个普通的函数,正是通过它,我们将用微积分这一有力的工具来研究随机现象.

如果将 X 看成数轴上随机点的坐标,那么分布函数 $F(x)$ 在点 x 处的函数值就表示 X 落在区间 $(-\infty,x]$ 上的概率.

从分布函数 $F(x)$ 的定义容易看出它的一些基本性质:

(1) $0\leqslant F(x)\leqslant 1$;

(2) $F(x)$ 在实数域上单调不降,即对任意 $x_1<x_2$,都有 $F(x_1)\leqslant F(x_2)$;

(3) $F(-\infty)=\lim\limits_{x\to-\infty}F(x)=0,F(+\infty)=\lim\limits_{x\to+\infty}F(x)=1$;

(4) $F(x)$ 在每一点至少是右连续的,即对任意 $x\in\mathbf{R}$,有 $F(x+0)=F(x)$.

【例 10】 设随机变量 X 的分布律如表 2-5 所示.

表 2-5 X 的分布律(一)

X	-1	2	3
p_k	0.25	0.5	0.25

求 X 的分布函数 $F(x)$,并求 $P\left\{X\leqslant\dfrac{1}{2}\right\}$,$P\left\{\dfrac{3}{2}<X\leqslant\dfrac{5}{2}\right\}$,$P\{2\leqslant X\leqslant 3\}$.

解 X 仅在 $-1,2,3$ 三点处其概率值不为0,而分布函数 $F(x)$ 的值是 $X\leqslant x$ 的累积概

率,由概率的有限可加性知,它为小于或等于 x 的那些 x_k 处的概率 p_k 之和.从而有

$$F(x)=\begin{cases}0, & x<-1,\\ P\{X=-1\}, & -1\leqslant x<2,\\ P\{X=-1\}+P\{X=2\}, & 2\leqslant x<3,\\ P\{X=-1\}+P\{X=2\}+P\{X=3\}, & x\geqslant3,\end{cases}$$

即

$$F(x)=\begin{cases}0, & x<-1,\\ 0.25, & -1\leqslant x<2,\\ 0.75, & 2\leqslant x<3,\\ 1, & x\geqslant3.\end{cases}$$

$F(x)$ 的图形如图 2-4 所示,它是一条阶梯型曲线,在 $x=-1,2,3$ 处有跳跃点,跳跃值分别为 $0.25,0.75,1$. 又

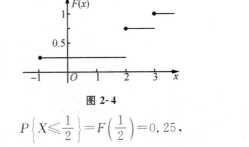

图 2-4

$$P\left\{X\leqslant\frac{1}{2}\right\}=F\left(\frac{1}{2}\right)=0.25,$$

$$P\left\{\frac{3}{2}<X\leqslant\frac{5}{2}\right\}=F\left(\frac{5}{2}\right)-F\left(\frac{3}{2}\right)=0.75-0.25=0.5,$$

$$P\{2\leqslant X\leqslant3\}=F(3)-F(2)+P\{X=2\}=1-0.75+0.5=0.75.$$

注 一般地,设离散型随机变量 X 的分布律为

$$P\{X=x_k\}=p_k,\ k=1,2,\cdots,$$

由概率的可列可加性知,X 的分布函数为

$$F(x)=P\{X\leqslant x\}=\sum_{x_k\leqslant x}P\{X=x_k\},$$

即

$$F(x)=\sum_{x_k\leqslant x}p_k. \tag{9}$$

这里和式是对于所有满足 $x_k\leqslant x$ 的 k 求和.

此外,分布函数 $F(x)$ 在 $x=x_k(k=1,2,\cdots)$ 处有跳跃,其跳跃值为 $p_k=P\{X=x_k\}$.

【例 11】 设离散型随机变量 X 的分布函数为

$$F(x)=\begin{cases}0, & x<-1,\\ 0.2, & -1\leqslant x<0,\\ 0.3, & 0\leqslant x<1,\\ 0.7, & 1\leqslant x<2,\\ 1, & x\geqslant2,\end{cases}$$

试求 X 的分布律.

解 由上述的注可知,X 的所有可能取值为 $-1,0,1,2$,且

$$P\{X=-1\}=P\{X\leqslant-1\}-P\{X<-1\}=0.2-0=0.2,$$

$$P\{X=0\}=P\{X\leqslant0\}-P\{X<0\}=0.3-0.2=0.1,$$

$$P\{X=1\}=P\{X\leqslant1\}-P\{X<1\}=0.7-0.3=0.4,$$

$$P\{X=2\}=P\{X\leqslant2\}-P\{X<2\}=1-0.7=0.3.$$

因此,随机变量 X 的分布律如表 2-6 所示.

表 2-6 X 的分布律(二)

X	-1	0	1	2
p_k	0.2	0.1	0.4	0.3

【例 12】 设函数 $F_1(x)$,$F_2(x)$ 分别是随机变量 X_1,X_2 的分布函数,a 是常数,且 $F(x)=\dfrac{1}{3}F_1(x)+aF_2(x)$ 也是分布函数,试求常数 a 的值.

解 由 $F_1(x)$,$F_2(x)$,$F(x)$ 都是分布函数,可知

$$F_1(-\infty)=F_2(-\infty)=F(-\infty)=0, F_1(+\infty)=F_2(+\infty)=F(+\infty)=1,$$

得

$$\begin{cases} 0=\dfrac{1}{3}\times0+a\times0, \\ 1=\dfrac{1}{3}\times1+a\times1, \end{cases}$$

解得 $a=\dfrac{2}{3}$.

【例 13】 设随机变量 X 的分布函数为 $F(x)=A+B\arctan x$,$x\in\mathbf{R}$,试求常数 A,B 的值.

解 由分布函数的基本性质,可知

$$0=F(-\infty)=\lim_{x\to-\infty}F(x)=A-\frac{\pi}{2}B,$$

$$1=F(+\infty)=\lim_{x\to+\infty}F(x)=A+\frac{\pi}{2}B,$$

联立两式,解得

$$A=\frac{1}{2}, B=\frac{1}{\pi}.$$

【例 14】 一个靶子是半径为 2 m 的圆盘,设击中靶上任一同心圆盘上的点的概率与该圆盘的面积成正比,并设射击都能中靶,以 X 表示弹着点与圆心的距离,试求随机变量 X 的分布函数.

解 若 $x<0$,则 $X\leqslant x$ 是不可能事件,于是

$$F(x)=P\{X\leqslant x\}=0.$$

若 $0\leqslant x\leqslant2$,由题意,$P\{0\leqslant X\leqslant x\}=k(\pi x^2)$,$k$ 是某一常数,为了确定 k 的值,取 $x=2$,

有 $P\{0 \leqslant X \leqslant 2\} = k \times (\pi \times 2^2)$，但已知 $P\{0 \leqslant X \leqslant 2\} = 1$，故得 $k = \dfrac{1}{4\pi}$，即

$$P\{0 \leqslant X \leqslant x\} = \frac{1}{4\pi} \times \pi x^2 = \frac{1}{4} x^2,$$

于是

$$F(x) = P\{X \leqslant x\} = P\{X < 0\} + P\{0 \leqslant X \leqslant x\} = 0 + \frac{1}{4} x^2 = \frac{1}{4} x^2.$$

若 $x \geqslant 2$，由题意知，$X \leqslant x$ 是必然事件，于是

$$F(x) = P\{X \leqslant x\} = 1.$$

综上所述，即得 X 的分布函数为

$$F(x) = \begin{cases} 0, & x < 0, \\ \dfrac{1}{4} x^2, & 0 \leqslant x < 2, \\ 1, & x \geqslant 2. \end{cases}$$

它的图形是一条连续曲线，如图 2-5 所示.

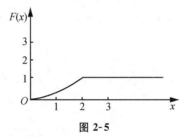

图 2-5

另外，容易看到本例中的分布函数 $F(x)$，对于任意 x 可以写成

$$F(x) = \int_{-\infty}^{x} f(t) \, \mathrm{d}t,$$

其中

$$f(t) = \begin{cases} \dfrac{t}{2}, & 0 < t < 2, \\ 0, & \text{其他}. \end{cases}$$

这就是说，$F(x)$ 恰是非负函数 $f(t)$ 在区间 $(-\infty, x]$ 上的积分，在这种情况下，我们称 X 为连续型随机变量. 下一节我们将给出连续型随机变量的一般定义.

习题 2-3

1. 设袋子中装有 10 个球，其中有 2 个 1 号球、3 个 2 号球、5 个 3 号球. 现从袋中任取一个球，设该球号码为 X，求：(1) X 的分布函数 $F(x)$；(2) $F\left(\dfrac{5}{2}\right)$；(3) $P\{X > 2\}$ 及 $P\left\{\dfrac{3}{2} < X \leqslant 7\right\}$.

2. 设 X_1 的分布函数为 $F_1(x)$，X_2 的分布函数为 $F_2(x)$，而 $F(x) = aF_1(x) - F_2(x)$ 是某随机变量 X 的分布函数，求实数 a 的值.

3. 设口袋中有 7 个白球、3 个黑球. 每次从中任取一个不放回，求首次取出白球的取球次数 X 的概率分布律和分布函数.

4. 设随机变量 X 的分布函数为

$$F(x) = \begin{cases} 0, & x < 0, \\ \dfrac{1}{4}, & 0 \leqslant x < 1, \\ \dfrac{1}{3}, & 1 \leqslant x < 3, \\ \dfrac{1}{2}, & 3 \leqslant x < 6, \\ 1, & x \geqslant 6. \end{cases}$$

试求 X 的概率分布律，以及 $P\{X < 3\}, P\{X \leqslant 3\}, P\{X > 1\}, P\{X \geqslant 1\}$.

5. 设随机变量 X 的分布律如表 2-7 所示.

表 2-7 X 的分布律（三）

X	-1	0	1
p_k	0.25	0.5	0.25

试求 $P\{X \leqslant 0.5\}, P\{0.2 \leqslant X \leqslant 2\}$，并写出 X 的分布函数.

第四节　一维连续型随机变量的概率密度

定义 9　如果对于随机变量 X 的分布函数 $F(x)$，存在非负函数 $f(x)$，使得对于任意实数 x，有

$$F(x) = \int_{-\infty}^{x} f(t)\,\mathrm{d}t, \tag{10}$$

则称 X 为**连续型随机变量**，其中函数 $f(x)$ 称为 X 的**概率密度函数**，简称**概率密度**.

由（10）式可知连续型随机变量的分布函数是连续函数. 此外，在实际生活中，我们遇到的基本上都是离散型或连续型随机变量，故本书只讨论这两种随机变量.

由定义知，概率密度 $f(x)$ 具有以下性质：

（1）$f(x) \geqslant 0$；

（2）$\displaystyle\int_{-\infty}^{+\infty} f(x)\,\mathrm{d}x = 1$；

（3）对于任意实数 $x_1, x_2 (x_1 < x_2)$，有

$$P\{x_1 < X \leqslant x_2\} = F(x_2) - F(x_1) = \int_{x_1}^{x_2} f(x)\,\mathrm{d}x.$$

（4）若 $f(x)$ 在点 x 处连续，则有 $F'(x) = f(x)$.

由性质(2)可知,介于曲线 $y=f(x)$ 与 Ox 轴之间的面积等于1(图 2-6).由性质(3)可知,连续型随机变量 X 落在区间 $(x_1,x_2]$ 上的概率 $P\{x_1<X\leqslant x_2\}$ 等于区间 $(x_1,x_2]$ 上曲线 $y=f(x)$ 之下的曲边梯形的面积(图 2-7).由性质(4)可知,在 $f(x)$ 的连续点 x 处,有

$$f(x)=\lim_{\Delta x\to 0^+}\frac{F(x+\Delta x)-F(x)}{\Delta x}=\lim_{\Delta x\to 0^+}\frac{P(x<X\leqslant x+\Delta x)}{\Delta x}. \tag{11}$$

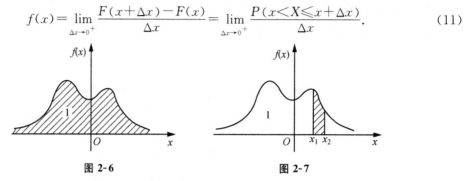

图 2-6   图 2-7

由(11)式可知,若不计高阶无穷小,则有

$$P\{x<X\leqslant x+\Delta x\}=F(x+\Delta x)-F(x)\approx f(x)\Delta x.$$

这表明 X 落在小区间 $(x,x+\Delta x]$ 上的概率近似地等于 $f(x)\Delta x$.

其中,函数 $f(x)$ 满足性质(1)和性质(2)是其可作为某连续型随机变量的密度函数的充要条件.

【例 15】 设连续型随机变量 X 的分布函数为

$$F(x)=\begin{cases}0, & x<0,\\ x^2, & 0\leqslant x<1,\\ 1, & x\geqslant 1.\end{cases}$$

求:(1) X 的密度函数 $f(x)$;(2) $P\{-1<X\leqslant 0.5\}$.

解 (1)根据密度函数的性质(4),可知

$$f(x)=\begin{cases}2x, & 0\leqslant x<1,\\ 0, & 其他.\end{cases}$$

(2)根据分布函数的定义,可知

$$P\{-1<X\leqslant 0.5\}=F(0.5)-F(-1)=0.25-0=0.25.$$

【例 16】 设连续型随机变量 X 具有概率密度

$$f(x)=\begin{cases}kx+1, & 0\leqslant x\leqslant 2,\\ 0, & 其他.\end{cases}$$

(1)确定常数 k;(2)求 X 的分布函数 $F(x)$;(3)计算 $P\{-1<X\leqslant 1\}$.

解 (1)由 $\int_{-\infty}^{+\infty}f(x)\mathrm{d}x=1$,得

$$\int_0^2(kx+1)\mathrm{d}x=1,$$

从而解得 $k=-\dfrac{1}{2}$.

(2)根据定义,知 X 的分布函数为

$$F(x)=\int_{-\infty}^{x}f(t)\mathrm{d}t=\begin{cases}\int_{-\infty}^{x}0\mathrm{d}t=0, & x<0,\\[2mm]\int_{-\infty}^{0}0\mathrm{d}t+\int_{0}^{x}\left(-\dfrac{t}{2}+1\right)\mathrm{d}t=-\dfrac{x^{2}}{4}+x, & 0\leqslant x<2,\\[2mm]1, & x\geqslant 2,\end{cases}$$

即

$$F(x)=\begin{cases}0, & x<0,\\[2mm]-\dfrac{x^{2}}{4}+x, & 0\leqslant x<2,\\[2mm]1, & x\geqslant 2.\end{cases}$$

(3) 方法一: $P\{-1<X\leqslant 1\}=F(1)-F(-1)=-\dfrac{1}{4}\times 1^{2}+1-0=\dfrac{3}{4}.$

方法二: $P\{-1<X\leqslant 1\}=\int_{-1}^{1}f(x)\mathrm{d}x=\int_{-1}^{0}0\mathrm{d}x+\int_{0}^{1}\left(-\dfrac{x}{2}+1\right)\mathrm{d}x=0+\dfrac{3}{4}=\dfrac{3}{4}.$

【例 17】　设随机变量 X 具有概率密度

$$f(x)=\begin{cases}kx, & 0\leqslant x<3,\\[2mm]2-\dfrac{x}{2}, & 3\leqslant x\leqslant 4,\\[2mm]0, & 其他.\end{cases}$$

(1) 确定常数 k;(2) 求 X 的分布函数 $F(x)$;(3) 求 $P\left\{1<X\leqslant\dfrac{7}{2}\right\}$.

解　(1) 由 $\int_{-\infty}^{+\infty}f(x)\mathrm{d}x=1$, 得

$$\int_{0}^{3}kx\mathrm{d}x+\int_{3}^{4}\left(2-\dfrac{x}{2}\right)\mathrm{d}x=1,$$

从而解得 $k=\dfrac{1}{6}.$

(2) 根据定义,知 X 的分布函数为

$$F(x)=\int_{-\infty}^{x}f(t)\mathrm{d}t=\begin{cases}\int_{-\infty}^{x}0\mathrm{d}t=0, & x<0,\\[2mm]\int_{-\infty}^{0}0\mathrm{d}t+\int_{0}^{x}\dfrac{t}{6}\mathrm{d}t=\dfrac{x^{2}}{12}, & 0\leqslant x<3,\\[2mm]\int_{-\infty}^{0}0\mathrm{d}t+\int_{0}^{3}\dfrac{t}{6}\mathrm{d}t+\int_{3}^{x}\left(2-\dfrac{t}{2}\right)\mathrm{d}t=2x-\dfrac{x^{2}}{4}-3, & 3\leqslant x<4,\\[2mm]\int_{-\infty}^{0}0\mathrm{d}t+\int_{0}^{3}\dfrac{t}{6}\mathrm{d}t+\int_{3}^{4}\left(2-\dfrac{t}{2}\right)\mathrm{d}t+\int_{4}^{x}0\mathrm{d}t=1, & x\geqslant 4,\end{cases}$$

即

$$F(x) = \begin{cases} 0, & x < 0, \\ \dfrac{x^2}{12}, & 0 \leqslant x < 3, \\ 2x - \dfrac{x^2}{4} - 3, & 3 \leqslant x < 4, \\ 1, & x \geqslant 4. \end{cases}$$

(3) 方法一：$P\left\{1 < X \leqslant \dfrac{7}{2}\right\} = F\left(\dfrac{7}{2}\right) - F(1) = 2 \times \dfrac{7}{2} - \dfrac{1}{4} \times \left(\dfrac{7}{2}\right)^2 - 3 - \dfrac{1}{12} = \dfrac{41}{48}.$

方法二：$P\left\{1 < X \leqslant \dfrac{7}{2}\right\} = \displaystyle\int_1^{\frac{7}{2}} f(x)\,\mathrm{d}x = \int_1^3 \dfrac{x}{6}\,\mathrm{d}x + \int_3^{\frac{7}{2}}\left(2 - \dfrac{x}{2}\right)\mathrm{d}x = \dfrac{2}{3} + \dfrac{3}{16} = \dfrac{41}{48}.$

需要指出的是，对于连续型随机变量 X 来说，它取任一指定实数值 a 的概率均为 0，即 $P\{X = a\} = 0$. 事实上，设 X 的分布函数为 $F(x)$，$\Delta x > 0$，则由 $\{X = a\} \subset \{a - \Delta x < X \leqslant a\}$，得

$$0 \leqslant P\{X = a\} \leqslant P\{a - \Delta x < X \leqslant a\} = F(a) - F(a - \Delta x).$$

在上述不等式中令 $\Delta x \to 0$，并注意到 X 为连续型随机变量，其分布函数 $F(x)$ 是连续的，即得

$$P\{X = a\} = 0. \tag{12}$$

据此，在计算连续型随机变量落在某一区间的概率时，可以不必区分该区间是开区间、闭区间还是半闭区间. 例如，有

$$P\{a < X \leqslant b\} = P\{a \leqslant X \leqslant b\} = P\{a < X < b\}.$$

在这里，事件 $\{X = a\}$ 并非不可能事件，但有 $P\{X = a\} = 0$. 这就是说，若 A 是不可能事件，则必有 $P(A) = 0$；反之，若 $P(A) = 0$，并不一定意味着 A 是不可能事件.

下面介绍三种重要的连续型随机变量.

一、均匀分布

定义 10　若连续型随机变量 X 具有概率密度

$$f(x) = \begin{cases} \dfrac{1}{b-a}, & a < x < b, \\ 0, & \text{其他,} \end{cases} \tag{13}$$

其中 a, b $(a < b)$ 为两个确定的常数，则称随机变量 X 在区间 (a, b) 上服从**均匀分布**，记作 $X \sim U(a, b)$.

由于 $a < b$，则显然有 $f(x) \geqslant 0$，且

$$\int_{-\infty}^{+\infty} f(x)\,\mathrm{d}x = \int_a^b \dfrac{1}{b-a}\,\mathrm{d}x = 1.$$

在区间 (a, b) 上服从均匀分布的随机变量 X，具有下述意义的等可能性，即它落在区间 (a, b) 的任何一个子区间内的概率只与该子区间的长度有关，而与该子区间在 (a, b) 内的位置无关. 事实上，对于任一长度为 l 的子区间 $(c, c + l) \subset (a, b)$，有

$$P\{c < X \leqslant c+l\} = \int_c^{c+l} f(x)\mathrm{d}x = \int_c^{c+l} \frac{1}{b-a}\mathrm{d}x = \frac{l}{b-a}.$$

此外,若 $X \sim U(a,b)$,则 X 的分布函数为

$$F(x) = \begin{cases} 0, & x < a, \\ \dfrac{x-a}{b-a}, & a \leqslant x < b, \\ 1, & x \geqslant b. \end{cases}$$

$f(x)$ 及 $F(x)$ 的图形分别如图 2-8、图 2-9 所示.

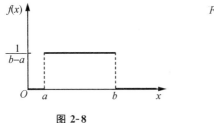

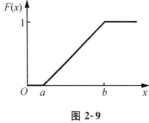

图 2-8　　　　　　　　　　　　图 2-9

均匀分布在实际生活中较为常见.例如,随机到达车站的乘客的候车时间,一个随机数取整后产生的误差,等等.

【例 18】　设电阻值 R 是一个随机变量,均匀分布在 $900 \sim 1\,100$ Ω.求 R 的概率密度及 R 落在 $950 \sim 1\,050$ Ω 的概率.

解　按题意,R 的概率密度为

$$f(r) = \begin{cases} \dfrac{1}{1\,100-900}, & 900 < r < 1\,100, \\ 0, & \text{其他}, \end{cases}$$

即

$$f(r) = \begin{cases} \dfrac{1}{200}, & 900 < r < 1\,100 \\ 0, & \text{其他}, \end{cases}$$

从而有

$$P\{950 < R \leqslant 1\,050\} = \int_{950}^{1\,050} \frac{1}{200}\mathrm{d}r = \frac{1}{2}.$$

二、指数分布

定义 11　若连续型随机变量 X 的概率密度为

$$f(x) = \begin{cases} \lambda\mathrm{e}^{-\lambda x}, & x > 0, \\ 0, & \text{其他}, \end{cases} \tag{14}$$

其中 $\lambda > 0$ 为常数,则称 X 服从参数为 λ 的**指数分布**,记作 $X \sim E(\lambda)$.

显然有 $f(x) \geqslant 0$. 又

$$\int_{-\infty}^{+\infty} f(x)\mathrm{d}x = \int_0^{+\infty} \lambda\mathrm{e}^{-\lambda x}\mathrm{d}x = 1.$$

由(14)式容易得到随机变量 X 的分布函数为

$$F(x) = \begin{cases} 1 - e^{-\lambda x}, & x > 0, \\ 0, & \text{其他.} \end{cases}$$

显然,服从指数分布的随机变量 X 只能取非负实数值. 非负随机变量在与金融风险有关的概率问题中经常出现,服从指数分布的随机变量就是其中的一种. 在应用概率的许多领域内,服从指数分布的随机变量往往被用来表示电子元件的使用寿命、排队模型中的服务时间等. 在研究记录值问题时,它更是一种不可缺少的工具.

【例 19】 设随机变量 X 具有密度函数

$$f(x) = \begin{cases} A e^{-3x}, & x > 0, \\ 0, & x \leqslant 0. \end{cases}$$

求常数 A 并计算概率 $P\{-1 < X \leqslant 2\}$ 和 $P\{X \leqslant 1\}$.

解 由于 $\int_{-\infty}^{+\infty} f(x)\mathrm{d}x = 1$,所以有

$$\int_0^{+\infty} A e^{-3x}\mathrm{d}x = 1.$$

由此解得 $A = 3$. 于是 X 的概率密度函数为

$$f(x) = \begin{cases} 3 e^{-3x}, & x > 0, \\ 0, & x \leqslant 0, \end{cases}$$

从而有

$$P\{-1 < X \leqslant 2\} = \int_{-1}^{2} f(x)\mathrm{d}x = \int_{-1}^{0} 0\mathrm{d}x + \int_{0}^{2} 3 e^{-3x}\mathrm{d}x = 1 - e^{-6}$$

及

$$P\{X \leqslant 1\} = \int_{-\infty}^{1} f(x)\mathrm{d}x = \int_{-\infty}^{0} 0\mathrm{d}x + \int_{0}^{1} 3 e^{-3x}\mathrm{d}x = 1 - e^{-3}.$$

服从指数分布的随机变量 X 具有以下有趣的性质:

对于任意 $s, t > 0$,有

$$P\{X > s + t \mid X > s\} = P\{X > t\}.$$

事实上,

$$P\{X > s + t \mid X > s\} = \frac{P\{(X > s + t) \bigcap (X > s)\}}{P\{X > s\}} = \frac{P\{X > s + t\}}{P\{X > s\}}$$

$$= \frac{1 - F(s + t)}{1 - F(s)} = \frac{e^{-\lambda(s+t)}}{e^{-\lambda s}} = e^{-\lambda t}$$

$$= 1 - (1 - e^{-\lambda t}) = 1 - F(t) = P\{X > t\}.$$

该性质称为指数分布的无记忆性. 如果 X 表示某一元件的使用寿命,那么上式表明:已知元件使用了 s h 后,它还能使用至少 t h 的条件概率,与从开始使用时算起它至少能使用 t h的概率相等. 这就是说,元件对它已使用过 s h 没有记忆. 具有这一性质是指数分布有广泛应用的重要原因.

三、正态分布

定义 12　若连续型随机变量 X 的概率密度为

$$f(x) = \frac{1}{\sqrt{2\pi}\sigma} e^{-\frac{(x-\mu)^2}{2\sigma^2}}, \quad -\infty < x < +\infty, \tag{15}$$

其中，$\mu, \sigma(\sigma > 0)$ 为常数，则称随机变量 X 服从参数为 μ, σ 的**正态分布**或**高斯**(Gauss)**分布**，记作 $X \sim N(\mu, \sigma^2)$.

显然，$f(x) \geqslant 0$，下面来证明 $\int_{-\infty}^{+\infty} f(x)\mathrm{d}x = 1$.

证　令 $\dfrac{x-\mu}{\sigma} = t$，则

$$\int_{-\infty}^{+\infty} f(x)\mathrm{d}x = \int_{-\infty}^{+\infty} \frac{1}{\sqrt{2\pi}\sigma} e^{-\frac{(x-\mu)^2}{2\sigma^2}}\mathrm{d}x = \int_{-\infty}^{+\infty} \frac{1}{\sqrt{2\pi}} e^{-\frac{t^2}{2}}\mathrm{d}t.$$

记 $I = \int_{-\infty}^{+\infty} e^{-\frac{t^2}{2}}\mathrm{d}t$，则有 $I^2 = \int_{-\infty}^{+\infty}\int_{-\infty}^{+\infty} e^{-\frac{t^2+u^2}{2}}\mathrm{d}t\mathrm{d}u$，利用极坐标将它化成累次积分，得到

$$I^2 = \int_{0}^{2\pi}\int_{0}^{+\infty} re^{-\frac{r^2}{2}}\mathrm{d}r\mathrm{d}\theta = 2\pi.$$

而 $I > 0$，故有 $I = \sqrt{2\pi}$，即

$$\int_{-\infty}^{+\infty} e^{-\frac{t^2}{2}}\mathrm{d}t = \sqrt{2\pi},$$

于是

$$\frac{1}{\sqrt{2\pi}\sigma}\int_{-\infty}^{+\infty} e^{-\frac{(x-\mu)^2}{2\sigma^2}}\mathrm{d}x = \frac{1}{\sqrt{2\pi}}\int_{-\infty}^{+\infty} e^{-\frac{t^2}{2}}\mathrm{d}t = 1.$$

$f(x)$ 的图形如图 2-10 所示.

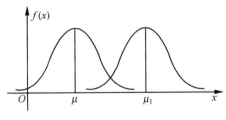

图 2-10

它具有以下的性质.

(1) 曲线关于 $x = \mu$ 对称，这表明对于任意 $h > 0$，有

$$P\{\mu - h < X \leqslant \mu\} = P\{\mu < X \leqslant \mu + h\}.$$

(2) 当 $x = \mu$ 时取到最大值

$$f(\mu) = \frac{1}{\sqrt{2\pi}\sigma}.$$

x 离 μ 越远，$f(x)$ 的值越小. 这表明对于同样长度的区间，当区间离 μ 越远，X 落在这个区间上的概率越小.

在 $x=\mu\pm\sigma$ 处曲线有拐点,曲线以 Ox 轴为渐近线.

此外,如果固定 σ,改变 μ 的值,则图形沿着 Ox 轴平移,而不改变其形状(图 2-10),可见正态分布的概率密度曲线 $y=f(x)$ 的位置完全由参数 μ 所确定,μ 称为**位置参数**.

如果固定 μ,改变 σ,由于最大值 $f(\mu)=\dfrac{1}{\sqrt{2\pi}\sigma}$,可知当 σ 越小时图形变得越尖(图 2-11),因而 X 落在 μ 附近的概率越大.

由(15)式得 X 的分布函数(图 2-12)为

$$F(x)=\frac{1}{\sqrt{2\pi}\sigma}\int_{-\infty}^{x}\mathrm{e}^{-\frac{(t-\mu)^2}{2\sigma^2}}\mathrm{d}t.$$

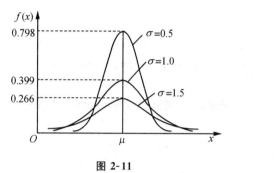

图 2-11

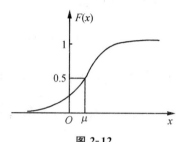

图 2-12

特别地,当 $\mu=0,\sigma=1$ 时,称随机变量 X 服从标准正态分布.其概率密度和分布函数分别用 $\varphi(x),\Phi(x)$ 表示,即有

$$\varphi(x)=\frac{1}{\sqrt{2\pi}}\mathrm{e}^{-\frac{x^2}{2}},$$

$$\Phi(x)=\frac{1}{\sqrt{2\pi}}\int_{-\infty}^{x}\mathrm{e}^{-\frac{t^2}{2}}\mathrm{d}t.$$

由图 2-13 可知

$$\Phi(-x)=1-\Phi(x).$$

具体 $\Phi(x)$ 函数表可查看附录 2.

一般地,若 $X\sim N(\mu,\sigma^2)$,我们只要通过一个线性变换就能将它化成标准正态分布.

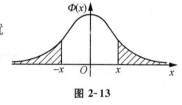

图 2-13

引理 1　若 $X\sim N(\mu,\sigma^2)$,则 $Z=\dfrac{X-\mu}{\sigma}\sim N(0,1)$.

证　$Z=\dfrac{X-\mu}{\sigma}$ 的分布函数为

$$P\{Z\leqslant x\}=P\left\{\frac{X-\mu}{\sigma}\leqslant x\right\}=P\{X\leqslant \mu+\sigma x\}=\frac{1}{\sqrt{2\pi}\sigma}\int_{-\infty}^{\mu+\sigma x}\mathrm{e}^{-\frac{(t-\mu)^2}{2\sigma^2}}\mathrm{d}t.$$

令 $\dfrac{t-\mu}{\sigma}=u$,则

$$P\{Z\leqslant x\}=\frac{1}{\sqrt{2\pi}}\int_{-\infty}^{x}\mathrm{e}^{-\frac{u^2}{2}}\mathrm{d}u=\Phi(x).$$

由此可知 $Z=\dfrac{X-\mu}{\sigma}\sim N(0,1)$.

于是,若 $X\sim N(\mu,\sigma^2)$,则它的分布函数 $F(x)$ 可写成

$$F(x)=P\{X\leqslant x\}=P\left\{\frac{X-\mu}{\sigma}\leqslant\frac{x-\mu}{\sigma}\right\}=\Phi\left(\frac{x-\mu}{\sigma}\right).$$

对于任意区间 $(x_1,x_2]$,有

$$P\{x_1<X\leqslant x_2\}=P\left\{\frac{x_1-\mu}{\sigma}<\frac{X-\mu}{\sigma}\leqslant\frac{x_2-\mu}{\sigma}\right\}=\Phi\left(\frac{x_2-\mu}{\sigma}\right)-\Phi\left(\frac{x_1-\mu}{\sigma}\right).$$

例如,设 $X\sim N(1,4)$,查表得

$$P\{0<X\leqslant 1.6\}=\Phi\left(\frac{1.6-1}{2}\right)-\Phi\left(\frac{0-1}{2}\right)=\Phi(0.3)-\Phi(-0.5)$$

$$=0.617\,9-[1-\Phi(0.5)]=0.617\,9-(1-0.691\,5)$$

$$=0.309\,4.$$

设 $X\sim N(\mu,\sigma^2)$,由 $\Phi(x)$ 的函数表还能得到(图 2-14):

$$P\{\mu-\sigma<X<\mu+\sigma\}=\Phi(1)-\Phi(-1)=2\Phi(1)-1=0.682\,6,$$

$$P\{\mu-2\sigma<X<\mu+2\sigma\}=\Phi(2)-\Phi(-2)=2\Phi(2)-1=0.954\,6,$$

$$P\{\mu-3\sigma<X<\mu+3\sigma\}=\Phi(3)-\Phi(-3)=2\Phi(3)-1=0.997\,4.$$

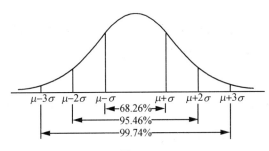

图 2-14

从上面三式可以看出,尽管正态变量的取值范围是 $(-\infty,+\infty)$,但它的值落在 $(\mu-3\sigma,\mu+3\sigma)$ 内几乎是肯定的事,这就是人们所说的"3σ"准则.

工业产品的生产过程受到众多随机因素的影响,所以产品的各项指标都与设计数值存在一定的误差,这些误差只会随机地在一定的范围内波动,不可能是无界的随机变量. 人们之所以可以用正态分布来描述误差的分布,除了实际中所绘制出的分布曲线很接近正态曲线外,还由于正态随机变量在分布上的高度集中性,使得可以用这个本是无界的随机变量的分布来刻画有界的误差分布.

【例 20】 设随机变量 $X\sim N(1.5,4)$,试求 $P\{X\leqslant 3.5\}$,$P\{X>2.5\}$,$P\{|X|<3\}$ 的值.

解　$P\{X\leqslant 3.5\}=P\left\{\dfrac{X-1.5}{2}\leqslant\dfrac{3.5-1.5}{2}\right\}=\Phi(1)=0.841\,3,$

$$P\{X>2.5\}=1-P\{X\leqslant 2.5\}=1-P\left\{\frac{X-1.5}{2}\leqslant\frac{2.5-1.5}{2}\right\}$$

$$=1-\Phi(0.5)=1-0.691\,5=0.308\,5,$$

$$P\{|X|<3\}=P\{-3<X<3\}=P\left\{\frac{-3-1.5}{2}<\frac{X-1.5}{2}<\frac{3-1.5}{2}\right\}$$

$$=\Phi(0.75)-\Phi(-2.25).$$

$$=\Phi(0.75)-(1-\Phi(2.25))$$

$$=0.7734-(1-0.9878)=0.7612$$

【例 21】 已知某公司职员每周的超时津贴服从正态分布,其均值为 42.5 元,标准差为 10 元,试问每周超时津贴超过 60 元的职工在全公司中占多少比例?

解 设 X 是该公司职工每周的超时津贴,则 $X\sim N(42.5,10^2)$. 故所求的概率为

$$P\{X>60\}=1-P\{X\leqslant60\}=1-P\left\{\frac{X-42.5}{10}\leqslant\frac{60-42.5}{10}\right\}$$

$$=1-\Phi(1.75)=1-0.9599=0.0401.$$

【例 22】 某厂生产 1 磅的罐装咖啡.自动包装线上的大量数据表明,每罐质量是服从标准差为 0.1 磅的正态分布.为了使质量少于 1 磅的罐装咖啡数量不多于 10%,应把自动包装线控制的均值 μ 调节到什么位置上?

解 设 X 为一罐咖啡的质量,则 $X\sim N(\mu,0.1^2)$. 假如要把自动包装线的均值 μ 控制在 1 磅的位置,则质量少于 1 磅的罐装咖啡数量占全部罐装咖啡数量的 50%,即 $P(X<1)=0.5$,这是不符合要求的.

为了使质量少于 1 磅的罐装咖啡数量不多于 10%,则应将自动包装线的均值 μ 调到比 1 磅大一些的地方,其中 μ 必须满足概率方程式 $P(X<1)\leqslant0.1$,对正态变量 X 进行标准化,可得

$$P\{X<1\}=P\left\{\frac{X-\mu}{0.1}<\frac{1-\mu}{0.1}\right\}=\Phi\left(\frac{1-\mu}{0.1}\right)\leqslant0.1.$$

利用标准正态分布函数 $\Phi(x)$ 的偶函数的性质

$$\Phi\left(\frac{1-\mu}{0.1}\right)=1-\Phi\left(\frac{\mu-1}{0.1}\right),$$

得

$$\Phi\left(\frac{\mu-1}{0.1}\right)\geqslant0.9.$$

通过查表,知 $\Phi(1.29)=0.9$,即

$$\Phi\left(\frac{\mu-1}{0.1}\right)\geqslant\Phi(1.29).$$

又根据分布函数单调不降的性质,知 $\frac{\mu-1}{0.1}\geqslant1.29$,从而解得 $\mu\geqslant1.129$.

把自动包装机的均值调节到 1.129 磅的位置上,才能保证质量少于 1 磅的罐装咖啡数量不多于 10%.

假如购买一台新的包装机,其标准差为 0.025 磅,此时新包装机的均值应调节的位置是

$$\mu\geqslant1+0.025\times1.29=1.032.$$

这样平均每罐咖啡就可节约咖啡 0.097 磅,若以每日可生产 2 000 罐计算,则每日可节

省 194 磅咖啡. 若每磅咖啡的成本是 50 元,则工厂每日可获利 9 700 元. 若新的包装机单价是 10 万元,则第 11 天开始工厂就可获净利.

习题 2-4

1. 设某个随机变量 X 的分布函数为

$$F(x) = \begin{cases} 0, & x < 0, \\ Ax^2, & 0 \leqslant x < 1, \\ 1, & x \geqslant 1. \end{cases}$$

求未知参数 A 及 X 的概率密度函数.

2. 以 X 表示某商店从早晨开始营业起直到第一个顾客到达的等待时间(单位:min),X 的分布函数如下:

$$F(x) = \begin{cases} 1 - e^{-0.4x}, & x > 0, \\ 0, & x \leqslant 0. \end{cases}$$

求:(1)X 的概率密度函数;(2)$P\{X \leqslant 3\}$;(3)$P\{3 < X \leqslant 4\}$.

3. 设随机变量 X 的概率密度函数为

$$f(x) = \begin{cases} x, & 0 < x \leqslant 1, \\ ax + b, & 1 < x \leqslant 2 \\ 0, & 其他, \end{cases}$$

且 $P\left\{0 < X < \dfrac{3}{2}\right\} = \dfrac{7}{8}$. 求:

(1) 常数 a, b 的值;(2) $P\left\{\dfrac{1}{2} < X < \dfrac{3}{2}\right\}$;(3) X 的分布函数.

4. 设 $X \sim N(1.5, 4)$,求 $P\{-4 < X < 3.5\}$ 和 $P\{X > 2\}$.

5. 公交车的车门高度是按照成年男子与车门碰头的概率在 0.01 以下来设计的. 假设成年男子的身高 X 服从参数为 $\mu = 170, \sigma = 6$ 的正态分布(单位:cm),即 $X \sim N(170, 6^2)$,试问:车门应该设计为多高?

第五节　一维随机变量函数的分布

在实际问题中,不仅需要研究随机变量,而且还要研究随机变量的函数. 例如,考虑一个圆的面积,该面积是不能直接测量的,但可以测量这个圆的直径 R,这是一个随机变量,显然这个圆的面积 $S = \dfrac{1}{4}\pi R^2$ 是随机变量 R 的函数. 在这一节中,我们将讨论如何由已知的随机变量 X 的概率分布去求得它的函数 $Y = g(x)$($g(\cdot)$ 是已知的连续函数)的概率分布. 这里

Y 是随机变量函数,当 X 取值 x 时,Y 取值 $g(x)$.

【例 23】 设随机变量 X 的分布律如表 2-8 所示.

表 2-8 X 的分布律(一)

X	-1	0	1	2
p_k	0.2	0.1	0.3	0.4

试求随机变量 $Y=2X^2+1$ 的分布律.

解 由题意知,随机变量 X 的所有可能取值为 $-1,0,1,2$,因此,随机变量 $Y=2X^2+1$ 的所有可能取值为 $1,3,9$,故 Y 是离散型随机变量.接下来求 Y 的分布律,事实上

$$P\{Y=1\}=P\{2X^2+1=1\}=P\{X^2=0\}=P\{X=0\}=0.1,$$
$$P\{Y=3\}=P\{2X^2+1=3\}=P\{X^2=1\}=P\{X=1\}+P\{X=-1\}$$
$$=0.3+0.2=0.5,$$
$$P\{Y=9\}=P\{2X^2+1=9\}=P\{X^2=4\}=P\{X=2\}+P\{X=-2\}$$
$$=0.4+0=0.4.$$

故 Y 的分布律如表 2-9 所示.

表 2-9 Y 的分布律(一)

Y	1	3	9
p_k	0.1	0.5	0.4

注 从本例可以看出,在考虑由一维离散型随机变量通过连续函数复合构成的新的随机变量的分布时,只需找到对应的等价事件即可.比如在本例中,$\{Y=3\}=\{X=1\}\bigcup\{X=-1\}$.

【例 24】 设随机变量 X 具有如表 2-10 所示的分布律,试求 $Y=(X-1)^2$ 的分布律.

表 2-10 X 的分布律(二)

X	-1	0	1	2
p_k	0.2	0.3	0.1	0.4

解 Y 的所有可能取值为 $0,1,4.$ 由

$$P\{Y=0\}=P\{(X-1)^2=0\}=P\{X=1\}=0.1,$$
$$P\{Y=1\}=P\{(X-1)^2=1\}=P\{X=0\}+P\{X=2\}$$
$$=0.3+0.4=0.7,$$
$$P\{Y=4\}=P\{(X-1)^2=4\}=P\{X=3\}+P\{X=-1\}$$
$$=0+0.2=0.2,$$

即得 Y 的分布律如表 2-11 所示.

表 2-11 Y 的分布律(二)

Y	0	1	4
p_k	0.1	0.7	0.2

【例 25】 设随机变量 X 具有概率密度

$$f_X(x) = \begin{cases} \dfrac{x}{8}, & 0 < x < 4, \\ 0, & \text{其他}. \end{cases}$$

求随机变量 $Y = 2X + 8$ 的概率密度.

解 分别记 X, Y 的分布函数为 $F_X(x), F_Y(y)$. 下面先来求 $F_Y(y)$.

$$F_Y(y) = P\{Y \leqslant y\} = P\{2X + 8 \leqslant y\} = P\left\{X \leqslant \dfrac{y-8}{2}\right\} = F_X\left(\dfrac{y-8}{2}\right).$$

将 $F_Y(y)$ 关于 y 求导数, 得 $Y = 2X + 8$ 的概率密度为

$$f_Y(y) = \begin{cases} \dfrac{1}{2} f_X\left(\dfrac{y-8}{2}\right), & 0 < \dfrac{y-8}{2} < 4, \\ 0, & \text{其他}, \end{cases}$$

即

$$f_Y(y) = \begin{cases} \dfrac{y-8}{32}, & 8 < y < 16, \\ 0, & \text{其他}. \end{cases}$$

【例 26】 设 $X \sim E(\lambda)$ 且 $a > 0$, 求 $Y = aX$ 的概率分布.

解 由于 X 是连续型随机变量, $Y = aX$ 也是连续型随机变量, 已知 X 服从参数为 λ 的指数分布, 其分布函数与密度函数分别是

$$F_X(x) = \begin{cases} 1 - \mathrm{e}^{-\lambda x}, & x > 0, \\ 0, & \text{其他}, \end{cases}$$

$$f_X(x) = \begin{cases} \lambda \mathrm{e}^{-\lambda x}, & x > 0, \\ 0, & \text{其他}. \end{cases}$$

现求 $Y = aX$ 的分布函数 $F_Y(y)$ 或概率密度 $f_Y(y)$, 为此分下面几步进行.

(1) 讨论 Y 的所有可能取值. 由于 X 只取正值, 且 $a > 0$, 故 Y 也只取正值, 所以我们有, 当 $y \leqslant 0$ 时

$$F_Y(y) = P\{Y \leqslant y\} = 0.$$

(2) 当 $y > 0$ 时, 从分布函数的定义出发计算 $F_Y(y)$, 考虑到 $a > 0$, 故有

$$F_Y(y) = P\{Y \leqslant y\} = P\{aX \leqslant y\} = P\left\{X \leqslant \dfrac{y}{a}\right\} = F_X\left(\dfrac{y}{a}\right) = 1 - \mathrm{e}^{-\lambda \frac{y}{a}}.$$

从而结合上面两种情况, 可得 Y 的分布函数为

$$F_Y(y) = \begin{cases} 1 - \mathrm{e}^{-\frac{\lambda y}{a}}, & y > 0, \\ 0, & \text{其他}. \end{cases}$$

此外, Y 的概率密度为

$$f_Y(y) = \begin{cases} \dfrac{\lambda}{a} \mathrm{e}^{-\frac{\lambda y}{a}}, & y > 0 \\ 0, & \text{其他}. \end{cases}$$

这表明, 当 $X \sim E(\lambda)$ 时, $Y = aX (a > 0) \sim E\left(\dfrac{\lambda}{a}\right)$.

【例 27】 设 $X \sim U(0,1)$，求 $Y = -\ln X$ 的概率分布.

解 已知 X 服从均匀分布，其分布函数与概率密度分别是

$$F_X(x) = \begin{cases} 0, & x \leqslant 0, \\ x, & 0 < x < 1, \\ 1, & x \geqslant 1, \end{cases}$$

$$f_X(x) = \begin{cases} 1, & 0 < x < 1, \\ 0, & 其他. \end{cases}$$

又因为 X 仅在区间 $(0,1)$ 上取值，故 Y 只可能在 $(0,+\infty)$ 上取值. 所以当 $y \leqslant 0$ 时，$F_Y(y) = 0$；而当 $y > 0$ 时，

$$F_Y(y) = P\{Y \leqslant y\} = P\{-\ln X \leqslant y\} = P\{\ln X \geqslant -y\} = P\{X \geqslant e^{-y}\}$$
$$= 1 - P\{X < e^{-y}\} = 1 - F_X(e^{-y}) = 1 - e^{-y}.$$

从而得 Y 的分布函数为

$$F_Y(y) = \begin{cases} 0, & y \leqslant 0, \\ 1 - e^{-y}, & y > 0. \end{cases}$$

对其进行求导，得 Y 的概率密度为

$$f_Y(y) = \begin{cases} 0, & y \leqslant 0, \\ e^{-y}, & y > 0. \end{cases}$$

可见，当 X 服从区间 $(0,1)$ 上的均匀分布时，$Y = -\ln X$ 将服从参数 $\lambda = 1$ 的指数分布，用分布符号表示即为：若 $X \sim U(0,1)$，则 $Y = -\ln X \sim E(1)$.

【例 28】 设随机变量 $X \sim N(0,1)$，试求随机变量 $Y = X^2$ 的概率分布.

解 首先考虑随机变量 Y 的分布函数 $F_Y(y)$. 由于 $Y = X^2 \geqslant 0$，因此，当 $y \leqslant 0$ 时，
$$F_Y(y) = P\{Y \leqslant y\} = P\{X^2 \leqslant y\} = 0.$$

当 $y > 0$ 时，

$$F_Y(y) = P\{Y \leqslant y\} = P\{X^2 \leqslant y\} = P\{-\sqrt{y} \leqslant X \leqslant \sqrt{y}\}$$
$$= \Phi(\sqrt{y}) - \Phi(-\sqrt{y}) = 2\Phi(\sqrt{y}) - 1.$$

从而得 Y 的分布函数为

$$F_Y(y) = \begin{cases} 0, & y \leqslant 0, \\ 2\Phi(\sqrt{y}) - 1, & y > 0. \end{cases}$$

对其进行求导，得 Y 的概率密度为

$$f_Y(y) = \begin{cases} 0, & y \leqslant 0, \\ 2\varphi(\sqrt{y}) \times \dfrac{1}{2} y^{-\frac{1}{2}}, & y > 0 \end{cases} = \begin{cases} 0, & y \leqslant 0, \\ \dfrac{1}{\sqrt{2\pi y}} e^{-\frac{y}{2}}, & y > 0. \end{cases}$$

称具有上述概率密度的随机变量 Y 为服从自由度为 1 的**卡方分布**，记作 $Y \sim \chi^2(1)$.

上述几个例子解法的关键一步是在 "$Y \leqslant y$" 中，即在 "$g(X) \leqslant y$" 中解出 X，从而得到一个与 "$g(X) \leqslant y$" 等价的关于 X 的不等式，并以后者代替 "$g(X) \leqslant y$". 例如，在例 25 中以 "$X \leqslant$

"$\dfrac{y-8}{2}$"代替"$2X+8\leqslant y$";在例 28 中,当 $y>0$ 时以"$-\sqrt{y}\leqslant X\leqslant\sqrt{y}$"代替"$X^2\leqslant y$". 一般来说,可以用这样的方法求连续型随机变量的函数的概率分布或概率密度. 下面我们仅对 $Y=g(x)$,其中 $g(\cdot)$ 是严格单调函数的情况,写出一般的结果.

定理 1　设随机变量 X 具有概率密度 $f_X(x),-\infty<x<+\infty$,又设函数 $g(x)$ 处处可导且恒有 $g'(x)>0$(或恒有 $g'(x)<0$),则 $Y=g(X)$ 是连续型随机变量,其概率密度为

$$f_Y(y)=\begin{cases}f_X[h(y)]|h'(y)|, & \alpha<y<\beta,\\ 0, & \text{其他},\end{cases}\tag{16}$$

其中:$\alpha=\min\{g(-\infty),g(+\infty)\},\beta=\max\{g(-\infty),g(+\infty)\},h(y)$ 是 $g(x)$ 的反函数.

证　先考虑 $g'(x)>0$ 的情况. 此时函数 $g(x)$ 严格单调递增,故存在反函数 $h(y)$,且反函数 $h(y)$ 在 (α,β) 内严格单调递增,可导. 先求 Y 的分布函数 $F_Y(y)$,由于 $Y=g(X)$ 在 (α,β) 内取值,故

当 $y\leqslant\alpha$ 时,$F_Y(y)=P\{Y\leqslant y\}=0$;当 $y\geqslant\beta$ 时,$F_Y(y)=P\{Y\leqslant y\}=1$;

当 $\alpha<y<\beta$ 时,

$$F_Y(y)=P\{Y\leqslant y\}=P\{g(X)\leqslant y\}=P\{X\leqslant g^{-1}(y)\}=P\{X\leqslant h(y)\}=F_X[h(y)].$$

因此,Y 的概率密度为

$$f_Y(y)=\begin{cases}f_X[h(y)]h'(y), & \alpha<y<\beta,\\ 0, & \text{其他}.\end{cases}\tag{17}$$

再考虑当 $g'(x)<0$ 的情况,类似地,有

$$f_Y(y)=\begin{cases}f_X[h(y)][-h'(y)], & \alpha<y<\beta,\\ 0, & \text{其他}.\end{cases}\tag{18}$$

结合(17)和(18)式即得定理结论成立.

【例 29】　设随机变量 $X\sim N(\mu,\sigma^2)$,试证明 X 的线性函数 $Y=aX+b(a,b$ 为常数,$a\neq 0)$ 也服从正态分布.

证　X 的概率密度为

$$f_X(x)=\frac{1}{\sqrt{2\pi}\sigma}\mathrm{e}^{-\frac{(x-\mu)^2}{2\sigma^2}},-\infty<x<+\infty.$$

令 $g(x)=ax+b$,则 $g'(x)=a$ 满足定理的条件,此时

$$h(y)=\frac{y-b}{a},h'(y)=\frac{1}{a},\alpha=-\infty,\beta=+\infty.$$

因此,随机变量 Y 的概率密度为

$$f_Y(y)=f_X[h(y)]|h'(y)|=\frac{1}{|a|}\frac{1}{\sqrt{2\pi}\sigma}\exp\left[-\frac{\left(\dfrac{y-b}{a}-\mu\right)^2}{2\sigma^2}\right]$$

$$=\frac{1}{\sqrt{2\pi}\sigma|a|}\mathrm{e}^{-\frac{[y-(a\mu+b)]^2}{2a^2\sigma^2}}.$$

根据正态分布的定义,即得 $Y=aX+b\sim N(a\mu+b,a^2\sigma^2)$.

该例表明正态随机变量的线性函数仍然服从正态分布. 特别地, 当 $a=\dfrac{1}{\sigma}, b=-\dfrac{\mu}{\sigma}$ 时,

$$Y=\frac{X-\mu}{\sigma}\sim N(0,1).$$

【例 30】 设 $X\sim U(0,1)$, 求 $Y=-\ln X$ 的概率分布.

解 用定理验证例 27 中的随机变量 Y 服从参数为 1 的指数分布.

首先, 因为 $X\sim U(0,1)$, 故 X 的密度函数为

$$f_X(x)=\begin{cases}1, & 0<x<1,\\ 0, & \text{其他}.\end{cases}$$

令 $g(x)=-\ln x$, 则 $g'(x)=-\dfrac{1}{x}<0$ 恒成立, 故满足定理的条件, 此时

$$h(y)=\mathrm{e}^{-y}, h'(y)=-\mathrm{e}^{-y}, \alpha=0, \beta=+\infty.$$

根据定理, Y 的概率密度为

$$f_Y(y)=f_X[h(y)]\,|h'(y)|=\begin{cases}\mathrm{e}^{-y}, & y>0,\\ 0, & y\leqslant 0.\end{cases}$$

根据指数分布的定义, 得 $Y=-\ln X\sim E(1)$.

习题 2-5

1. 设随机变量 X 的分布律如表 2-12 所示.

表 2-12 X 的分布律(一)

X	-2	-1	0	1	3
p_k	$\dfrac{1}{5}$	$\dfrac{1}{6}$	$\dfrac{1}{5}$	$\dfrac{1}{15}$	$\dfrac{11}{30}$

求 $Y=X^2$ 的分布律.

2. 设随机变量 X 的分布律如表 2-13 所示.

表 2-13 X 的分布律(二)

X	-1	0	1	2	5
p_k	0.1	0.2	0.4	0.2	0.1

求 $Y=-2X+1$ 的分布律.

3. 设随机变量 $X\sim U(0,1)$, 试求 $Y=3X+1$ 的概率密度函数.

4. 设随机变量 $X\sim N(0,1)$, 试求 $Y=\mathrm{e}^X$ 的概率密度函数.

正态分布：概率论中最重要的分布

正态分布(图 2-15)有极其广泛的实际背景，生产与科学实验中很多随机变量的概率分布都可以近似地用正态分布来描述。例如，在生产条件不变的情况下，产品的强力、抗压强度、口径、长度等指标，同一种生物体的身长、体重等指标，测量同一物体的误差，弹着点沿某一方向的偏差，某个地区的年降水量，理想气体分子的速度分量，等等。一般来说，如果一个量是由许多微小的独立随机因素影响的结果组成的，那么就可以认为这个量具有正态分布(见中心极限定理).

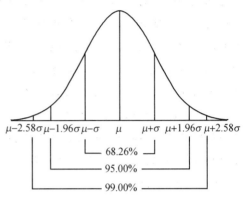

图 2-15

从理论上来看，正态分布具有很多良好的性质，许多概率分布可以用它来近似表示；还有一些常用的概率分布是由它直接导出的，如对数正态分布、t 分布、F 分布等.

在自然、社会和思维的实践背景下，我们以正态分布的本质为基础，以正态分布曲线及面积分布图为表征(以后谈及正态分布及正态分布论就要在脑海中浮现此图)，进行抽象与提升，抓住其中的主要哲学内涵，归纳正态分布论(正态哲学)的主要内涵如下：

(1) 整体论.

正态分布启示我们，要用整体的观点来看事物。"系统的整体观念或总体观念是系统概念的精髓。"正态分布曲线及面积分布图由基区、负区、正区三个区组成，各区比重不一样。用整体来看事物才能看清楚事物的本来面貌，才能得出事物的根本特性。不能只见树木不见森林，也不能以偏概全。此外，整体大于部分之和，在分析各部分、各层次的基础上，还要从整体看事物，这是因为整体有不同于各部分的特点。用整体观来看世界，就是要立足在基区，放眼负区和正区。既要看到主要方面，也要看到次要方面；既要看到积极的一面，也要看到事物消极的一面；既要看到事物前进的一面，也要看到落后的一面。片面看事物必然看到的是偏态或者是变态的事物，不是真实的事物本身.

(2) 重点论.

正态分布曲线及面积分布图非常清晰地展示了重点，那就是基区占 68.26%，是主体，要重点抓。此外，95%，99% 则展示了正态的全面性。认识世界和改造世界一定要抓住重点，因为重点就是事物的主要矛盾，它对事物的发展起主要的、支配性的作用。抓住了重点才能壹引其纲，万目皆张。事物和现象纷繁复杂，在千头万绪中不抓住主要矛盾，就会陷入无限琐碎之中。由于人的时间和精力相对有限，出于对效率的追求，我们更应该抓住重点。在正态分布中，基区就是主体和重点。如果结合 20/80 法则，我们更可以大胆地把正区也看作重点.

（3）发展论.

联系和发展是事物发展变化的基本规律.任何事物都有其产生、发展和灭亡的过程,如果我们把正态分布看作是一个系统或者事物的发展过程的话,我们明显地看到这个过程经历着从负区到基区再到正区的过程.无论自然、社会,还是人类的思维都明显地遵循这样一个过程.准确地把握事物或者事件所处的历史过程和阶段,可极大地有助于我们掌握事物、事件的特征和性质,它是我们分析问题、采取对策和解决问题的重要基础和依据.发展的阶段不同,性质和特征也不同,分析和解决问题的办法要与此相适应,这就是具体问题具体分析,也是解放思想、实事求是、与时俱进的精髓.正态发展的特点还启示我们,事物发展大都是渐进的和累积的,走渐进发展的道路是事物发展的常态.

总之,正态分布论是科学的世界观,也是科学的方法论,是我们认识和改造世界的最重要和最根本的工具之一,对我们的理论和实践有重要的指导意义.以正态哲学认识世界,能更好地认识和把握世界的本质和规律,以正态哲学来改造世界,能更好地尊重和利用客观规律,更有效地改造世界.

总习题二

一、选择题

1. $P(X=k)=b\lambda^k (k=1,2,\cdots)$ 为离散型随机变量 X 的分布律的充要条件是（　　）.

A. $b>0$ 且 $0<\lambda<1$ 　　　　　　B. $b=1-\lambda$ 且 $0<\lambda<1$

C. $b=\dfrac{1}{\lambda}-1$ 且 $\lambda<1$ 　　　　D. $\lambda=\dfrac{1}{1+b}$ 且 $b>0$

2. 设随机变量 X 服从 0-1 分布,又知 X 取 1 的概率为它取 0 的概率的一半,则 $P\{X=1\}$ 等于（　　）.

A. $\dfrac{1}{3}$ 　　　　B. 0 　　　　C. $\dfrac{1}{2}$ 　　　　D. 1

3. 设随机变量 $X\sim b(2,p)$,随机变量 $Y\sim b(3,p)$,若 $P\{X\geqslant1\}=\dfrac{5}{9}$,则 $P\{Y\geqslant1\}$ 等于（　　）.

A. $\dfrac{19}{27}$ 　　　　B. $\dfrac{5}{9}$ 　　　　C. $\dfrac{8}{27}$ 　　　　D. $\dfrac{4}{9}$

4. 设随机变量 Y 服从参数为 1 的指数分布,a 为常数且 $a>0$,则 $P\{Y\leqslant a+1|Y>a\}$ 等于（　　）.

A. e^{-1} 　　　　B. $1-e^{-1}$ 　　　　C. e^{-a} 　　　　D. $1-e^{-a}$

5. 若函数 $f(x)=\begin{cases}\sin x, & x\in D,\\ 0, & x\notin D\end{cases}$ 是某随机变量的密度函数,则 $D=($　　$)$.

A. $[0,\pi]$　　　　　　B. $\left[0,\dfrac{\pi}{2}\right]$　　　　　　C. $\left[-\dfrac{\pi}{2},\pi\right]$　　　　　　D. $\left[0,\dfrac{3}{2}\pi\right]$

6. 任一个连续型随机变量 X 的概率密度为 $f(x)$,则 $f(x)$ 必满足(　　).

A. $0\leqslant f(x)\leqslant 1$　　　　　　　　　　B. 单调不减

C. $\displaystyle\int_{-\infty}^{+\infty}f(x)\mathrm{d}x=1$　　　　　　　　D. $\displaystyle\lim_{x\to+\infty}f(x)=1$

7. 设随机变量 X 的概率密度为 $f(x)=A\mathrm{e}^{-\frac{|x|}{2}}$,则 $A=($　　$)$.

A. 2　　　　　　　　B. 1　　　　　　　　C. $\dfrac{1}{2}$　　　　　　　　D. $\dfrac{1}{4}$

8. 设 $f(x)=\begin{cases}\dfrac{x}{c}\mathrm{e}^{-\frac{x^2}{2c}}, & x>0,\\ 0, & x\leqslant 0\end{cases}$ 是随机变量 X 的概率密度,则常数 $c($　　$)$.

A. 可以是任意非零常数　　　　　　B. 只能是任意正常数

C. 仅取 1　　　　　　　　　　　　D. 仅取 -1

9. 函数 $F(x)=\begin{cases}0, & x<-2,\\ \dfrac{1}{2}, & -2\leqslant x<0,\\ 1, & x\geqslant 0\end{cases}$ (　　).

A. 是某一离散型随机变量 X 的分布函数

B. 是某一连续型随机变量 X 的分布函数

C. 既不是连续型也不是离散型随机变量的分布函数

D. 不可能为某一随机变量 X 的分布函数

10. 设 X_1 的分布函数为 $F_1(x)$,X_2 的分布函数为 $F_2(x)$,又 $F(x)=aF_1(x)-bF_2(x)$ 是某随机变量 Y 的分布函数,则实数 a,b 分别为(　　).

A. $\dfrac{3}{5},-\dfrac{2}{5}$　　　　　　　　　　　　B. $\dfrac{2}{3},\dfrac{2}{3}$

C. $-\dfrac{1}{2},\dfrac{3}{2}$　　　　　　　　　　　D. $\dfrac{1}{2},-\dfrac{3}{2}$

11. 函数 $F(x)=\begin{cases}0, & x<0,\\ \sin x, & 0\leqslant x<\pi,\\ 1, & x\geqslant\pi\end{cases}$ (　　).

A. 是某一离散型随机变量 X 的分布函数

B. 是某一连续型随机变量 X 的分布函数

C. 既不是连续型也不是离散型随机变量的分布函数

D. 不可能为某一随机变量 X 的分布函数

12. 设随机变量 X 的分布律如表 2-14 所示.

表 2-14　X 的分布律

X	0	1	2
p_k	0.25	0.35	0.4

而 $F(x)=P\{X \leqslant x\}$,则 $F(\sqrt{2})=($ 　　 $)$.

A. 0.6　　　　　　　B. 0　　　　　　　C. 0.25　　　　　　　D. 0.4

13. 设 X 是一个连续型随机变量,其概率密度为 $f(x)$,分布函数为 $F(x)$,则对于任意 x 值,有(　).

A. $P\{X=0\}=0$　　　　　　　　　　B. $F'(x)=f(x)$

C. $P\{X=x\}=f(x)$　　　　　　　　　D. $P\{X=x\}=F(x)$

14. 设连续型随机变量 X 的分布函数 $F(x)=\dfrac{1}{\pi}\arctan x+\dfrac{1}{2}$ $(-\infty<x<+\infty)$,则 $P\{X=-\sqrt{3}\}=($ 　　 $)$.

A. $\dfrac{1}{6}$　　　　　　B. $\dfrac{5}{6}$　　　　　　C. 0　　　　　　D. $\dfrac{2}{3}$

15. 设随机变量 $X \sim N(1,4)$,$Y=f(X)$ 服从标准正态分布,则 $f(X)=($ 　　 $)$.

A. $\dfrac{X-1}{4}$　　　　B. $\dfrac{X}{4}$　　　　C. $\dfrac{X-1}{2}$　　　　D. $\dfrac{X}{2}$

16. 若随机变量 X 的概率密度函数 $f(x)=\dfrac{1}{\sqrt{\pi}}\mathrm{e}^{-x^2+4x-4}$,则有(　　).

A. $X \sim N(0,1)$　　　　　　　　　　B. $X \sim N\left(2,\dfrac{1}{2}\right)$

C. $X \sim N\left(4,\dfrac{1}{4}\right)$　　　　　　　　D. $X \sim N(2,1)$

17. 已知随机变量 X 的分布函数 $\Phi(x)=\dfrac{1}{\sqrt{2\pi}}\displaystyle\int_{-\infty}^{x}\mathrm{e}^{-\frac{t^2}{2}}\mathrm{d}t$,则 $\Phi(-x)=($ 　　 $)$.

A. $\Phi(x)$　　　　B. $1-\Phi(x)$　　　　C. $-\Phi(x)$　　　　D. $\dfrac{1}{2}+\Phi(x)$

18. 设随机变量 $X \sim N(a,4^2)$,$Y \sim N(a,5^2)$,记 $p_1=P\{X \leqslant a-4\}$,$p_2=P\{Y \geqslant a+5\}$,则(　).

A. 对任意实数 a,都有 $p_1=p_2$　　　　B. 对任意实数 a,都有 $p_1<p_2$

C. 对任意实数 a,都有 $p_1>p_2$　　　　D. 仅对某些 a 值,可使 $p_1=p_2$

19. 设随机变量 $X \sim N(a,\sigma^2)$,记 $g(\sigma)=P\{|X-a|<\sigma\}$,则随着 σ 的增大,$g(\sigma)$ 的值(　).

A. 保持不变　　　　B. 单调增大　　　　C. 单调减少　　　　D. 增减性不确定

20. 设连续型随机变量 X 的分布函数为 $F(x)$,则 $Y=1-\dfrac{1}{2}X$ 的分布函数为(　　).

A. $F(2-2y)$　　　　B. $\dfrac{1}{2}F\left(1-\dfrac{y}{2}\right)$　　　　C. $2F(2-2y)$　　　　D. $1-F(2-2y)$

二、填空题

1. 已知随机变量 X 的分布律如表 2-15 所示.

表 2-15　随机变量 X 的分布律

X	1	2	3	4	5
p_k	$2a$	0.1	0.3	a	0.3

则常数 $a=$ _____.

2. 设某离散型随机变量 X 的分布律为 $P\{X=k\}=c(0.75)^k, k=1,2,3,\cdots$,则 $c=$ _____.

3. 设随机变量 X 服从参数为 $\lambda(\lambda>0)$ 的泊松分布,且已知 $P\{X=2\}=P\{X=4\}$,则 $\lambda=$ _____.

4. 设随机变量 X 的概率密度 $f(x)=\begin{cases}12x(1-x)^2, & x\in(0,1),\\ 0, & \text{其他},\end{cases}$ 则 $P\{0<X<0.5\}=$ _____.

5. 设某种电子管使用寿命的密度函数 $f(x)=\begin{cases}\dfrac{100}{x^2}, & x>100,\\ 0, & x\leqslant 100\end{cases}$ (单位:h),则在150 h内独立使用 3 只该电子管,这 3 只电子管全部损坏的概率为 _____.

6. 设随机变量 X 的分布函数 $F(x)=\begin{cases}0, & x<0,\\ \dfrac{x^2}{25}, & 0\leqslant x<5,\\ 1, & x\geqslant 5,\end{cases}$ 则 $P\{3\leqslant X<6\}=$ _____.

7. 设 $X\sim N(-1.5,2^2)$,则 $P\{X<2.5\}=$ _____.

8. 设随机变量 X 的密度函数 $f(x)=\dfrac{2A}{1+x^2}(-\infty<x<+\infty)$,其中常数 $A>0$,则常数 $A=$ _____,且 $P\{0<X<1\}=$ _____.

9. 若函数 $F(x)=\begin{cases}A, & x>0,\\ \dfrac{1}{1+x^2}, & x\leqslant 0\end{cases}$ 是某随机变量的分布函数,则常数 $A=$ _____.

10. 若随机变量 X 的概率密度 $f(x)=\begin{cases}\dfrac{x}{2}, & 0<x<2,\\ 0, & \text{其他},\end{cases}$ 则随机变量 $Y=3X+1$ 的概率密度函数为 _____.

三、计算题

1. 盒中有 10 个形状相同的灯泡,其中有 7 个螺口灯泡、3 个卡口灯泡,灯口向下放着看不见.今需从中取出一个螺口灯泡,若取出的是卡口灯泡,则将其放入另一个空盒.记随机变量 X 表示取到螺口灯泡前已取出的卡口灯泡的个数,求 X 的分布律.

2. 现有 6 个号码(1~6 号),从中任取 3 个号码,记这 3 个号码中最小的号码为 X,求 X

的分布律及 $P\{2<X\leqslant5\}$.

3. 设某地每年遭台风袭击的次数服从参数为 4 的泊松分布,求:

(1) 该地一年内遭受 8 次台风的概率;

(2) 该地一年内遭受台风次数大于 8 的概率.

4. 设某电子元件的使用寿命 T 的概率密度函数为

$$f(t)=\begin{cases}\dfrac{a}{t^2}, & t\geqslant100,\\[2mm] 0, & t<100\end{cases}\quad(\text{单位:h}).$$

(1) 确定常数 a;

(2) 若某种仪器中有 3 个这种元件,则从最初开始使用算起的 150 h 内,3 个元件至少损坏一个的概率是多少?

5. 设随机变量 X 的概率密度函数为

$$f(x)=\begin{cases}cx, & 0\leqslant x\leqslant1,\\ 0, & \text{其他}.\end{cases}$$

(1) 求常数 c;   (2) 计算 $P\{0.3<X<0.7\}$ 和 $P\{-1<X<0.5\}$.

6. 设随机变量 X 的分布函数为

$$F(x)=\begin{cases}1-\mathrm{e}^{-x}, & x\geqslant0,\\ 0, & x<0.\end{cases}$$

求:(1) $P\{X\leqslant2\}$,$P\{X>3\}$ 和 $P\{-1\leqslant X<3\}$;   (2) X 的概率密度函数 $f(x)$.

7. 设 $X\sim N(3,2^2)$,求:(1) $P\{2<X\leqslant5\}$;(2) $P\{-1<X<7\}$;(3) $P\{|X|>2\}$;
(4) $P\{X>-1\}$.

8. 设测量从某地到某一目标的距离时发生的误差 $X\sim N(20,40^2)$(单位:m).

(1) 求测量一次产生的误差的绝对值不超过 30 m 的概率;

(2) 如果连续测量 3 次,各次测量结果是相互独立的,求至少有一次误差的绝对值不超过 30 m 的概率.

9. 设某批材料的强度 $X\sim N(200,18^2)$.

(1) 从中任取一件,求其强度不低于 180 的概率;

(2) 如果所用的材料要求以 99% 的概率保证强度不低于 150,问这批材料是否符合这个要求?

10. 设连续型随机变量 X 的概率密度函数为

$$f(x)=\begin{cases}3x^2, & 0\leqslant x\leqslant1,\\ 0, & \text{其他}.\end{cases}$$

求:(1) $Y=-2X+1$ 的概率密度;

(2) $Z=X^2$ 的概率密度.

第三章　多维随机变量及其分布

在上一章中我们讨论了一维随机变量,一维随机变量是随机试验的结果和一维实数之间的某个对应关系.但在实际生活中,很多实际问题对应的每个试验结果,往往同时对应一个以上的实数值.例如,研究导弹在地面的着弹点,要同时考虑导弹的横坐标和纵坐标;考虑某地区适龄儿童的身体发育情况,需要同时考虑儿童的身高及体重;等等.这就需要用到二维随机变量.本章主要讨论二维随机变量及其相关性质,更高维随机变量及其性质亦可类似给出.

第一节　二维随机变量及其分布函数

一、二维随机变量的定义及其分布函数

我们先给出二维随机变量的定义:

定义 1　设 X,Y 为定义在样本空间 S 上的两个随机变量,则称向量 (X,Y) 为样本空间 S 上的**二维随机向量**或**二维随机变量**.

根据上述定义,设 (X,Y) 是 S 上的二维随机变量,则对样本空间 S 中任意样本点 e,都存在唯一的一个数对 $(X(e),Y(e))$ 与之对应(图 3-1),而数对 $(X(e),Y(e))$ 对应到平面上的一个点,因此,二维随机变量 (X,Y) 有时也形象地称为二维随机点.

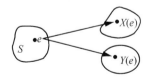

图 3-1

二维随机变量 (X,Y) 的性质不仅与 X 及 Y 有关,而且依赖于这两个随机变量的相互关系.因此,逐个地来研究 X 或 Y 的性质是不够的,还需要将 (X,Y) 作为一个整体来进行研究.

和一维的情况类似,我们借助"分布函数"来研究二维随机变量.

定义 2　设 (X,Y) 是二维随机变量,对于任意实数 x,y,称二元函数:

$$F(x,y) = P\{(X \leqslant x) \bigcap (Y \leqslant y)\} (记成 P\{X \leqslant x, Y \leqslant y\})$$

为二维随机变量 (X,Y) 的 **分布函数**, 或为随机变量 X 和 Y 的 **联合分布函数**.

由二维随机变量的分布函数的定义可知, 如果将二维随机变量 (X,Y) 看成是平面上随机点的坐标, 那么, 分布函数 $F(x,y)$ 在 (x,y) 处的函数值就是随机点 (X,Y) 落在区域 $(-\infty < X \leqslant x, -\infty < Y \leqslant y)$ 内的概率, 即以点 (x,y) 为顶点而位于该点左下方的无穷矩形域内的概率, 如图 3-2 所示. 同时这也是分布函数的几何解释.

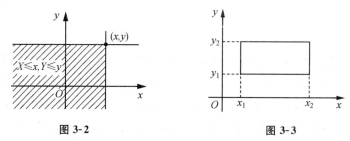

图 3-2　　　　　　　图 3-3

根据分布函数的几何解释, 并借助于图 3-3, 可计算出随机点 (X,Y) 落在矩形域 $\{(X,Y) \mid x_1 < X \leqslant x_2, y_1 < Y \leqslant y_2\}$ 内的概率为

$$P\{x_1 < X \leqslant x_2, y_1 < Y \leqslant y_2\} = F(x_2, y_2) - F(x_2, y_1) - F(x_1, y_2) + F(x_1, y_1).$$

容易证明, 与一维随机变量类似, 二维随机变量 (X,Y) 的分布函数 $F(x,y)$ 具有以下基本性质:

(1) $F(x,y)$ 是关于变量 x 和 y 的不减函数, 即对于任意固定的 y, 当 $x_2 > x_1$ 时, $F(x_2, y) \geqslant F(x_1, y)$; 对于任意固定的 x, 当 $y_2 > y_1$ 时, $F(x, y_2) \geqslant F(x, y_1)$.

(2) $0 \leqslant F(x,y) \leqslant 1$, 且对于任意固定的 y, $F(-\infty, y) = \lim\limits_{x \to -\infty} F(x,y) = 0$; 对于任意固定的 x, $F(x, -\infty) = \lim\limits_{y \to -\infty} F(x,y) = 0$;

$$F(-\infty, -\infty) = \lim\limits_{\substack{x \to -\infty \\ y \to -\infty}} F(x,y) = 0, F(+\infty, +\infty) = \lim\limits_{\substack{x \to +\infty \\ y \to +\infty}} F(x,y) = 1.$$

以上四个式子可以从几何上进行说明. 例如, 在图 3-2 中将无穷矩形的右面边界向左无限平移 ($x \to -\infty$), 则左下部分矩形将趋于一条竖直直线, 这时 "随机点 (X,Y) 落在这个矩形内" 这一事件趋于不可能事件, 故其概率趋于 0, 即 $F(-\infty, y) = 0$. 又如, 当 $x \to +\infty, y \to +\infty$ 时, 图 3-2 中的无穷矩形将扩展至全平面, 本身随机点 (X,Y) 就来自平面, 则随机点 (X,Y) 落在其中这一事件趋于必然事件, 故其概率趋于 1, 即 $F(+\infty, +\infty) = 1$.

(3) $F(x,y)$ 关于 x 和 y 是右连续的, 即

$$F(x+0, y) = \lim\limits_{\Delta x \to 0^+} F(x + \Delta x, y) = F(x,y),$$

$$F(x, y+0) = \lim\limits_{\Delta y \to 0^+} F(x, y + \Delta y) = F(x,y).$$

(4) 对于任意 $(x_1, y_1), (x_2, y_2), x_1 < x_2, y_1 < y_2$, 下列不等式成立:

$$F(x_2, y_2) - F(x_2, y_1) - F(x_1, y_2) + F(x_1, y_1) \geqslant 0.$$

接下来, 我们具体讨论两类二维随机变量及其分布.

二、二维离散型随机变量及其分布

定义 3　若二维随机变量 (X,Y) 全部取到的值是有限对或可列无穷多对, 则称 (X,Y) 为

二维离散型随机变量.

设二维离散型随机变量(X,Y)一切可能的取值为(x_i,y_j),$i,j=1,2,\cdots$,并且记取各对可能值的概率为

$$P\{X=x_i,Y=y_j\}=p_{ij},i,j=1,2,\cdots,$$

则称此式为二维离散型随机变量(X,Y)的概率分布律,简称分布律,也称随机变量X和Y的联合分布律.

我们也能用表格来表示随机变量X和Y的联合分布律,如表3-1所示.

表 3-1　X和Y的联合分布律

Y	X				
	x_1	x_2	$\cdots$	x_i	$\cdots$
y_1	p_{11}	p_{21}	$\cdots$	p_{i1}	$\cdots$
y_2	p_{12}	p_{22}	$\cdots$	p_{i2}	$\cdots$
$\vdots$	$\vdots$	$\vdots$	$\vdots$	$\vdots$	$\vdots$
y_j	p_{1j}	p_{2j}	$\cdots$	p_{ij}	$\cdots$
$\vdots$	$\vdots$	$\vdots$	$\vdots$	$\vdots$	$\vdots$

由概率的定义,与一维离散型随机变量类似,二维离散型随机变量(X,Y)的概率具有如下性质:

(1) 非负性:$p_{ij}\geqslant0,i,j=1,2,\cdots$.

(2) 规范性:$\displaystyle\sum_{i=1}^{\infty}\sum_{j=1}^{\infty}p_{ij}=1$.

【例1】　设随机变量X在$1,2,3,4$四个整数中等可能地抽取一个值,另一个随机变量Y在$1\sim X$中等可能地取一个整数值,试求(X,Y)的分布律.

解　由乘法公式容易求得(X,Y)的分布律.易知$\{X=i,Y=j\}$的取值情况是:$i=1,2,3,4,j$取不大于i的正整数,且

$$P\{X=i,Y=j\}=P\{Y=j\mid X=i\}\cdot P\{X=i\}=\frac{1}{i}\cdot\frac{1}{4},i=1,2,3,4,j\leqslant i.$$

于是(X,Y)的分布律如表3-2所示.

表 3-2　(X,Y)的分布律(一)

Y	X			
	1	2	3	4
1	$\frac{1}{4}$	$\frac{1}{8}$	$\frac{1}{12}$	$\frac{1}{16}$
2	0	$\frac{1}{8}$	$\frac{1}{12}$	$\frac{1}{16}$
3	0	0	$\frac{1}{12}$	$\frac{1}{16}$
4	0	0	0	$\frac{1}{16}$

将(X,Y)看成一个随机点的坐标,由图 3-2 可知离散型随机变量 X 和 Y 的联合分布函数为

$$F(X,Y)=\sum_{x_i\leqslant x}\sum_{y_j\leqslant y}p_{ij}.$$

其中和式是对一切满足 $x_i\leqslant x,y_j\leqslant y$ 的 i,j 来求和的.

【例 2】 一个袋中有三个球,依次标有数字 1,2,2,从中任取一个,不放回袋中,再任取一个,设每次取球时,各球被取到的可能性相等,以 X,Y 分别记第一次和第二次取到的球上标有的数字,求(X,Y)的分布律与分布函数.

解 (X,Y)的可能值为$(1,2),(2,1),(2,2)$.

$$P\{X=1,Y=2\}=\frac{1}{3}\times\frac{2}{2}=\frac{1}{3},$$

$$P\{X=2,Y=1\}=\frac{2}{3}\times\frac{1}{2}=\frac{1}{3},$$

$$P\{X=2,Y=2\}=\frac{2}{3}\times\frac{1}{2}=\frac{1}{3}.$$

即 $p_{11}=0,p_{12}=p_{21}=p_{22}=\frac{1}{3}$.

故(X,Y)的分布律如表 3-3 所示.

表 3-3 (X,Y)的分布律(二)

Y	X	
	1	2
1	0	$\frac{1}{3}$
2	$\frac{1}{3}$	$\frac{1}{3}$

下面求分布函数:

(1) 当 $x<1$ 或 $y<1$ 时,$F(X,Y)=P\{X\leqslant x,Y\leqslant y\}=0$(图 3-4);

(2) 当 $1\leqslant x<2,1\leqslant y<2$ 时,$F(X,Y)=p_{11}=0$(图 3-4);

(3) 当 $1\leqslant x<2,y\geqslant 2$ 时,$F(X,Y)=p_{11}+p_{12}=\frac{1}{3}$(图 3-4);

(4) 当 $x\geqslant 2,1\leqslant y<2$ 时,$F(X,Y)=p_{11}+p_{21}=\frac{1}{3}$(图 3-5);

(5) 当 $x\geqslant 2,y\geqslant 2$ 时,$F(X,Y)=p_{11}+p_{12}+p_{21}+p_{22}=1$(图 3-5).

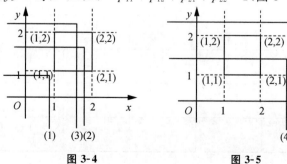

图 3-4   图 3-5

故分布函数为

$$F(x,y)=\begin{cases} 0, & x<1 \text{ 或 } y<1, \\ \dfrac{1}{3}, & 1\leqslant x<2,y\geqslant 2 \text{ 或 } x\geqslant 2,1\leqslant y<2, \\ 1, & x\geqslant 2,y\geqslant 2. \end{cases}$$

三、二维连续型随机变量及其分布

定义 4 设随机变量 (X,Y) 的分布函数为 $F(x,y)$，如果存在一个非负可积函数 $f(x,y)$，使得对任意实数 x,y，有

$$F(x,y)=P\{X\leqslant x,Y\leqslant y\}=\int_{-\infty}^{y}\int_{-\infty}^{x}f(u,v)\mathrm{d}u\mathrm{d}v,$$

则称 (X,Y) 为**二维连续型随机变量**，称 $f(x,y)$ 为 X 和 Y 的联合密度函数或联合概率密度，或二维随机变量 (X,Y) 的概率密度.

由二维随机变量的密度函数的定义可知，$f(x,y)$ 具有以下性质：

(1) $f(x,y)\geqslant 0,-\infty<x<+\infty,-\infty<y<+\infty$.

(2) $F(+\infty,+\infty)=\displaystyle\int_{-\infty}^{+\infty}\int_{-\infty}^{+\infty}f(u,v)\mathrm{d}u\mathrm{d}v=1$.

(3) 设 D 是 xOy 平面上的区域，则随机点 (X,Y) 落在 D 内的概率为

$$P\{(X,Y)\in D\}=\iint\limits_{D}f(x,y)\mathrm{d}x\mathrm{d}y.$$

(4) 若 $f(x,y)$ 在点 (x,y) 处连续，则有

$$\frac{\partial^2 F(x,y)}{\partial x\partial y}=f(x,y).$$

由性质(4)，在 $f(x,y)$ 的连续点处，有

$$\lim_{\substack{\Delta x\to 0^+ \\ \Delta y\to 0^+}}\frac{P\{x<X\leqslant x+\Delta x,y<Y\leqslant y+\Delta y\}}{\Delta x\Delta y}$$

$$=\lim_{\substack{\Delta x\to 0^+ \\ \Delta y\to 0^+}}\frac{F(x+\Delta x,y+\Delta y)-F(x+\Delta x,y)-F(x,y+\Delta y)+F(x,y)}{\Delta x\Delta y}$$

$$=\frac{\partial^2 F(x,y)}{\partial x\partial y}=f(x,y).$$

这表示若 $f(x,y)$ 在点 (x,y) 处连续，则当 $\Delta x,\Delta y$ 很小时，有

$$P\{x<X\leqslant x+\Delta x,y<Y\leqslant y+\Delta y\}\approx f(x,y)\Delta x\Delta y,$$

即点 (X,Y) 落在小长方形 $(x,x+\Delta x]\times(y,y+\Delta y]$ 内的概率近似地等于 $f(x,y)\Delta x\Delta y$. 在几何上，$z=f(x,y)$ 表示空间的一个曲面，因此，由性质(1)和性质(2)知：概率密度所代表的是曲面位于 xOy 平面的上方，并且介于它和 xOy 平面之间的空间区域的体积为 1；由性质(3)知：随机点 (X,Y) 落在区域平面 D 内的概率 $P\{(X,Y)\in D\}$ 等于以 D 为底，以曲面 $z=f(x,y)$ 为顶的曲顶柱体的体积.

满足性质(1)和性质(2)的二元函数 $f(x,y)$ 一定能够作为某二维随机变量 (X,Y) 的概

率密度,因此,判断某二元函数是否为某二维随机变量的密度函数,只需证明其是否满足性质(1)和性质(2).

【例3】 已知二维随机变量(X,Y)的概率密度函数为

$$f(x,y)=\begin{cases}cxy, & 0<x<1,0<y<1,\\ 0, & 其他.\end{cases}$$

求:(1) 常数c的值;(2) $P\{X\leqslant Y\}$;(3) 分布函数$F(X,Y)$.

解 (1)根据概率密度函数的性质(2),得

$$\int_{-\infty}^{+\infty}\int_{-\infty}^{+\infty}f(x,y)\mathrm{d}x\mathrm{d}y=\int_0^1\int_0^1 cxy\mathrm{d}x\mathrm{d}y=c\int_0^1 x\left(\int_0^1 y\mathrm{d}y\right)\mathrm{d}x=c\int_0^1\frac{1}{2}x\mathrm{d}x=\frac{c}{4}=1,$$

从而得$c=4$.

(2) 记$D=\{(x,y)\,|\,0<x<1,0<y<1\}$,$G=\{(x,y)\,|\,x\leqslant y\}$(图 3-6),因$f(x,y)$仅在区域$D\bigcap G=\{(x,y)\,|\,0<x<1,x\leqslant y<1\}$内取非零值,由性质(3),得

$$P\{X\leqslant Y\}=\iint\limits_{x\leqslant y}f(x,y)\mathrm{d}x\mathrm{d}y=\iint\limits_{D\bigcap G}4xy\mathrm{d}x\mathrm{d}y=4\int_0^1 x\mathrm{d}x\int_x^1 y\mathrm{d}y=\frac{1}{2}.$$

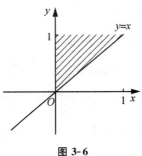

图 3-6

(3) 由分布函数的定义

$$F(x,y)=\int_{-\infty}^x\int_{-\infty}^y f(u,v)\mathrm{d}u\mathrm{d}v.$$

当$x<0$ 或 $y<0$ 时,$F(x,y)=0$.

当$0\leqslant x<1,0\leqslant y<1$ 时,

$$F(x,y)=\int_{-\infty}^x\int_{-\infty}^y f(u,v)\mathrm{d}u\mathrm{d}v=\int_0^x\left(\int_0^y 4uv\mathrm{d}v\right)\mathrm{d}u=x^2y^2;$$

当$0\leqslant x<1,y\geqslant 1$ 时,

$$F(x,y)=\int_{-\infty}^x\int_{-\infty}^y f(u,v)\mathrm{d}u\mathrm{d}v=\int_0^x\left(\int_0^1 4uv\mathrm{d}v\right)\mathrm{d}u=x^2;$$

当$x\geqslant 1,0\leqslant y<1$ 时,

$$F(x,y)=\int_{-\infty}^x\int_{-\infty}^y f(u,v)\mathrm{d}u\mathrm{d}v=\int_0^1\left(\int_0^y 4uv\mathrm{d}v\right)\mathrm{d}u=y^2;$$

当$x\geqslant 1,y\geqslant 1$ 时,

$$F(x,y)=\int_{-\infty}^x\int_{-\infty}^y f(u,v)\mathrm{d}u\mathrm{d}v=\int_0^1\left(\int_0^1 4uv\mathrm{d}v\right)\mathrm{d}u=1.$$

因此,

$$F(x,y)=\begin{cases} 0, & x<0 \text{ 或 } y<0, \\ x^2 y^2, & 0\leqslant x<1, 0\leqslant y<1, \\ x^2, & 0\leqslant x<1, y\geqslant 1, \\ y^2, & x\geqslant 1, 0\leqslant y<1, \\ 1, & x\geqslant 1, y\geqslant 1. \end{cases}$$

以上关于二维随机变量的讨论,不难推广到 $n(n>2)$ 维随机变量的情况.一般地,设 E 是一个随机试验,它的样本空间是 $S=\{e\}$,设 $X_1=X_1(e),X_2=X_2(e),\cdots,X_n=X_n(e)$ 是定义在 S 上的随机变量,由它们构成的一个 n 维向量 $(X_1,X_2,\cdots,X_n)$ 叫作 n 维随机向量或 n 维随机变量.

对于任意 n 个实数 $x_1,x_2,\cdots,x_n$,n 元函数
$$F(x_1,x_2,\cdots,x_n)=P\{X_1\leqslant x_1,X_2\leqslant x_2,\cdots,X_n\leqslant x_n\},$$
称为 n 维随机变量 $(X_1,X_2,\cdots,X_n)$ 的分布函数或随机变量 $X_1,X_2,\cdots,X_n$ 的联合分布函数,它具有类似于二维随机变量的分布函数的性质.

习题 3-1

1. 设 (X,Y) 的分布律如表 3-4 所示.

表 3-4 (X,Y) 的分布律

Y	X	
	-1	1
1	$\dfrac{1}{3}$	0
2	$\dfrac{a}{6}$	$\dfrac{1}{4}$
3	$\dfrac{1}{4}$	a^2

求 a 的值.

2. 盒子里装有 3 个黑球、2 个红球、2 个白球,在其中任取 4 个球,以 X 表示取到黑球的个数,以 Y 表示取到红球的个数,求 (X,Y) 的联合分布律.

3. 设随机变量 (X,Y) 的概率密度函数为
$$f(x,y)=\begin{cases} 12e^{-(3x+4y)}, & x>0, y>0, \\ 0, & \text{其他}. \end{cases}$$
求:(1) 分布函数 $F(x,y)$; (2) $P\{0<X\leqslant 1, 0<Y\leqslant 2\}$.

第二节 边缘分布

二维随机变量(X,Y)作为一个整体,具有分布函数$F(x,y)$,而X和Y都是随机变量,各自也有分布函数,将它们分别记为$F_X(x)$,$F_Y(y)$,依次称为二维随机变量(X,Y)关于X和关于Y的边缘分布函数.边缘分布函数可以由(X,Y)的分布函数$F(x,y)$所确定.事实上,由于$\{X<+\infty\}=\{Y<+\infty\}=S$,

$$F_X(x)=P\{X\leqslant x\}=P\{X\leqslant x,Y<+\infty\}=F(x,+\infty),$$

即$F_X(x)=F(x,+\infty)$.

也就是说,只要在函数$F(x,y)$中令$y\to+\infty$就能得到$F_X(x)$.同理,有

$$F_Y(y)=F(+\infty,y).$$

本节主要讨论二维离散型随机变量与连续型随机变量的边缘分布.

一、二维离散型随机变量的边缘分布

设(X,Y)是离散型随机变量,其分布律为

$$P\{X=x_i,Y=y_j\}=p_{ij},i,j=1,2,\cdots.$$

于是有边缘分布函数

$$F_X(x)=F(x,+\infty)=\sum_{x_i\leqslant x}\sum_{j=1}^{+\infty}p_{ij},i,j=1,2,\cdots.$$

由此可知,X的分布律为

$$P\{X=x_i\}=\sum_{j=1}^{+\infty}p_{ij},i=1,2,\cdots.$$

同样地,Y的分布律为

$$P\{Y=y_j\}=\sum_{i=1}^{+\infty}p_{ij},j=1,2,\cdots.$$

记$p_{i.}=\sum_{j=1}^{+\infty}p_{ij}=P\{X=x_i\}$,$i=1,2,\cdots$,$p_{.j}=\sum_{i=1}^{+\infty}p_{ij}=P\{Y=y_j\}$,$j=1,2,\cdots$,分别称$p_{i.}(i=1,2,\cdots)$和$p_{.j}(j=1,2,\cdots)$为$(X,Y)$关于$X$和关于$Y$的边缘分布律(注意:记号$p_{i.}$中的"·"表示$p_{i.}$是由$p_{ij}$关于$j$求和后得到的;同样地,$p_{.j}$是由$p_{ij}$关于$i$求和后得到的).

二维随机变量(X,Y)关于X和关于Y的边缘分布律也可以放在联合分布律中,如表3-5所示.

表 3-5　(X,Y) 关于 X 和关于 Y 的边缘分布律

Y	X				
	x_1	x_2	$\cdots$	x_i	$\cdots$
y_1	p_{11}	p_{21}	$\cdots$	p_{i1}	$\cdots$
y_2	p_{12}	p_{22}	$\cdots$	p_{i2}	$\cdots$
$\vdots$	$\vdots$	$\vdots$	$\vdots$	$\vdots$	$\vdots$
y_j	p_{1j}	p_{2j}	$\cdots$	p_{ij}	$\cdots$
$\vdots$	$\vdots$	$\vdots$		$\vdots$	

这里：

$$P\{X = x_i\} = \sum_{j=1}^{\infty} p_{ij}, i = 1,2,\cdots;$$

$$P\{Y = y_j\} = \sum_{i=1}^{\infty} p_{ij}, j = 1,2,\cdots.$$

【例 4】　已知如表 3-6 所示的分布律，求其边缘分布律.

表 3-6　(X,Y) 的分布律

Y	X	
	0	1
0	$\dfrac{16}{49}$	$\dfrac{12}{49}$
1	$\dfrac{12}{49}$	$\dfrac{9}{49}$

求其边缘分布律.

　　解　由

$$P\{X=0\} = \sum_{j=0}^{1} P\{X=0,Y=j\} = \frac{16}{49} + \frac{12}{49} = \frac{4}{7};$$

$$P\{X=1\} = \sum_{j=0}^{1} P\{X=1,Y=j\} = \frac{12}{49} + \frac{9}{49} = \frac{3}{7}.$$

故 (X,Y) 关于 X 的边缘分布律如表 3-7 所示.

表 3-7　(X,Y) 关于 X 的边缘分布律

X	0	1
P	$\dfrac{4}{7}$	$\dfrac{3}{7}$

同理可得，(X,Y) 关于 Y 的边缘分布律如表 3-8 所示.

表 3-8　(X,Y) 关于 Y 的边缘分布律

Y	0	1
P	$\dfrac{4}{7}$	$\dfrac{3}{7}$

【例5】 袋中装有4张卡片,分别写有数字1,2,2,3,现不放回地任取2张,以 X,Y 分别表示第一张和第二张卡片上的数字,求二维离散型随机变量 (X,Y) 的联合分布,并求其关于 X 和 Y 的边缘分布律.

解　　　$P\{X=1,Y=1\}=P\{X=1\}P\{Y=1|X=1\}=\dfrac{1}{4}\times 0=0;$

$$P\{X=1,Y=2\}=P\{X=1\}P\{Y=2|X=1\}=\dfrac{1}{4}\times\dfrac{2}{3}=\dfrac{1}{6};$$

$$P\{X=1,Y=3\}=P\{X=1\}P\{Y=3|X=1\}=\dfrac{1}{4}\times\dfrac{1}{3}=\dfrac{1}{12};$$

$$P\{X=2,Y=1\}=P\{X=2\}P\{Y=1|X=2\}=\dfrac{2}{4}\times\dfrac{1}{3}=\dfrac{1}{6};$$

$$P\{X=2,Y=2\}=P\{X=2\}P\{Y=2|X=2\}=\dfrac{2}{4}\times\dfrac{1}{3}=\dfrac{1}{6};$$

$$P\{X=2,Y=3\}=P\{X=2\}P\{Y=3|X=2\}=\dfrac{2}{4}\times\dfrac{1}{3}=\dfrac{1}{6};$$

$$P\{X=3,Y=1\}=P\{X=3\}P\{Y=1|X=3\}=\dfrac{1}{4}\times\dfrac{1}{3}=\dfrac{1}{12};$$

$$P\{X=3,Y=2\}=P\{X=3\}P\{Y=2|X=3\}=\dfrac{1}{4}\times\dfrac{2}{3}=\dfrac{1}{6};$$

$$P\{X=3,Y=3\}=P\{X=3\}P\{Y=3|X=3\}=\dfrac{1}{4}\times 0=0,$$

所以 (X,Y) 的联合分布律如表3-9所示.

表3-9　(X,Y) 的联合分布律

Y	X		
	1	2	3
1	0	$\dfrac{1}{6}$	$\dfrac{1}{12}$
2	$\dfrac{1}{6}$	$\dfrac{1}{6}$	$\dfrac{1}{6}$
3	$\dfrac{1}{12}$	$\dfrac{1}{6}$	0

又由:

$$P\{X=1\}=\sum_{j=1}^{3}P\{X=1,Y=j\}=0+\dfrac{1}{6}+\dfrac{1}{12}=\dfrac{1}{4};$$

$$P\{X=2\}=\sum_{j=1}^{3}P\{X=2,Y=j\}=\dfrac{1}{6}+\dfrac{1}{6}+\dfrac{1}{6}=\dfrac{1}{2};$$

$$P\{X=3\}=\sum_{j=1}^{3}P\{X=3,Y=j\}=\dfrac{1}{12}+\dfrac{1}{6}+0=\dfrac{1}{4},$$

故 (X,Y) 关于 X 的边缘分布律如表3-10所示.

表 3-10 (X,Y)关于 X 的边缘分布律

X	1	2	3
P	$\frac{1}{4}$	$\frac{1}{2}$	$\frac{1}{4}$

同理可得,(X,Y)关于 Y 的边缘分布律如表 3-11 所示.

表 3-11 (X,Y)关于 Y 的边缘分布律

Y	1	2	3
P	$\frac{1}{4}$	$\frac{1}{2}$	$\frac{1}{4}$

二、二维连续型随机变量的边缘概率密度

设二维连续型随机变量(X,Y)的概率密度为 $f(x,y)$,由

$$F_X(x)=F(x,+\infty)=\int_{-\infty}^{x}\left[\int_{-\infty}^{+\infty}f(x,y)\mathrm{d}y\right]\mathrm{d}x,$$

由第二章知,X 是一个连续型随机变量,且其概率密度为

$$f_X(x)=\int_{-\infty}^{+\infty}f(x,y)\mathrm{d}y,$$

同理,Y 也是一个连续型随机变量,且其概率密度为

$$f_Y(y)=\int_{-\infty}^{+\infty}f(x,y)\mathrm{d}x,$$

分别称 $f_X(x),f_Y(y)$ 为二维随机变量(X,Y)关于 X 和关于 Y 的边缘概率密度或边缘密度函数.

【例 6】 设随机变量 X 和 Y 具有联合密度函数(图 3-7):

$$f(x,y)=\begin{cases}6, & x^2\leqslant y\leqslant x,\\0, & \text{其他}.\end{cases}$$

求边缘概率密度 $f_X(x),f_Y(y)$.

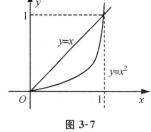

图 3-7

解

$$f_X(x)=\int_{-\infty}^{+\infty}f(x,y)\mathrm{d}y=\begin{cases}\int_{x^2}^{x}6\mathrm{d}y=6(x-x^2), & 0\leqslant x\leqslant 1,\\0, & \text{其他}.\end{cases}$$

$$f_Y(y)=\int_{-\infty}^{+\infty}f(x,y)\mathrm{d}x=\begin{cases}\int_{y}^{\sqrt{y}}6\mathrm{d}x=6(\sqrt{y}-y), & 0\leqslant y\leqslant 1,\\0, & \text{其他}.\end{cases}$$

下面介绍几种常见的二维连续型随机变量的边缘分布.

1. 均匀分布

设 G 是平面内可求面积的区域,其面积为 $S_G(S_G\neq 0)$,若二维随机变量(X,Y)的概率密度为

$$f(x,y)=\begin{cases}\dfrac{1}{S_G}, & (x,y)\in G, \\[2mm] 0, & \text{其他}.\end{cases}$$

则称 (X,Y) 服从区域 G 上的均匀分布.

比如,设 (x,y) 服从单位圆域 $\{(X,Y)\mid x^2+y^2\leqslant1\}$ 上的均匀分布,由于单位圆域的面积为 π,所以 (X,Y) 的概率密度为

$$f(x,y)=\begin{cases}\dfrac{1}{\pi}, & x^2+y^2\leqslant1, \\[2mm] 0, & \text{其他}.\end{cases}$$

若 (X,Y) 在区域 G 上服从均匀分布,则对于任一平面区域 D,有

$$P\{(X,Y)\in D\}=\iint\limits_{D}f(x,y)\mathrm{d}x\mathrm{d}y=\iint\limits_{D\cap G}\frac{1}{S_G}\mathrm{d}x\mathrm{d}y=\frac{S_{D\cap G}}{S_G},$$

其中 $S_{D\cap G}$ 为平面区域 D 与 G 的公共部分的面积.

特别地,对于 G 内任何子区域 D,有

$$P\{(X,Y)\in D\}=\frac{S_D}{S_G},$$

其中,S_D 为平面区域 D 的面积.这表明 G 上二维均匀分布的随机变量 (X,Y) 落在 G 内任意子区域 D 内的概率与 D 的面积成正比,而与 D 的形状和位置无关.这恰好与平面上的几何概型相吻合,即若在平面有界区域 G 内任取一点,用 (X,Y) 表示该点的坐标,则 (X,Y) 服从区域 G 上二维均匀分布.

【例 7】 设 G 为曲线 $y=x^2$ 与 $y=\sqrt{x}$ 围成的平面图形区域,如图 3-8 所示,且二维随机变量 (X,Y) 在 G 上服从均匀分布,求:

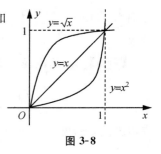

图 3-8

(1) $P\{X>Y\}$;

(2) 二维随机变量 (X,Y) 关于 X 和关于 Y 的边缘密度.

解 区域 G 的面积为

$$S_G=\int_0^1(\sqrt{x}-x^2)\,\mathrm{d}x=\frac{1}{3},$$

因此,(X,Y) 的概率密度为

$$f(x,y)=\begin{cases}3, & (X,Y)\in G, \\ 0, & (X,Y)\notin G.\end{cases}$$

(1) 设 $D=\{(X,Y)\mid x>y\}$,则

$$P\{X>Y\}=P\{(X,Y)\in D\}=\frac{S_{D\cap G}}{S_G}=\frac{\dfrac{1}{6}}{\dfrac{1}{3}}=\frac{1}{2}.$$

(2) 由边缘分布的定义,有

$$f_X(x)=\int_{-\infty}^{+\infty}f(x,y)\,\mathrm{d}y=\begin{cases}\displaystyle\int_{x^2}^{\sqrt{x}}3\mathrm{d}y, & 0\leqslant x\leqslant1, \\ 0, & \text{其他}\end{cases}=\begin{cases}3(\sqrt{x}-x^2), & 0\leqslant x\leqslant1, \\ 0, & \text{其他}.\end{cases}$$

$$f_Y(y) = \int_{-\infty}^{+\infty} f(x,y) \mathrm{d}x = \begin{cases} \int_{y^2}^{\sqrt{y}} 3\mathrm{d}x, & 0 \leqslant y \leqslant 1, \\ 0, & \text{其他} \end{cases} = \begin{cases} 3(\sqrt{y} - y^2), & 0 \leqslant y \leqslant 1, \\ 0, & \text{其他}. \end{cases}$$

我们注意到,例 7 中二维均匀分布随机变量(X,Y)的两个边缘分布都不再是均匀分布.

2. 二维正态分布

设二维随机变量(X,Y)的概率密度为

$$f(x,y) = \frac{1}{2\pi\sigma_1\sigma_2\sqrt{1-\rho^2}} \exp\left\{ -\frac{1}{2(1-\rho^2)} \left[\frac{(x-\mu_1)^2}{\sigma_1^2} - 2\rho \frac{(x-\mu_1)(y-\mu_2)}{\sigma_1\sigma_2} + \frac{(y-\mu_2)^2}{\sigma_2^2} \right] \right\}.$$

其中,$\mu_1,\mu_2,\sigma_1,\sigma_2,\rho$ 都是常数,且 $\sigma_1 > 0, \sigma_2 > 0, -1 < \rho < 1$. 我们称$(x,y)$服从参数为 μ_1,μ_2,σ_1,
σ_2,ρ 的二维正态分布,记作$(X,Y) \sim N(\mu_1,\mu_2,\sigma_1^2,\sigma_2^2,\rho)$,称$(X,Y)$为二维正态随机变量.

【例 8】 设二维随机变量(X,Y)的概率密度为

$$f(x,y) = \frac{1}{2\pi\sigma^2} \exp\left[-\frac{1}{2\sigma^2}(x^2+y^2) \right], \quad -\infty < x < +\infty, -\infty < y < +\infty,$$

求概率 $P\{(X,Y) \in G\}$,其中 $G = \{(X,Y) \mid x^2 + y^2 \leqslant \sigma^2\}$.

解 依题意,得

$$P\{(X,Y) \in G\} = \iint\limits_{G} f(x,y)\mathrm{d}x\mathrm{d}y = \iint\limits_{x^2+y^2 \leqslant \sigma^2} f(x,y)\mathrm{d}x\mathrm{d}y$$

$$= \int_0^{2\pi} \mathrm{d}\theta \int_0^{\sigma} \frac{1}{2\pi\sigma^2} \mathrm{e}^{-\frac{r^2}{2\sigma^2}} r \mathrm{d}r$$

$$= -\mathrm{e}^{-\frac{r^2}{2\sigma^2}} \Big|_0^{\sigma} = 1 - \mathrm{e}^{-\frac{1}{2}}.$$

习题 3-2

1. 设随机变量 X 在 $2,3,4,5$ 四个整数中随机地取一值,另一随机变量 Y 在 2 到 X 中随机地取一整数,求:

(1) (X,Y)的联合分布律;

(2) (X,Y)关于 X 和关于 Y 的边缘分布律.

2. 假设随机变量 Y 服从$(0,3)$上的均匀分布,随机变量

$$X_k = \begin{cases} 0, & Y \leqslant k, \\ 1, & Y > k \end{cases} \quad (k=1,2).$$

试求 X_1 和 X_2 的联合概率分布和边缘分布.

3. 设二维随机变量(X,Y)的概率密度为

$$f(x,y) = \begin{cases} \mathrm{e}^{-y}, & 0 < x < y, \\ 0, & \text{其他}. \end{cases}$$

(1) 求随机变量 X 的概率密度函数 $f_X(x)$;

(2) 求概率 $P\{X+Y \leqslant 1\}$.

第三节　条件分布

在第一章中我们知道,条件概率也是概率.因此,在前面随机变量分布的讨论中,若将其中的概率换为条件概率,相应的讨论也成立.这就是本节所介绍的条件分布.由于在实际问题中,有些随机变量之间是相互影响的.比如,随机变量 X 和 Y 分别表示人的身高和体重,则 X 和 Y 的取值之间存在一定的关系.如果弄清了 X 的条件分布随着 Y 值的变化情况,就能了解体重对身高的影响.这使得条件分布成为研究随机变量之间相依关系的一个有力工具,它在概率论与数理统计的许多分支中都有着重要的应用.

一、二维离散型随机变量的条件分布

设 (X,Y) 是二维离散型随机变量,其分布律为

$$P\{X=x_i,Y=y_j\}=p_{ij},i,j=1,2,\cdots,$$

(X,Y) 关于 X 和关于 Y 的边缘分布律分别为

$$P\{X=x_i\}=p_i.=\sum_{j=1}^{+\infty}p_{ij},i=1,2,\cdots,$$

$$P\{Y=y_j\}=p._j=\sum_{i=1}^{+\infty}p_{ij},j=1,2,\cdots.$$

设 $p._j>0$,我们来考虑在事件 $\{Y=y_j\}$ 已发生的条件下,事件 $\{X=x_i\}$ 发生的概率,也就是求事件

$$\{X=x_i\,|\,Y=y_j\},i=1,2,\cdots$$

的概率.由条件概率公式,可得

$$P\{X=x_i\,|\,Y=y_j\}=\frac{P\{X=x_i,Y=y_j\}}{P\{Y=y_j\}}=\frac{p_{ij}}{p._j},i=1,2,\cdots.$$

易知上述条件概率具有分布律的性质:

(1) $P\{X=x_i\,|\,Y=y_j\}\geqslant 0$;

(2) $\sum_{i=1}^{+\infty}P\{X=x_i\,|\,Y=y_j\}=\sum_{i=1}^{+\infty}\frac{p_{ij}}{p._j}=\frac{1}{p._j}\sum_{i=1}^{+\infty}p_{ij}=\frac{p._j}{p._j}=1.$

于是我们引入以下定义.

定义 5　设 (X,Y) 是二维离散型随机变量,对于固定的 j,若 $P\{Y=y_j\}>0$,则称

$$P\{X=x_i\,|\,Y=y_j\}=\frac{P\{X=x_i,Y=y_j\}}{P\{Y=y_j\}}=\frac{p_{ij}}{p._j},i=1,2,\cdots$$

为在 $Y=y_j$ 条件下随机变量 X 的条件分布律.

同样地,对于固定的 i,若 $P\{X=x_i\}>0$,则称

$$P\{Y=y_j\,|\,X=x_i\}=\frac{P\{X=x_i,Y=y_j\}}{P\{X=x_i\}}=\frac{p_{ij}}{p_i.},j=1,2,\cdots$$

为在 $X=x_i$ 条件下随机变量 Y 的条件分布律.

【例 9】 二维随机变量 (X,Y) 的分布律如表 3-12 所示.

表 3-12 (X,Y) 的分布律

Y	X	
	0	1
1	0.05	0.15
2	0.35	0.03
3	0.30	0.12

求在 $Y=2$ 的条件下 X 的分布律.

解 (X,Y) 关于 Y 的边缘分布如表 3-13 所示.

表 3-13 (X,Y) 关于 Y 的边缘分布

Y	1	2	3
$p._j$	0.2	0.38	0.42

所以

$$P\{X=0 \mid Y=2\} = \frac{P\{X=0, Y=2\}}{P\{Y=2\}} = \frac{0.35}{0.38} = \frac{35}{38};$$

$$P\{X=1 \mid Y=2\} = \frac{P\{X=1, Y=2\}}{P\{Y=2\}} = \frac{0.03}{0.38} = \frac{3}{38}.$$

即在 $Y=2$ 的条件下 X 的分布律如表 3-14 所示.

表 3-14 在 $Y=2$ 的条件下 X 的分布律

$X=k$	0	1
$P\{X=k \mid Y=2\}$	$\frac{35}{38}$	$\frac{3}{38}$

【例 10】 在一汽车工厂中,一辆汽车有两道工序是由机器人完成的,其一是紧固 3 只螺栓,其二是焊接 2 处焊点,以 X 表示由机器人紧固的螺栓紧固得不良的数目,以 Y 表示由机器人焊接的不良焊点的数目.据积累的资料知 (X,Y) 的分布律如表 3-15 所示.

表 3-15 (X,Y) 的分布律

Y	X				
	0	1	2	3	$p._j$
0	0.840	0.030	0.020	0.010	0.900
1	0.060	0.010	0.008	0.002	0.080
2	0.010	0.005	0.004	0.001	0.020
$p_i.$	0.910	0.045	0.032	0.013	1.000

求:(1) 在 $X=1$ 的条件下 Y 的条件分布律;

(2) 在 $Y=0$ 的条件下 X 的条件分布律.

解 由题意得,在 $X=1$ 的条件下 Y 的条件分布律为

$$P\{Y=0\,|\,X=1\}=\frac{P\{X=1,Y=0\}}{P\{X=1\}}=\frac{0.030}{0.045}=\frac{2}{3};$$

$$P\{Y=1\,|\,X=1\}=\frac{P\{X=1,Y=1\}}{P\{X=1\}}=\frac{0.010}{0.045}=\frac{2}{9};$$

$$P\{Y=2\,|\,X=1\}=\frac{P\{X=1,Y=2\}}{P\{X=1\}}=\frac{0.005}{0.045}=\frac{1}{9}.$$

或写成表 3- 16 的形式.

表 3- 16   在 $X=1$ 的条件下 Y 的条件分布律

$Y=k$	0	1	2
$P\{Y=k\,|\,X=1\}$	$\dfrac{2}{3}$	$\dfrac{2}{9}$	$\dfrac{1}{9}$

同样地,可得在 $Y=0$ 的条件下 X 的条件分布律如表 3- 17 所示.

表 3- 17   在 $Y=0$ 的条件下 X 的条件分布律

$X=k$	0	1	1	3
$P\{X=k\,|\,Y=0\}$	$\dfrac{14}{15}$	$\dfrac{1}{30}$	$\dfrac{2}{45}$	$\dfrac{1}{90}$

二、二维连续型随机变量的条件分布

设 (X,Y) 是二维连续型随机变量,这时由于对任意 x,y,有 $P\{X=x\}=0,P\{Y=y\}=0$,因此就不能直接用条件概率公式引入"条件分布函数".

设 (X,Y) 的概率密度函数为 $f(x,y)$,(X,Y) 关于 Y 的边缘概率密度为 $f_Y(y)$. 给定 y 和任意固定的 $\varepsilon>0$,对于任意 x,考虑条件概率

$$P\{X\leqslant x\,|\,y<Y\leqslant y+\varepsilon\}.$$

设 $P\{y<Y\leqslant y+\varepsilon\}>0$,则有

$$P\{X\leqslant x\,|\,y<Y\leqslant y+\varepsilon\}=\frac{P\{X\leqslant x,y<Y\leqslant y+\varepsilon\}}{P\{y<Y\leqslant y+\varepsilon\}}=\frac{\int_{-\infty}^{x}\left[\int_{y}^{y+\varepsilon}f(x,y)\mathrm{d}y\right]\mathrm{d}x}{\int_{y}^{y+\varepsilon}f_Y(y)\mathrm{d}y}.$$

在某些条件下,当 $\varepsilon>0$ 很小时,上式右端分子、分母分别近似于 $\varepsilon\displaystyle\int_{-\infty}^{x}f(x,y)\mathrm{d}x$ 和 $\varepsilon f_Y(y)$,于是当 ε 很小时,有

$$P\{X\leqslant x\,|\,y<Y\leqslant y+\varepsilon\}\approx\frac{\varepsilon\displaystyle\int_{-\infty}^{x}f(x,y)\mathrm{d}x}{\varepsilon f_Y(y)}=\int_{-\infty}^{x}\frac{f(x,y)}{f_Y(y)}\mathrm{d}x.$$

与一维随机变量概率密度的定义式比较,我们给出以下二维连续型条件分布的定义.

定义 6   设二维随机变量 (X,Y) 的概率密度为 $f(x,y)$,(X,Y) 关于 Y 的边缘概率密度为 $f_Y(y)$. 若对于固定的 $y,f_Y(y)>0$,则称 $\dfrac{f(x,y)}{f_Y(y)}$ 为在 $Y=y$ 的条件下 X 的条件概率密度,记为

$$f_{X|Y}(x|y) = \frac{f(x,y)}{f_Y(y)},$$

称为 $\displaystyle\int_{-\infty}^{x} f_{X|Y}(x|y)\,\mathrm{d}x = \int_{-\infty}^{x} \frac{f(x,y)}{f_Y(y)}\,\mathrm{d}x$ 在 $Y=y$ 的条件下 X 的条件分布函数,记为 $P\{X\leqslant x|Y=y\}$ 或 $F_{X|Y}(x|y)$,即

$$F_{X|Y}(x|y) = P\{X\leqslant x|Y=y\} = \int_{-\infty}^{x} \frac{f(x,y)}{f_Y(y)}\,\mathrm{d}x.$$

类似地,可以定义 $f_{Y|X}(y|x) = \dfrac{f(x,y)}{f_X(x)}$ 和 $F_{Y|X}(y|x) = P\{Y\leqslant y|X=x\} = \displaystyle\int_{-\infty}^{y} \frac{f(x,y)}{f_X(x)}\,\mathrm{d}y.$ 当 ε 很小时,有

$$P\{X\leqslant x|y<Y\leqslant y+\varepsilon\} \approx \int_{-\infty}^{x} f_{X|Y}(x|y)\,\mathrm{d}x = F_{X|Y}(x|y),$$

上式说明了条件概率密度和条件分布函数的含义.

【例 11】　设随机变量 (X,Y) 在单位圆域 $\{(X,Y)|x^2+y^2\leqslant 1\}$ 上服从均匀分布,即 (X,Y) 的概率密度为

$$f(x,y) = \begin{cases} \dfrac{1}{\pi}, & x^2+y^2\leqslant 1, \\ 0, & \text{其他.} \end{cases}$$

求 $f_{X|Y}(x|y)$.

解　由题意知,随机变量 Y 的边缘概率密度函数为

$$f_Y(y) = \int_{-\infty}^{+\infty} f(x,y)\,\mathrm{d}x = \begin{cases} \dfrac{1}{\pi}\displaystyle\int_{-\sqrt{1-y^2}}^{\sqrt{1-y^2}}\mathrm{d}x = \dfrac{2}{\pi}\sqrt{1-y^2}, & -1\leqslant y\leqslant 1, \\ 0, & \text{其他.} \end{cases}$$

于是当 $-1<y<1$ 时,有

$$f_{X|Y}(x|y) = \int_{-\infty}^{+\infty} f(x,y)\,\mathrm{d}x = \begin{cases} \dfrac{\frac{1}{\pi}}{\frac{2}{\pi}\sqrt{1-y^2}} = \dfrac{1}{2\sqrt{1-y^2}}, & -\sqrt{1-y^2}\leqslant x\leqslant \sqrt{1-y^2}, \\ 0, & \text{其他.} \end{cases}$$

当 $y=0$ 和 $y=\dfrac{1}{2}$ 时,$f_{X|Y}(x|y)$ 的图形分别如图 3-9、图 3-10 所示.

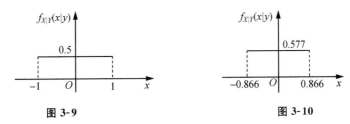

图 3-9　　　　　　　　　图 3-10

【例 12】 设随机变量 $X \sim U(0,1)$，当观察到 $X=x(0<x<1)$ 时，$Y \sim U(x,1)$. 求 Y 的概率密度 $f_Y(y)$.

解　由题意得 X 具有概率密度

$$f_X(x) = \begin{cases} 1, & 0<x<1, \\ 0, & \text{其他}. \end{cases}$$

对于任意给定的值 $x(0<x<1)$，在 $X=x$ 的条件下，Y 的条件概率密度为

$$f_{Y|X}(y|x) = \begin{cases} \dfrac{1}{1-x}, & x<y<1, \\ 0, & \text{其他}. \end{cases}$$

因此，(X,Y) 的概率密度为

$$f(x,y) = f_{Y|X}(y|x) \cdot f_X(x) = \begin{cases} \dfrac{1}{1-x}, & 0<x<y<1, \\ 0, & \text{其他}. \end{cases}$$

于是，(X,Y) 关于 Y 的边缘概率密度为

$$f_Y(y) = \int_{-\infty}^{+\infty} f(x,y)\mathrm{d}x = \begin{cases} \displaystyle\int_0^y \dfrac{1}{1-x}\mathrm{d}x = -\ln(1-y), & 0<y<1, \\ 0, & \text{其他}. \end{cases}$$

习题 3-3

1. 10 件产品中有 2 件一等品、7 件二等品和 1 件次品，现从 10 件产品中一次性抽取 3 件，令 X 表示摸出的一等品数，Y 表示摸出的二等品数，试求在 $X=1$ 的条件下 Y 的条件分布.

2. 设随机变量 (X,Y) 的概率密度为

$$f(x,y) = \begin{cases} 1, & -x<y<x, 0<x<1, \\ 0, & \text{其他}. \end{cases}$$

求条件概率密度 $f_{X|Y}(x|y), f_{Y|X}(y|x)$.

3. 设二维随机变量 (X,Y) 的概率密度为

$$f(x,y) = \begin{cases} k\mathrm{e}^{-2x-y}, & x>0, y>0, \\ 0, & \text{其他}. \end{cases}$$

求：(1) 常数 k；

(2) 条件概率密度 $f_{X|Y}(x|y)$；

(3) $P\{X<2|Y>1\}$.

第四节　随机变量的独立性

随机事件的相互独立性在概率的计算中起着非常大的作用,但一般来说,二维随机变量 (X,Y) 中的两个随机变量 X 和 Y 之间存在相互联系,因而一个随机变量的取值可能会影响到另一个随机变量取值的概率.本节我们将利用两个事件相互独立的概念引出两个随机变量相互独立的概念,它在概率论与数理统计的研究中起着十分重要的作用.

定义 7　设 $F(x,y)$ 及 $F_X(x)$, $F_Y(y)$ 分别是二维随机变量 (X,Y) 的分布函数及边缘分布函数,若对所有 x,y,有

$$P\{X \leqslant x, Y \leqslant y\} = P\{X \leqslant x\} P\{Y \leqslant y\},$$

即

$$F(x,y) = F_X(x) F_Y(y), \tag{1}$$

则称随机变量 X 和 Y 是相互独立的.

设 (X,Y) 是连续型随机变量, $f(x,y)$, $f_X(x)$, $f_Y(y)$ 分别是 (X,Y) 的概率密度和边缘概率密度,则 X 和 Y 相互独立的条件(1)等价于

$$f(x,y) = f_X(x) f_Y(y) \tag{2}$$

在平面上几乎处处成立(在平面上除去"面积"为零的集合以外处处成立).

当 (X,Y) 是离散型随机变量时, X 和 Y 相互独立的条件(1)式等价于:对于 (X,Y) 的所有可能取的值 (x_i, y_j),有

$$P\{X = x_i, Y = y_j\} = P\{X = x_i\} P\{Y = y_j\}. \tag{3}$$

在实际中使用(2)或(3)式要比使用(1)式更方便.

【例 13】　设二维随机变量 (X,Y) 的分布律如表 3-18 所示.

表 3-18　(X,Y) 的分布律

Y	X	
	0	1
0	$\frac{1}{4}$	$\frac{1}{8}$
1	$\frac{1}{8}$	$\frac{1}{2}$

求 (X,Y) 关于 X 和关于 Y 的边缘分布律,并判断 X 和 Y 是否相互独立.

解　(X,Y) 关于 X 和关于 Y 的边缘分布律分别如表 3-19、表 3-20 所示.

表 3-19　(X,Y) 关于 X 的边缘分布律

X	0	1
$p_{i\cdot}$	$\frac{3}{8}$	$\frac{5}{8}$

表 3-20　(X,Y) 关于 Y 的边缘分布律

Y	0	1
$p_{\cdot j}$	$\frac{3}{8}$	$\frac{5}{8}$

由于

$$P\{X=0,Y=0\}=\frac{1}{4}\neq P\{X=0\}P\{Y=0\}=\frac{3}{8}\times\frac{3}{8}=\frac{9}{64},$$

根据二维随机变量独立性的条件知,X 和 Y 不相互独立.

【例 14】 设 X 和 Y 分别表示两个元件的使用寿命(单位:h),又设 X 和 Y 相互独立,且它们的概率密度分别为

$$f_X(x)=\begin{cases}e^{-x}, & x>0,\\0, & 其他,\end{cases}\qquad f_Y(y)=\begin{cases}e^{-y}, & y>0,\\0, & 其他.\end{cases}$$

求 X 和 Y 的联合密度函数 $f(x,y)$.

解 因为 X 和 Y 相互独立,则

$$f(x,y)=f_X(x)f_Y(y)=\begin{cases}e^{-(x+y)}, & x>0,y>0,\\0, & 其他.\end{cases}$$

【例 15】 一负责人到达办公室的时间均匀分布在 8～12 时,他的秘书到达办公室的时间均匀分布在 7～9 时,设他们两人到达的时间相互独立,求他们到达办公室的时间相差不超过 $5\min\left(\frac{1}{12}\text{ h}\right)$ 的概率.

解 设 X 和 Y 分别是负责人和他的秘书到达办公室的时间,由题意知 X 和 Y 的概率密度分别为

$$f_X(x)=\begin{cases}\dfrac{1}{4}, & 8<x<12,\\0, & 其他,\end{cases}\qquad f_Y(y)=\begin{cases}\dfrac{1}{2}, & 7<y<9,\\0, & 其他.\end{cases}$$

因为 X,Y 相互独立,故 (X,Y) 的概率密度为

$$f(x,y)=f_X(x)f_Y(y)=\begin{cases}\dfrac{1}{8}, & 8<x<12,7<y<9,\\0, & 其他.\end{cases}$$

按题意需要求概率 $P\left\{|X-Y|\leqslant\dfrac{1}{12}\right\}$.画出区域:$|x-y|\leqslant\dfrac{1}{12}$,以及长方形:$8<x<12;7<y<9$.它们的公共部分是四边形 $BCC'B'$,记为 G(图 3-11).显然,仅当 (X,Y) 的取值在 G 内时,它们两人到达的时间相差才不超过 $\dfrac{1}{12}$ h,因此,所求的概率为

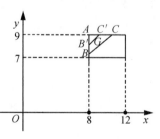

图 3-11

$$P\left\{|X-Y|\leqslant\frac{1}{12}\right\}=\iint\limits_{G}f(x,y)\mathrm{d}x\mathrm{d}y=\frac{1}{8}\times S_G.$$

而

$$S_G=S_{\triangle ABC}-S_{\triangle A'B'C'}=\frac{1}{2}\times\left(\frac{13}{12}\right)^2-\frac{1}{2}\times\left(\frac{11}{12}\right)^2=\frac{1}{6}.$$

于是 $P\left\{|X-Y|\leqslant\dfrac{1}{12}\right\}=\dfrac{1}{48}$.

即负责人和他的秘书到达办公室的时间差不超过 5 min 的概率为 $\dfrac{1}{48}$.

以上所述的是关于二维随机变量的一些概念,容易推广到 n 维随机变量的情况.

上面说过, n 维随机变量 $(X_1, X_2, \cdots, X_n)$ 的分布函数定义为

$$F(x_1, x_2, \cdots, x_n) = P\{X_1 \leqslant x_1, X_2 \leqslant x_2, \cdots, X_n \leqslant x_n\},$$

其中 $x_1, x_2, \cdots, x_n$ 为任意实数.

如存在非负函数 $f(x_1, x_2, \cdots, x_n)$,使对于任意实数 $x_1, x_2, \cdots, x_n$,有

$$F(x_1, x_2, \cdots, x_n) = \int_{-\infty}^{x_n} \int_{-\infty}^{x_{n-1}} \cdots \int_{-\infty}^{x_1} f(s_1, s_2, \cdots, s_n) \mathrm{d}s_1 \mathrm{d}s_2 \cdots \mathrm{d}s_n,$$

则称 $f(x_1, x_2, \cdots, x_n)$ 为 $(X_1, X_2, \cdots, X_n)$ 的概率密度函数.

设 $(X_1, X_2, \cdots, X_n)$ 的分布函数 $F(x_1, x_2, \cdots, x_n)$ 为已知,则 $(X_1, X_2, \cdots, X_n)$ 的 k $(1 \leqslant k < n)$ 维边缘分布函数就随之确定. 例如, $(X_1, X_2, \cdots, X_n)$ 关于 X_1、关于 (X_1, X_2) 的边缘分布函数分别为

$$F_{X_1}(x_1) = F(x_1, +\infty, \cdots, +\infty), \quad F_{X_1, X_2}(x_1, x_2) = F(x_1, x_2, +\infty, \cdots, +\infty).$$

又若 $f(x_1, x_2, \cdots, x_n)$ 是 $(X_1, X_2, \cdots, X_n)$ 的概率密度,则 $(X_1, X_2, \cdots, X_n)$ 关于 X_1、关于 (X_1, X_2) 的边缘概率密度分别为

$$f_{X_1}(x_1) = \int_{-\infty}^{+\infty} \int_{-\infty}^{+\infty} \cdots \int_{-\infty}^{+\infty} f(s_1, s_2, \cdots, s_n) \mathrm{d}s_2 \mathrm{d}s_3 \cdots \mathrm{d}s_n,$$

$$f_{X_1, X_2}(x_1, x_2) = \int_{-\infty}^{+\infty} \int_{-\infty}^{+\infty} \cdots \int_{-\infty}^{+\infty} f(s_1, s_2, \cdots, s_n) \mathrm{d}s_3 \mathrm{d}s_4 \cdots \mathrm{d}s_n.$$

若对于所有的 $x_1, x_2, \cdots, x_n$,有

$$F(x_1, x_2, \cdots, x_n) = F_{X_1}(x_1) F_{X_2}(x_2) \cdots F_{X_n}(x_n),$$

则称 $X_1, X_2, \cdots, X_n$ 是相互独立的.

若对所有的 $x_1, x_2, \cdots, x_m; y_1, y_2, \cdots, y_n$,有

$$F(x_1, x_2, \cdots, x_m, y_1, y_2, \cdots, y_n) = F_1(x_1, x_2, \cdots, x_m) F_2(y_1, y_2, \cdots, y_n),$$

其中 F_1, F_2, F 依次为随机变量 $(X_1, X_2, \cdots, X_m)$, $(Y_1, Y_2, \cdots, Y_n)$ 和 $(X_1, X_2, \cdots, X_m, Y_1, Y_2, \cdots, Y_n)$ 的分布函数,则称随机变量 $(X_1, X_2, \cdots, X_m)$ 和 $(Y_1, Y_2, \cdots, Y_n)$ 是相互独立的.

我们有以下定理,它在数理统计中有很大的作用.

定理 1 设随机变量 $(X_1, X_2, \cdots, X_m)$ 和 $(Y_1, Y_2, \cdots, Y_n)$ 是相互独立的,则 X_i $(i = 1, 2, \cdots, m)$ 和 Y_j $(j = 1, 2, \cdots, n)$ 相互独立. 又若 h, g 是连续函数,则 $h(X_1, X_2, \cdots, X_m)$ 和 $g(Y_1, Y_2, \cdots, Y_n)$ 相互独立. (证明略)

习题 3-4

1. 从装有 3 只黑球、2 只红球和 2 只白球的袋子中任取 4 只球,若以 X 表示取到的黑球数,以 Y 表示取到的白球数,问随机变量 X 与 Y 是否相互独立?

2. 设随机变量 X 和 Y 的分布律分别如表 3-21、表 3-22 所示.

表 3-21　随机变量 X 的分布律

X	-1	0	1
P	$\dfrac{1}{4}$	$\dfrac{1}{2}$	$\dfrac{1}{4}$

表 3-22　随机变量 Y 的分布律

Y	0	1
P	$\dfrac{1}{2}$	$\dfrac{1}{2}$

且 $P\{XY=0\}=1$.

(1) 求 X 和 Y 的联合分布律;

(2) 问 X 和 Y 是否相互独立,为什么?

3. 设 (X,Y) 的联合分布律如表 3-23 所示.

表 3-23　(X,Y) 的联合分布律

Y	X	
	-1	1
0	$\dfrac{1}{6}$	$\dfrac{1}{3}$
1	$\dfrac{1}{9}$	A
2	$\dfrac{1}{18}$	B

试求 A,B 为何值时随机变量 X,Y 相互独立.

4. 设随机变量 X 和 Y 相互独立,它们的密度函数分别为

$$f_X(x)=\begin{cases}e^{-x}, & x>0,\\ 0, & x\leqslant 0,\end{cases} \qquad f_Y(y)=\begin{cases}e^{-y}, & y>0,\\ 0, & y\leqslant 0.\end{cases}$$

求:(1) (X,Y) 的密度函数;

(2) $P\{X\leqslant 1|Y>0\}$.

5. 设随机变量 X 与 Y 相互独立,且均服从 $[0,3]$ 上的均匀分布,求 $P\{\max\{X,Y\}\leqslant 1\}$.

第五节　随机变量函数的分布

上一章已经讨论过一个随机变量的函数的分布,本节讨论两个随机变量的函数的分布.

一、二维离散型随机变量函数的分布

若 (X,Y) 是离散型随机变量,则函数 $Z=f(X,Y)$ 仍然是离散型随机变量,如何求 Z 的概率分布呢?

设 (X,Y) 是二维离散型随机变量,其分布律为 $p_{ij}=P\{X=x_i,Y=y_j\}(i,j=1,2,\cdots)$,求二维随机变量 (X,Y) 函数 $Z=f(X,Y)$ 的分布律,可按下列步骤进行:

第一,确定 Z 的所有可能取值 $z_1,z_2,\cdots$;

第二,由

$$P\{Z=z_k\}=P\{f(X,Y)=z_k\}=\sum_{f(x_i,y_j)=z_k}P\{X=x_i,Y=y_j\}$$

$$=\sum_{f(x_i,y_j)=z_k}p_{ij},k=1,2,\cdots$$

即得 Z 的分布律,进一步还可以计算 Z 的分布函数.

【例 16】 设随机变量 X 和 Y 相互独立,且 $X\sim B\left(1,\frac{1}{4}\right),Y\sim B\left(2,\frac{1}{2}\right),$ 求:(1) $X+Y$ 的分布律;(2) XY 的分布律.

解 (1) X 和 Y 的分布律分别如表 3-24、表 3-25 所示.

表 3-24 **X 的分布律**

X	0	1
P	$\frac{3}{4}$	$\frac{1}{4}$

表 3-25 **Y 的分布律**

Y	0	1	2
P	$\frac{1}{4}$	$\frac{1}{2}$	$\frac{1}{4}$

由于 X 和 Y 相互独立,所以

$$P\{X+Y=0\}=P\{X=0,Y=0\}=P\{X=0\}P\{Y=0\}=\frac{3}{4}\times\frac{1}{4}=\frac{3}{16},$$

$$P\{X+Y=1\}=P\{X=0,Y=1\}+P\{X=1,Y=0\}=P\{X=0\}P\{Y=1\}+P\{X=1\}P\{Y=0\}$$

$$=\frac{3}{4}\times\frac{1}{2}+\frac{1}{4}\times\frac{1}{4}=\frac{7}{16},$$

$$P\{X+Y=2\}=P\{X=0,Y=2\}+P\{X=1,Y=1\}=P\{X=0\}P\{Y=2\}+P\{X=1\}P\{Y=1\}$$

$$=\frac{3}{4}\times\frac{1}{4}+\frac{1}{4}\times\frac{1}{2}=\frac{5}{16},$$

$$P\{X+Y=3\}=P\{X=1,Y=2\}=P\{X=1\}P\{Y=2\}=\frac{1}{4}\times\frac{1}{4}=\frac{1}{16}.$$

故 $X+Y$ 的分布律如表 3-26 所示.

表 3-26 **$X+Y$ 的分布律**

$X+Y$	0	1	2	3
P	$\frac{3}{16}$	$\frac{7}{16}$	$\frac{5}{16}$	$\frac{1}{16}$

(2) 同理可得 XY 的分布律如表 3-27 所示.

表 3-27 **XY 的分布律**

XY	0	1	2
P	$\frac{13}{16}$	$\frac{1}{8}$	$\frac{1}{16}$

【例17】 设随机变量(X,Y)的联合分布律如表 3-28 所示.

表 3-28 (X,Y)的联合分布律

X	Y	
	-1	1
-1	$\dfrac{4}{15}$	$\dfrac{1}{15}$
0	$\dfrac{5}{15}$	$\dfrac{2}{15}$
2	$\dfrac{3}{15}$	0

试求:(1) $Z=X-Y$ 的分布律;(2) $Z=\max(X,Y)$ 的分布律.

解   (1) $X-Y$ 的可能取值有 $-2,-1,0,1,3$.

$$P\{X-Y=-2\}=P\{X=-1,Y=1\}=\frac{1}{15},$$

$$P\{X-Y=-1\}=P\{X=0,Y=1\}=\frac{2}{15},$$

$$P\{X-Y=0\}=P\{X=-1,Y=-1\}=\frac{4}{15},$$

$$P\{X-Y=1\}=P\{X=0,Y=-1\}+P\{X=2,Y=1\}=\frac{5}{15}+0=\frac{5}{15},$$

$$P\{X-Y=3\}=P\{X=2,Y=-1\}=\frac{3}{15}.$$

故得 $Z=X-Y$ 的分布律如表 3-29 所示.

表 3-29 $X-Y$ 的分布律

$Z=X-Y$	-2	-1	0	1	3
P	$\dfrac{1}{15}$	$\dfrac{2}{15}$	$\dfrac{4}{15}$	$\dfrac{5}{15}$	$\dfrac{3}{15}$

(2) $Z=\max(X,Y)$ 的可能取值有 $-1,0,1,2$.

$$P\{\max(X,Y)=-1\}=P\{X=-1,Y=-1\}=\frac{4}{15},$$

$$P\{\max(X,Y)=0\}=P\{X=0,Y=-1\}=\frac{5}{15},$$

$$P\{\max(X,Y)=1\}=P\{X=-1,Y=1\}+P\{X=0,Y=1\}=\frac{1}{15}+\frac{2}{15}=\frac{3}{15},$$

$$P\{\max(X,Y)=2\}=P\{X=2,Y=-1\}+P\{X=2,Y=1\}=\frac{3}{15}+0=\frac{3}{15}.$$

则 $Z=\max(X,Y)$ 的分布律如表 3-30 所示.

表 3-30　max(X,Y)的分布律

$Z=\max(X,Y)$	-1	0	1	2
P	$\dfrac{4}{15}$	$\dfrac{5}{15}$	$\dfrac{3}{15}$	$\dfrac{3}{15}$

二、二维连续型随机变量函数的分布

设(X,Y)是二维连续型随机变量,函数 $Z=g(X,Y)$ 仍然是连续型随机变量,如何求函数 $Z=g(X,Y)$ 的概率密度函数? 解决这个问题的原理和一维情形类似.

设(X,Y)是二维连续型随机变量,其概率密度为 $f(x,y)$,根据分布函数和概率密度函数的关系,求出 $Z=g(X,Y)$ 的分布函数为

$$F_Z(z)=P\{Z\leqslant z\}=P\{g(X,Y)\leqslant z\}=\iint\limits_{\{(X,Y)\,|\,g(x,y)\leqslant z\}}f(x,y)\mathrm{d}x\mathrm{d}y,$$

又由分布函数与概率密度函数间的关系,得 Z 的概率密度为

$$f_Z(z)=\begin{cases}F_Z{}'(z), & \text{在 } f_Z(z) \text{ 的连续点},\\ 0, & \text{其他}.\end{cases}$$

【例 18】　设 X 和 Y 是两个相互独立的随机变量,其概率密度函数分别为

$$f_X(x)=\begin{cases}1, & 0<x<1,\\ 0, & \text{其他},\end{cases}\qquad f_Y(y)=\begin{cases}\mathrm{e}^{-y}, & y>0,\\ 0, & \text{其他}.\end{cases}$$

求随机变量 $Z=2X+Y$ 的概率密度函数.

解　因为 X 和 Y 是相互独立的随机变量,于是(X,Y)的联合密度函数为

$$f(x,y)=f_X(x)f_y(y)=\begin{cases}\mathrm{e}^{-y}, & 0<x<1,y>0,\\ 0, & \text{其他}.\end{cases}$$

由分布函数的定义,有

$$F_Z(z)=P\{Z\leqslant z\}=P\{2X+Y\leqslant z\}=\iint\limits_{2x+y\leqslant z}f(x,y)\mathrm{d}x\mathrm{d}y=\int_{-\infty}^{+\infty}\left[\int_{-\infty}^{z-2x}f(x,y)\mathrm{d}y\right]\mathrm{d}x.$$

于是,当 $z<0$ 时,$F_Z(z)=0$.

当 $0\leqslant z<2$ 时,如图 3-12 所示,有

$$F_Z(z)=\int_0^{\frac{z}{2}}\mathrm{d}x\int_0^{z-2x}\mathrm{e}^{-y}\mathrm{d}y=\frac{1}{2}z+\frac{1}{2}\mathrm{e}^{-z}-\frac{1}{2}.$$

当 $z\geqslant 2$ 时,如图 3-13 所示,有

$$F_Z(z)=\int_0^1\mathrm{d}x\int_0^{z-2x}\mathrm{e}^{-y}\mathrm{d}y=1+\frac{1}{2}\mathrm{e}^{-z}-\frac{1}{2}\mathrm{e}^{2-z}.$$

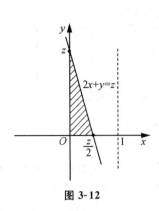

图 3-12

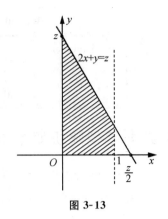

图 3-13

对分布函数 $F_Z(z)$ 求导,可得 Z 的概率密度为

$$f_Z(z) = \begin{cases} \dfrac{1}{2} - \dfrac{1}{2}\mathrm{e}^{-z}, & 0 \leqslant z < 2, \\[2mm] \dfrac{1}{2}\mathrm{e}^{2-z} - \dfrac{1}{2}\mathrm{e}^{-z}, & z \geqslant 2, \\[2mm] 0, & \text{其他.} \end{cases}$$

【例 19】 设 X, Y 是两个相互独立的随机变量,它们都服从 $N(0,1)$ 分布,其概率密度分别为

$$f_X(x) = \frac{1}{\sqrt{2\pi}}\mathrm{e}^{-\frac{x^2}{2}}, -\infty < x < +\infty, f_Y(y) = \frac{1}{\sqrt{2\pi}}\mathrm{e}^{-\frac{y^2}{2}}, -\infty < y < +\infty,$$

求 $Z = X + Y$ 的概率密度.

解

$$f_Z(z) = \int_{-\infty}^{+\infty} f(x, z-x)\mathrm{d}x = \int_{-\infty}^{+\infty} f_X(x) f_Y(z-x)\mathrm{d}x$$

$$= \frac{1}{2\pi} \int_{-\infty}^{+\infty} \mathrm{e}^{-\frac{x^2}{2}} \cdot \mathrm{e}^{-\frac{(z-x)^2}{2}}\mathrm{d}x = \frac{1}{2\pi}\mathrm{e}^{-\frac{z^2}{4}} \int_{-\infty}^{+\infty} \mathrm{e}^{-\left(x-\frac{z}{2}\right)^2}\mathrm{d}x.$$

令 $t = x - \dfrac{z}{2}$,得

$$f_Z(z) = \frac{1}{2\pi}\mathrm{e}^{-\frac{z^2}{4}} \int_{-\infty}^{+\infty} \mathrm{e}^{-t^2}\mathrm{d}t = \frac{1}{2\pi}\mathrm{e}^{-\frac{z^2}{4}}\sqrt{\pi} = \frac{1}{2\sqrt{\pi}}\mathrm{e}^{-\frac{z^2}{4}},$$

即 Z 服从 $N(0,2)$ 分布.

一般地,设 X, Y 相互独立且 $X \sim N(\mu_1, \sigma_1^2)$,$Y \sim N(\mu_2, \sigma_2^2)$. 易知 $Z = X + Y$ 仍然服从正态分布,且有 $Z \sim N(\mu_1 + \mu_2, \sigma_1^2 + \sigma_2^2)$,这个结论还能推广到 n 个独立正态随机变量之和的情况. 即若 $X_i \sim N(\mu_i, \sigma_i^2)(i = 1, 2, \cdots, n)$,且它们相互独立,则它们的和 $Z = X_1 + X_2 + \cdots + X_n$ 仍然服从正态分布,且有 $Z \sim N(\mu_1 + \mu_2 + \cdots + \mu_n, \sigma_1^2 + \sigma_2^2 + \cdots + \sigma_n^2)$.

更一般地,可以证明有限个相互独立的正态随机变量的线性组合仍然服从正态分布.

【例 20】 设随机变量 X 和 Y 相互独立,且 $X \sim E(\lambda_1)$,$Y \sim E(\lambda_2)$,求随机变量 $Z = \dfrac{X}{Y}$

(图 3-14)的概率密度.

解 由于随机变量 X 和 Y 相互独立,二维随机变量 (X,Y) 的概率密度为

$$f(x,y)=f_X(x) \cdot f_Y(y)=\begin{cases} \lambda_1\lambda_2 e^{-(\lambda_1 x+\lambda_2 y)}, & x>0,y>0, \\ 0, & 其他. \end{cases}$$

由于 X,Y 均取正值,因此当 $z\leqslant 0$ 时,随机变量 $Z=\dfrac{X}{Y}$ 的分布函数 $F_Z(z)=0$,当 $z>0$ 时,有

$$F_Z(z)=P\{Z\leqslant z\}=P\left\{\frac{X}{Y}\leqslant z\right\}=\iint\limits_{\frac{x}{y}\leqslant z}f(x,y)\mathrm{d}x\mathrm{d}y$$

$$=\int_0^{+\infty}\mathrm{d}y\int_0^{zy}\lambda_1\lambda_2 e^{-(\lambda_1 x+\lambda_2 y)}\mathrm{d}x=\frac{\lambda_1 z}{\lambda_1 z+\lambda_2},$$

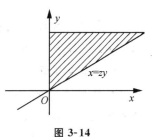

图 3-14

于是,$Z=\dfrac{X}{Y}$ 的概率密度为

$$f_Z(z)=F_Z'(z)=\begin{cases} \dfrac{\lambda_1\lambda_2}{(\lambda_1 z+\lambda_2)^2}, & z>0, \\ 0, & z\leqslant 0. \end{cases}$$

习题 3-5

1. 设两个相互独立的随机变量 X,Y 的分布律分别如表 3-31、表 3-32 所示.

表 3-31 X 的分布律

X	1	3
p_i	$\dfrac{3}{10}$	$\dfrac{7}{10}$

表 3-32 Y 的分布律

Y	2	4
p_j	$\dfrac{6}{10}$	$\dfrac{4}{10}$

求 $Z=X+Y$ 的分布律.

2. 设随机变量 X 与 Y 独立同分布,且 X 的概率分布如表 3-33 所示.

表 3-33 X 的概率分布

X	1	2
P	$\dfrac{2}{3}$	$\dfrac{1}{3}$

记 $U=\max\{X,Y\}$,$V=\min\{X,Y\}$,求 (U,V) 的概率分布.

3. 若 (X,Y) 的联合密度函数为

$$f(x,y)=\begin{cases} 1, & 0<x<1,0<y<2x, \\ 0, & 其他, \end{cases}$$

求 $Z=2X-Y$ 的密度函数 $f_Z(z)$.

数学史上最著名家族——伯努利家族

伯努利家族是一个盛产科学家的家族.伯努利家族在力学、数学、天文学、生理学等领域都做出杰出贡献,在整个世界科学界起着承前启后、开辟科学新时代的作用.

一、人物介绍

伯努利家族(17—18世纪),原籍比利时安特卫普,1583年迁往德国法兰克福,最后定居瑞士巴塞尔.巴塞尔自从13世纪中叶就是瑞士的文化与学术中心,那里有欧洲最古老和著名的巴塞尔大学及良好的文化教育传统.

伯努利家族以雅各布·伯努利(Jacob Bernoulli)、约翰·伯努利(Johann Bernolli)、丹尼尔·伯努利(Daniel Bernoulli)这三位数学家最为知名.

1. 雅各布·伯努利

雅各布·伯努利(图3-15),1654年12月27日生于瑞士巴塞尔,卒于1705年8月16日.雅各布·伯努利起初按照父亲的意思学习神学,后来自学了迪卡儿的《几何学》、华利斯的《无穷小算术》等经典著作,兴趣也由神学转向数学.从1676年开始,他先后赴荷兰、德国、英国旅行,结识了莱布尼茨、惠更斯等数学家.1686年起,雅各布·伯努利担任巴塞尔大学数学教授,直至1705年逝世.雅各布·伯努利是莱布尼茨的好朋友,他们两人经常互相通信,交流思想.雅各布·伯努利受莱布尼茨的影响极深,他专门研究了莱布尼茨的学说,并且进一步发展了莱布尼茨的学说.

图3-15

2. 约翰·伯努利

约翰·伯努利(图3-16),1667年8月6日生于瑞士巴塞尔,卒于1748年1月1日.雅各布·伯努利之弟.他年轻时被父亲送去学习经商,后又改研医学,于1696年获医学博士学位.1691年在巴黎当过洛必达的私人教师,解出悬键线问题,1694年最先给出"洛必达法则".约翰·伯努利1695年成为荷兰格罗宁根大学教授,1705年雅各布·伯努利逝世后,约翰·伯努利继任巴塞尔大学教授.

3. 丹尼尔·伯努利

丹尼尔·伯努利(图3-17),1700年2月8日生于荷兰格罗宁根,卒于1782年3月17日.25岁时,丹尼尔·伯努利就成了彼得堡科学院数学教授,获得过法国科学院奖金10次之多.

图3-16

二、伯努利家族的最大功绩

伯努利家族的最大功绩是推广和传播莱布尼茨的微积分,让其在欧洲大陆得到迅速发展.不仅如此,他们还培养了一大批著名的学者,如法国数学家洛必达、瑞士数学家克拉姆等,被誉为 18 此纪最伟大的数学家欧拉也曾受教于约翰·伯努利,欧拉在很多领域对伯努利家族给出的数学问题进行了推广和解决.例如,欧拉的现代函数定义就是以约翰·伯努利的函数定义为基础的.

图 3-17

三、伯努利家族在科学界的贡献

1. 雅各布·伯努利的成就

(1) 1690 年,雅各布·伯努利提出悬链线问题,惠更斯、莱布尼茨和雅各布·约翰对此问题进行了解答,雅各布·伯努利又改变问题的条件,解决了更复杂的悬链线问题.

(2) 雅各布·伯努利首次总结出直角坐标和极坐标的曲率半径公式,这也是系统地使用极坐标的开始.

(3) 1694 年,雅各布·伯努利在一篇论文中讨论了双纽线的性质,"伯努利双纽线"由此得名.

(4) 1695 年,雅各布·伯努利提出著名的伯努利方程.

(5) 雅各布·伯努利对对数螺线深有研究,他证明了对数螺线 $\rho = a\theta (a > 0, a \neq 1)$ 的等角性、派生性(其渐伸线、渐屈线、垂直曲线、回光线等均为对数螺线)、固形性(放大、缩小后性质不变).

(6) 1713 年,雅各布·伯努利出版了巨著《猜度术》,这是概率论史上的一件大事,他在书中提出应用广泛的"伯努利数",并给出了大数定律.

2. 约翰·伯努利的成就

(1) 1691 年,约翰·伯努利解出悬链线问题.

(2) 1696 年,雅各布·伯努利在《教师学报》上提出六个难题,其中包含"最速降线"难度较大的问题,吸引了欧洲许多著名的数学家,如洛必达、莱布尼茨、牛顿、雅各布.后来欧拉和拉格朗日发明了这类问题的普通解法,一个新的数学分支——变分法也就产生了,约翰·伯努利成为变分法的创立者之一.

(3) 1696—1697 年,约翰和雅各布解决了"伯努利方程".并指出经代换后可将其化为线性方程,他还研究了齐次微分方程与常系数方程的解法.

(4) 1715 年,约翰提出了三维空间直角坐标系,并指出可以用以三个坐标变量为元的三元方程表示空间曲面.

3. 丹尼尔·伯努利的成就

(1) 丹尼尔·伯努利对物理学的贡献.丹尼尔的成就涉及多个科学领域.丹尼尔·伯努利在物理学上的成就,排首位的就是他对流体力学的贡献.如果说《数学练习》将他带入人们的视野,那么《流体动力学》将他推上了科学的高峰.1738 年,《流体动力学》的出版,使丹尼尔·伯努利成为流体力学的开山鼻祖,被后人称为"流体力学之父".丹尼尔伯努利还用分子与器壁的碰撞来解释气体压强,并指出只要温度不变,气体的压强总与密度成正比,与体积成反比,从而解释了玻意耳定律,建立了分子运动论和热学的基本概念.此外,他还指出了压强和分子运动随温度增高而加强的事实.

(2)丹尼尔·伯努利在医学方面的成就.丹尼尔·伯努利学习医学是在父亲的要求之下进行的,他在学习期间并没有将主要心思花在医学上,而是花在了数学上,但是丹尼尔·伯努利并没有弃医学于不顾,而是认真学习,也有不菲的成就.1921年,他的博士论文《植物的呼吸》就是关于呼吸力学的综合理论.

1728年,已经是彼得堡科学院生理学院士和数学院士的丹尼尔·伯努利,发表了关于肌肉收缩的力学理论的论文,在这篇论文中提出了心脏所做机械功的计算方法,这其实也是他在物理学上的一个成就.

丹尼尔·伯努利的生理学院士这个头衔远远没有数学院士这个头衔名声响,也不难理解,虽然他起初成了一名外科大夫,但让人们铭记他的却是欧洲历史上伟大的数学家和物理学家这个身份.

总习题三

一、选择题

1. 设 X_1 和 X_2 是任意两个相互独立的连续型随机变量,它们的概率密度分别为 $f_1(x)$ 和 $f_2(x)$,分布函数分别为 $F_1(x)$ 和 $F_2(x)$,则(   ).

A. $f_1(x)+f_2(x)$ 必是某一随机变量的概率密度

B. $F_1(x)F_2(x)$ 必是某一随机变量的分布函数

C. $F_1(x)+F_2(x)$ 必是某一随机变量的分布函数

D. $f_1(x)f_2(x)$ 必是某一随机变量的概率密度

2. 如下 4 个二元函数,(   )不能作为二维随机变量 (X,Y) 的分布函数.

A. $F_1(x,y)=\begin{cases}(1-e^{-x})(1-e^{-y}), & 0<x<+\infty,0<y<+\infty, \\ 0, & \text{其他}\end{cases}$

B. $F_2(x,y)=\begin{cases}\sin x\sin y, & 0\leqslant x\leqslant\dfrac{\pi}{2},0\leqslant y\leqslant\dfrac{\pi}{2}, \\ 0, & \text{其他}\end{cases}$

C. $F_3(x,y)=\begin{cases}1, & x+2y\geqslant1, \\ 0, & x+2y<1\end{cases}$

D. $F_4(x,y)=1+2^{-x}-2^{-y}+2^{-x-y}$

3. 设随机变量 X,Y 独立同分布,且 X 的分布函数为 $F(x)$,则 $Z=\max\{X,Y\}$ 的分布函数为(　　).

A. $F^2(x)$　　　　　　　　　　　B. $F(x)F(y)$

C. $1-[1-F(x)]^2$　　　　　　　　D. $[1-F(x)][1-F(y)]$

4. 设二维随机变量 (X,Y) 的概率分布如表 3-34 所示.

表 3-34　(X,Y) 的概率分布

Y	X	
	0	1
0	0.4	b
1	a	0.1

已知随机事件 $\{X=0\}$ 与 $\{X+Y=1\}$ 相互独立,则(　　).

A. $a=0.2,b=0.3$　　　　　　　　B. $a=0.4,b=0.1$

C. $a=0.3,b=0.2$　　　　　　　　D. $a=0.1,b=0.4$

二、计算题

1. 袋中有 1 个红球、2 个黑球、3 个白球,现有放回地从袋中取两次,每次取 1 个球,以 X,Y,Z 分别表示两次取得的红、黑、白球的个数.求:

(1) $P\{X=1\,|\,Z=0\}$;

(2) 二维随机变量 (X,Y) 的概率分布.

2. 已知盒子里装有 3 个黑球、2 个红球、2 个白球,在其中任取 4 个球,以 X 表示取到黑球的个数,以 Y 表示取到红球的个数.求:

(1) X 和 Y 的联合分布律;(2) $P\{X>Y\}$;(3) $P\{X+Y=3\}$;(4) 求 $P\{X<3-Y\}$.

3. 设随机变量 (X,Y) 的概率密度为

$$f(x,y)=\begin{cases} k(6-x-y), & 0<x<2,2<y<4, \\ 0, & \text{其他.} \end{cases}$$

求:(1) 常数 k 的值;(2) $P\{X<1,Y<3\}$;(3) $P\{X+Y\leqslant 4\}$.

4. 将一枚硬币掷 3 次,以 X 表示前两次中出现正面 H 的次数,Y 表示 3 次中出现正面 H 的次数.求 (X,Y) 的联合分布律以及 (X,Y) 的边缘分布律.

5. 设二维随机变量 (X,Y) 的概率密度为

$$f(x,y)=\begin{cases} 4.8y(2-x), & 0\leqslant x\leqslant 1,0\leqslant y\leqslant x, \\ 0, & \text{其他.} \end{cases}$$

求边缘概率密度.

6. 设二维随机变量 (X,Y) 的概率密度为

$$f(x,y)=\begin{cases} 2-x-y, & 0<x<1,0<y<1, \\ 0, & \text{其他.} \end{cases}$$

求:(1) $P\{X>2Y\}$;(2) $Z=X+Y$ 的概率密度 $f_Z(z)$.

7. 设 A, B 为随机事件,且 $P(A) = \dfrac{1}{4}, P(B|A) = \dfrac{1}{3}, P(A|B) = \dfrac{1}{2}$,令

$$X = \begin{cases} 1, & A \text{ 发生}, \\ 0, & A \text{ 不发生}; \end{cases} \qquad Y = \begin{cases} 1, & B \text{ 发生}, \\ 0, & B \text{ 不发生}. \end{cases}$$

求:(1) 二维随机变量 (X, Y) 的概率分布;

(2) $Z = X^2 + Y^2$ 的概率分布.

8. 设随机变量 X 与 Y 相互独立,X 的概率分布为

$$P\{X = i\} = \frac{1}{3} \ (i = -1, 0, 1).$$

Y 的概率密度为

$$f_Y(y) = \begin{cases} 1, & 0 \leqslant y \leqslant 1 \\ 0, & \text{其他}. \end{cases}$$

记 $Z = X + Y$,求:(1) $P\left\{Z \leqslant \dfrac{1}{2} \,\middle|\, X = 0\right\}$;(2) Z 的概率密度.

第四章　随机变量的数字特征

在第二、三章中,我们介绍了随机变量的分布函数、概率密度和分布律,它们完整地描述了随机变量.然而,在实际问题或理论问题中,要确定一个随机变量的分布函数往往是比较困难的,而且在研究中,往往不需要全面考察随机变量的变化情况,人们更感兴趣于某些能描述随机变量某一种特征的常数.例如,在考察一个班级学生的学习成绩时,知道这个班级的平均成绩及其分散程度,就可以对该班的学习情况作出比较客观的判断;评价棉花的质量时,既需要注意纤维的平均长度,还需要注意纤维长度与平均长度的偏离程度,平均长度较长,偏离程度较小,则质量就较好.这种由随机变量的分布所确定的,能够刻画随机变量某一个方面的特征的常数统称为数字特征,它在理论和实际应用中都起着非常重要的作用.本章将介绍几个重要的数字特征:数学期望、方差、协方差与相关系数.

第一节　随机变量函数的数学期望

一、数学期望的定义

数学期望是随机变量重要的数字特征之一,简单地说,数学期望就是随机变量可能取值的平均值.在引入数学期望的概念前,我们来看一下数学期望的产生背景.

【例1】(商品促销问题)　某商场计划于 5 月 1 日在户外开展一次促销活动,统计资料表明,如果在商场内开展促销活动,可获得经济效益 3 万元;在商场外开展促销活动,如果不遇到雨天可获得经济效益 12 万元,遇到雨天则会带来经济损失 5 万元.若前一天的天气预报称当日有雨的概率为 40%,则商场应如何选择促销方式?

解　设商场该日在商场外搞促销活动预期获得的经济效益为 X,由题意知:

$$P\{X=x_1\}=P\{X=12\}=0.6=p_1,\ P\{X=x_2\}=P\{X=-5\}=0.4=p_2.$$

我们通常用经济效益 X 的加权平均来反映平均经济效益,即 $\sum\limits_{i=1}^{2} x_i p_i = 12 \times 0.6 + (-5) \times 0.4 = 5.2$(万元).

显然,商场外搞促销活动预期平均经济效益为 5.2 万元,大于 3 万元.因此,该商场应选择商场外开展促销活动,从而提高经济效益.这个平均经济效益是经济效益 X 的可能值与其对应概率之积的累加.

【例 2】(射击问题) 设某射击手在同样的条件下,瞄准靶子相继射击 90 次(命中的环数是一个随机变量),命中次数 n_k 和命中环数 k 记录如表 4-1 所示.

表 4-1 命中次数和环数

命中环数 k	0	1	2	3	4	5
命中次数 n_k	2	13	15	10	20	30
频率 $\dfrac{n_k}{n}$	$\dfrac{2}{90}$	$\dfrac{13}{90}$	$\dfrac{15}{90}$	$\dfrac{10}{90}$	$\dfrac{20}{90}$	$\dfrac{30}{90}$

试问:该射手每次射击平均命中靶多少环?

解

$$平均射中环数 = \frac{射中靶的总环数}{射击次数}$$

$$= \frac{0 \times 2 + 1 \times 13 + 2 \times 15 + 3 \times 10 + 4 \times 20 + 5 \times 30}{90}$$

$$= 0 \times \frac{2}{90} + 1 \times \frac{13}{90} + 2 \times \frac{15}{90} + 3 \times \frac{10}{90} + 4 \times \frac{20}{90} + 5 \times \frac{30}{90}$$

$$= \sum_{k=0}^{5} k \times \frac{n_k}{n} = 3.37(环).$$

设射手命中的环数为随机变量 Y,上式中的 $\dfrac{n_k}{n}$ 是事件 $\{Y=k\}$ 发生的频率.我们知道,事件的频率具有稳定性,并且当 n 很大时,频率 $\dfrac{n_k}{n}$ 接近于事件发生的概率 $P\{Y=k\}=p_k$,从而 $\sum\limits_{k=0}^{5} k \dfrac{n_k}{n}$ 稳定于 $\sum\limits_{k=0}^{5} kp_k$,这样,我们得到了一般随机变量 Y 可能取值的平均值,即平均射中环数等于射中环数的可能值与其概率之积的累加.

通过以上两个例子,得到以下数学期望的定义.

定义 1 设离散型随机变量 X 的分布律为

$$P\{X=x_k\}=p_k, \quad k=1,2,3,\cdots.$$

若级数 $\sum\limits_{k=1}^{\infty} x_k p_k$ 绝对收敛,即 $\sum\limits_{k=1}^{\infty} |x_k| p_k < \infty$,则称 $\sum\limits_{k=1}^{\infty} x_k p_k$ 的和为随机变量 X 的**数学期望**,记为 $E(X)$.即 $E(X) = \sum\limits_{k=1}^{\infty} x_k p_k$.

设连续型随机变量 X 的概率密度为 $f(x)$,若积分

$$\int_{-\infty}^{\infty} xf(x)\mathrm{d}x$$

绝对收敛,即 $\int_{-\infty}^{\infty} |x| f(x)\mathrm{d}x < \infty$,则称积分 $\int_{-\infty}^{\infty} xf(x)\mathrm{d}x$ 的值为随机变量 X 的**数学期望**,记为 $E(X)$,即 $E(X) = \int_{-\infty}^{\infty} xf(x)\mathrm{d}x$.数学期望简称**期望**,又称为**均值**.

数学期望 $E(X)$ 完全由随机变量 X 的概率分布所确定.若 X 服从某一分布,也称 $E(X)$ 是这一分布的数学期望.

关于定义的几点说明:

(1) $E(X)$ 是一个实数,而非变量,它是一个**加权平均**,与一般的平均值不同,它从本质上体现了随机变量 X 可能取值的真正平均值.

(2) 级数的绝对收敛性保证了级数的和不随级数各项次序的改变而改变,之所以这样要求是因为数学期望是反映随机变量 X 取可能值的平均值,它不应随可能值的排列次序而改变.

(3) 随机变量的数学期望与一般变量的算术平均值不同.

假设随机变量 X 的分布律如表 4-2 所示.

表 4-2　X 的分布律

X	1	2
P	0.02	0.98

随机变量 X 的算术平均值为 $\dfrac{1+2}{2}=1.5$,$E(X)=1\times0.02+2\times0.98=1.98$,它从本质上体现了随机变量 X 取可能值的平均值.当随机变量 X 取各个可能值是等概率分布时,X 的期望值与算术平均值相等.

【例 3】　甲、乙两个射手,他们射击成绩的分布律分别如表 4-3、表 4-4 所示.

表 4-3　甲的射击成绩分布律

击中环数	8	9	10
击中概率	0.2	0.5	0.3

表 4-4　乙的射击成绩分布律

击中环数	8	9	10
击中概率	0.3	0.1	0.6

试问哪个射手技术更好?

解　设甲、乙射手击中的环数分别为 X,Y,则

$$E(X)=8\times0.2+9\times0.5+10\times0.3=9.1(\text{环});$$
$$E(Y)=8\times0.3+9\times0.1+10\times0.6=9.3(\text{环}).$$

因为 $E(X)<E(Y)$,故乙射手的技术更好.

【例 4】　某一彩票中心发行彩票 10 万张,每张 2 元.设头等奖 1 个,奖金 10 000 元;二等奖 2 个,奖金各 5 000 元;三等奖 10 个,奖金各 1 000 元;四等奖 100 个,奖金各 100 元;五等奖 1 000 个,奖金各 10 元.每张彩票的成本费为 0.3 元,请计算彩票发行单位的创收利润.

解　设每张彩票中奖的数额为随机变量 X,则其分布律如表 4-5 所示.

表 4-5 X 的分布律

X	10 000	5 000	1 000	100	10	0
P	$\dfrac{1}{10^5}$	$\dfrac{2}{10^5}$	$\dfrac{10}{10^5}$	$\dfrac{100}{10^5}$	$\dfrac{1\,000}{10^5}$	p_0

其中 $p_0 = \dfrac{10^5 - 1\,113}{10^5}$.

平均每张彩票能得到的奖金为

$$E(X) = 10\,000 \times \frac{1}{10^5} + 5\,000 \times \frac{2}{10^5} + 1\,000 \times \frac{10}{10^5} + 100 \times \frac{100}{10^5} + 10 \times \frac{1\,000}{10^5} + 0 \times p_0 = 0.5(元).$$

平均每张彩票可赚：

$$2 - 0.5 - 0.3 = 1.2(元).$$

因此，彩票发行单位发行 10 万张彩票的创收利润为 $10^5 \times 1.2 = 120\,000$（元）.

【例 5】 设顾客在某银行窗口等待服务的时间 X（单位：min）服从指数分布，其概率密度为

$$f(x) = \begin{cases} \dfrac{1}{5} \mathrm{e}^{-\frac{x}{5}}, & x > 0, \\ 0, & x \leqslant 0. \end{cases}$$

试求顾客等待服务的平均时间.

解   根据题意，顾客等待服务的平均时间为随机变量 X 的数学期望，于是

$$E(X) = \int_{-\infty}^{+\infty} x f(x) \mathrm{d}x = \int_{0}^{+\infty} x \frac{1}{5} \mathrm{e}^{-\frac{x}{5}} \mathrm{d}x = 5(\min).$$

因此，顾客平均等待 5 min 就可得到服务.

二、常用分布的数学期望

1. 0-1 分布
服从 0-1 分布的随机变量 X 的分布律如表 4-6 所示.

表 4-6 X 的分布律

X	0	1
P	$1-p$	p

则

$$E(X) = 0 \times (1-p) + 1 \times p = p.$$

2. 二项分布
设 X 服从参数为 n, p 的二项分布，即 $X \sim B(n, p)$，其分布律为

$$p_k = P\{X = k\} = \mathrm{C}_n^k p^k (1-p)^{n-k}, k = 0, 1, 2, \cdots, n, 0 < p < 1.$$

则

$$E(X) = \sum_{k=0}^{n} k \mathrm{C}_n^k p^k (1-p)^{n-k}$$

$$= np \sum_{k=1}^{n} C_{n-1}^{k-1} p^{k-1} (1-p)^{(n-1)-(k-1)}$$

$$= np [p + (1-p)]^{n-1} = np,$$

即 $E(X) = np$.

3. 泊松分布

设 X 服从参数为 λ 的泊松分布, 即 $X \sim \pi(\lambda)$, 其分布律为

$$p_k = P\{ X = k \} = \frac{\lambda^k}{k!} e^{-\lambda}, k = 0, 1, 2, \cdots, \lambda > 0,$$

则

$$E(X) = \sum_{k=0}^{\infty} k p_k = \sum_{k=1}^{\infty} k \frac{\lambda^k}{k!} e^{-\lambda} = \lambda e^{-\lambda} \sum_{k=1}^{\infty} \frac{\lambda^{k-1}}{(k-1)!} = \lambda e^{-\lambda} e^{\lambda} = \lambda,$$

即 $E(X) = \lambda$.

4. 均匀分布

设连续型随机变量 X 在区间 $[a, b]$ 上服从均匀分布, 即 $X \sim U(a, b)$, 其概率密度函数为

$$f(x) = \begin{cases} \dfrac{1}{b-a}, & a \leqslant x \leqslant b, \\ 0, & 其他. \end{cases}$$

则 X 的数学期望为

$$E(X) = \int_{-\infty}^{+\infty} x f(x) \mathrm{d}x = \int_{a}^{b} \frac{x}{b-a} \mathrm{d}x = \frac{a+b}{2}.$$

即数学期望位于区间 $[a, b]$ 的中点.

5. 指数分布

设连续型随机变量 X 服从参数为 λ 的指数分布, 即 $X \sim E(\lambda)$, 其概率密度函数为

$$f(x) = \begin{cases} \lambda e^{-\lambda x}, & x \geqslant 0, \\ 0, & x < 0. \end{cases}$$

则 X 的数学期望为

$$E(X) = \int_{-\infty}^{+\infty} x f(x) \mathrm{d}x = \int_{0}^{+\infty} x \lambda e^{-\lambda x} \mathrm{d}x = -x e^{-\lambda x} \Big|_{0}^{+\infty} + \int_{0}^{+\infty} e^{-\lambda x} \mathrm{d}x = -\frac{1}{\lambda} e^{-\lambda x} \Big|_{0}^{+\infty} = \frac{1}{\lambda},$$

即 $E(X) = \dfrac{1}{\lambda}$.

6. 正态分布

设连续型随机变量 X 服从参数为 μ, σ 的正态分布, 即 $X \sim N(\mu, \sigma^2)$, 其概率密度函数为

$$f(x) = \frac{1}{\sqrt{2\pi}\sigma} e^{-\frac{(x-\mu)^2}{2\sigma^2}}, \sigma > 0, x \in \mathbf{R}.$$

先考虑 $E(X)$ 的存在性, 对积分

$$I = \int_{-\infty}^{+\infty} |x| \frac{1}{\sqrt{2\pi}\sigma} e^{-\frac{(x-\mu)^2}{2\sigma^2}} \mathrm{d}x,$$

作变量代换, 令 $s = \dfrac{x-\mu}{\sigma}$, 得

$$I = \int_{-\infty}^{+\infty} |\mu + \sigma s| \frac{1}{\sqrt{2\pi}} e^{-\frac{s^2}{2}} ds \leqslant \int_{-\infty}^{+\infty} |\mu| \frac{1}{\sqrt{2\pi}} e^{-\frac{s^2}{2}} ds + \int_{-\infty}^{+\infty} \sigma |s| \frac{1}{\sqrt{2\pi}} e^{-\frac{s^2}{2}} ds$$

$$\leqslant |\mu| + \frac{2}{\sqrt{2\pi}} \sigma < +\infty.$$

因此,期望 $E(X)$ 存在,故

$$E(X) = \int_{-\infty}^{+\infty} x \frac{1}{\sqrt{2\pi}\sigma} e^{-\frac{(x-\mu)^2}{2\sigma^2}} dx.$$

对上式积分作变量代换,令 $s = \dfrac{x-\mu}{\sigma}$,得

$$E(X) = \int_{-\infty}^{+\infty} (\mu + \sigma s) \frac{1}{\sqrt{2\pi}} e^{-\frac{s^2}{2}} ds = \mu \int_{-\infty}^{+\infty} \frac{1}{\sqrt{2\pi}} e^{-\frac{s^2}{2}} ds = \mu.$$

即 $E(X) = \mu$.

三、数学期望的性质

现在来证明数学期望的几个重要性质(以下设所遇到的随机变量的数学期望存在).

性质 1　设 C 是常数,则有 $E(C) = C$.

证　(1)若随机变量为离散型,常数 C 可以看作是以概率 1 取值的随机变量,故

$$E(C) = C \times 1 = C.$$

(2) 若随机变量为连续型,$E(C) = \int_{-\infty}^{+\infty} Cf(x) dx = C \int_{-\infty}^{+\infty} f(x) dx = C.$

性质 2　设 X 是一个随机变量,C 是常数,则

$$E(CX) = CE(X).$$

证　以随机变量 X 为连续型为例,设随机变量 X 的密度函数为 $f(x)$,则有

$$E(CX) = \int_{-\infty}^{+\infty} Cxf(x) dx = C \int_{-\infty}^{+\infty} xf(x) dx = CE(X).$$

性质 3　设 X,Y 是两个随机变量,则有

$$E(X+Y) = E(X) + E(Y).$$

证　(1) 设二维随机变量 (X,Y) 的概率密度为 $f(x,y)$,其边缘概率密度为 $f_X(x)$, $f_Y(y)$,则

$$E(X+Y) = \int_{-\infty}^{+\infty} \int_{-\infty}^{+\infty} (x+y) f(x,y) dxdy$$

$$= \int_{-\infty}^{+\infty} \int_{-\infty}^{+\infty} xf(x,y) dxdy + \int_{-\infty}^{+\infty} \int_{-\infty}^{+\infty} yf(x,y) dxdy$$

$$= E(X) + E(Y).$$

(2) 设随机变量为离散型,其联合分布律为 $P\{X = x_i, Y = y_j\} = p_{ij}, i,j = 1,2,\cdots$,于是

$$E(X+Y) = \sum_{i=1}^{+\infty} \sum_{j=1}^{+\infty} (x_i + y_j) p_{ij} = \sum_{i=1}^{+\infty} \sum_{j=1}^{+\infty} x_i p_{ij} + \sum_{i=1}^{+\infty} \sum_{j=1}^{+\infty} y_j p_{ij}$$

$$= \sum_{i=1}^{+\infty} x_i \sum_{j=1}^{+\infty} p_{ij} + \sum_{j=1}^{+\infty} y_j \sum_{i=1}^{+\infty} p_{ij} = \sum_{i=1}^{+\infty} x_i p_{i\cdot} + \sum_{j=1}^{+\infty} y_j p_{\cdot j}$$

$$= E(X) + E(Y).$$

性质 3 可以推广到任意有限个随机变量之和的情况.

性质 4　设 X, Y 是两个相互独立的随机变量,则有

$$E(XY) = E(X)E(Y).$$

证　以连续型为例,设二维随机变量 (X, Y) 的概率密度为 $f(x, y)$,其边缘概率密度为 $f_X(x), f_Y(y)$,则

$$E(XY) = \int_{-\infty}^{+\infty} \int_{-\infty}^{+\infty} xy f(x, y) \mathrm{d}x \mathrm{d}y$$

$$= \int_{-\infty}^{+\infty} \int_{-\infty}^{+\infty} xy f_X(x) f_Y(y) \mathrm{d}x \mathrm{d}y$$

$$= \left[\int_{-\infty}^{+\infty} x f_X(x) \mathrm{d}x \right] \left[\int_{-\infty}^{+\infty} y f_Y(y) \mathrm{d}y \right] = E(X)E(Y).$$

性质 4 可以推广到任意有限个相互独立的随机变量之积的情况.

【例 6】　设随机变量 X 和 Y 相互独立,且各自的概率密度为

$$f_X(x) = \begin{cases} 3\mathrm{e}^{-3x}, & x > 0, \\ 0, & \text{其他}; \end{cases} \qquad f_Y(y) = \begin{cases} 4\mathrm{e}^{-4x}, & x > 0, \\ 0, & \text{其他}. \end{cases}$$

求 $E(XY)$.

解　由数学期望的性质 4,有

$$E(XY) = E(X)E(Y)$$

$$= \left[\int_{-\infty}^{+\infty} x f_X(x) \mathrm{d}x \right] \left[\int_{-\infty}^{+\infty} y f_Y(y) \mathrm{d}y \right]$$

$$= \left[\int_{0}^{+\infty} 3x\mathrm{e}^{-3x} \mathrm{d}x \right] \left[\int_{0}^{+\infty} 4y\mathrm{e}^{-4y} \mathrm{d}y \right]$$

$$= \frac{1}{3} \times \frac{1}{4} = \frac{1}{12}.$$

【例 7】　设一电路中电流 $I(\mathrm{A})$ 与电阻 $R(\Omega)$ 是两个相互独立的随机变量,其概率密度分别为

$$g(i) = \begin{cases} 2i, & 0 \leqslant i \leqslant 1, \\ 0, & \text{其他}; \end{cases} \qquad h(r) = \begin{cases} \dfrac{r^2}{9}, & 0 \leqslant r \leqslant 3, \\ 0, & \text{其他}. \end{cases}$$

试求电压 $V = IR$ 的均值.

解

$$E(V) = E(IR) = E(I)E(R)$$

$$= \left[\int_{-\infty}^{+\infty} i g(i) \mathrm{d}i \right] \left[\int_{-\infty}^{+\infty} r h(r) \mathrm{d}r \right]$$

$$= \left(\int_{0}^{1} 2i^2 \mathrm{d}i \right) \left(\int_{0}^{3} \frac{r^3}{9} \mathrm{d}r \right) = \frac{3}{2} (\mathrm{V}).$$

四、随机变量函数的数学期望

在实际问题中,有时不仅要求随机变量的数学期望,很多时候需要考虑随机变量函数

$Z=g(X)$ 或 $Z=g(X,Y)$ 的数学期望. 此时,我们可以按定义计算,但需要求出随机变量 Z 的分布律或分布函数,但这往往又很困难.下面介绍直接求解随机变量函数的方法.

设 $Z=g(X)$ 是随机变量 X 的函数,则 $Z=g(X)$ 也是随机变量.

1. X 是离散型随机变量

分布律为

$$P\{X=x_k\}=p_k,k=1,2,\cdots.$$

若 $\sum\limits_{i=1}^{\infty}|g(x_i)|p_i$ 收敛,则随机变量 $Z=g(X)$ 的数学期望存在,且

$$E(Z)=E[g(X)]=\sum_{i=1}^{\infty}g(x_i)p_i.$$

2. X 是连续型随机变量

设密度函数为 $f(x)$,若 $\int_{-\infty}^{+\infty}|g(x)|f(x)\mathrm{d}x$ 收敛,则随机变量 $Z=g(X)$ 的数学期望存在,且

$$E(Z)=E[g(X)]=\int_{-\infty}^{+\infty}g(x)f(x)\mathrm{d}x.$$

上述两个式子的意义在于,当我们求 $E(Z)$ 时,不需要知道 Z 的分布,而只需知道 X 的分布就可以.当然,我们也可以由已知的 X 的分布,先求出其函数 $Z=g(X)$ 的分布,再根据期望的定义去求 $E(Z)$,然而求 $Z=g(X)$ 的分布往往并不容易.因此,一般不根据数学期望的定义求.

【例 8】 已知随机变量 X 的分布律如表 4-7 所示.

表 4-7　X 的分布律

X	0	1	2	3
$P\{X=k\}$	$\dfrac{1}{2}$	$\dfrac{1}{4}$	$\dfrac{1}{8}$	$\dfrac{1}{8}$

求数学期望 $E\left(\dfrac{1}{1+X}\right)$.

解 $E\left(\dfrac{1}{1+X}\right)=\dfrac{1}{1+0}\times\dfrac{1}{2}+\dfrac{1}{1+1}\times\dfrac{1}{4}+\dfrac{1}{1+2}\times\dfrac{1}{8}+\dfrac{1}{1+3}\times\dfrac{1}{8}=\dfrac{67}{96}.$

【例 9】 已知随机变量 $X\sim U[0,2\pi]$,求 $E(\sin X)$.

解 由于 $X\sim U[0,2\pi]$,于是

$$f(x)=\begin{cases}\dfrac{1}{2\pi}, & x\in[0,2\pi],\\[2mm] 0, & \text{其他}.\end{cases}$$

故 $E(\sin X)=\int_{-\infty}^{+\infty}\sin x f(x)\mathrm{d}x=\int_0^{2\pi}\sin x\cdot\dfrac{1}{2\pi}\mathrm{d}x=0.$

上述方法也可以推广到多维随机变量的情形,这里介绍二维随机变量的情形.

设 (X,Y) 是二维随机变量,则 $Z=g(X,Y)$ 也是随机变量.

3. (X,Y)是二维离散型随机变量

联合分布律为

$$P\{X=x_i, Y=y_j\}=p_{ij}, i,j=1,2,\cdots.$$

若 $\sum\limits_{i=1}^{\infty}\sum\limits_{j=1}^{\infty}|g(x_i,y_j)|p_{ij}$ 收敛,则随机变量 $Z=g(X,Y)$ 的数学期望存在,且

$$E(Z)=E[g(X,Y)]=\sum_{i=1}^{\infty}\sum_{j=1}^{\infty}g(x_i,y_j)p_{ij}.$$

4. (X,Y)是连续型随机变量

设密度函数为 $f(x,y)$,若 $\int_{-\infty}^{+\infty}\int_{-\infty}^{+\infty}|g(x,y)|f(x,y)\mathrm{d}x\mathrm{d}y$ 收敛,则随机变量 $Z=g(X,$

$Y)$ 的数学期望存在,且

$$E(Z)=E[g(X,Y)]=\int_{-\infty}^{+\infty}\int_{-\infty}^{+\infty}g(x,y)f(x,y)\mathrm{d}x\mathrm{d}y.$$

【例 10】 设二维随机变量 (X,Y) 的分布律如表 4-8 所示.

表 4-8　(X,Y) 的分布律

Y	X		
	1	2	3
−1	0.2	0.1	0
0	0.1	0	0.3
1	0.1	0.1	0.1

求 $E(X),E(Y),E(X+Y),E[(X-Y)^2]$.

解　由表 4-8 可得 X 的分布律如表 4-9 所示.

表 4-9　X 的分布律

X	1	2	3
P	0.4	0.2	0.4

则　　　　　　　　　$E(X)=1\times0.4+2\times0.2+3\times0.4=2.$

由表 4-8 可得 Y 的分布律如表 4-10 所示.

表 4-10　Y 的分布律

Y	−1	0	1
P	0.3	0.4	0.3

则　　　　　　　　　$E(Y)=-1\times0.3+0\times0.4+1\times0.3=0.$

$X+Y,(X-Y)^2$ 的分布律如表 4-11 所示.

表 4-11 $X+Y,(X-Y)^2$ 的分布律

P	0.2	0.1	0.1	0.1	0	0.1	0	0.3	0.1
(X,Y)	$(1,-1)$	$(1,0)$	$(1,1)$	$(2,-1)$	$(2,0)$	$(2,1)$	$(3,-1)$	$(3,0)$	$(3,1)$
$X+Y$	0	1	2	1	2	3	2	3	4
$(X-Y)^2$	4	1	0	9	4	1	16	9	4

则

$$E(X+Y)=0\times0.2+1\times0.1+2\times0.1+1\times0.1+2\times0+3\times0.1+$$
$$2\times0+3\times0.3+4\times0.1=2,$$
$$E[(X-Y)^2]=4\times0.2+1\times0.1+0\times0.1+9\times0.1+4\times0+1\times0.1+$$
$$16\times0+9\times0.3+4\times0.1=5.$$

对于 $E(X+Y)$,我们还可以利用数学期望的性质 3 计算:
$$E(X+Y)=E(X)+E(Y)=2+0=2.$$

【例 11】 设随机变量 X 与 Y 相互独立,且均服从参数为 1 的指数分布,求随机变量 $Z=X-Y$ 的数学期望.

解   由题意得,X,Y 的密度函数分别为

$$f_X(x)=\begin{cases}e^{-x}, & x>0,\\ 0, & 其他;\end{cases}\qquad f_Y(y)=\begin{cases}e^{-y}, & y>0,\\ 0, & 其他.\end{cases}$$

又 X 与 Y 相互独立,故 X 和 Y 的联合密度函数为

$$f(x,y)=f_X(x)f_Y(y)=\begin{cases}e^{-(x+y)}, & x>0,y>0,\\ 0, & 其他.\end{cases}$$

则

$$E(Z)=E(X-Y)=\int_{-\infty}^{+\infty}\int_{-\infty}^{+\infty}(x-y)f(x,y)\mathrm{d}x\mathrm{d}y=\int_0^{+\infty}\int_0^{+\infty}(x-y)e^{-(x+y)}\mathrm{d}x\mathrm{d}y$$
$$=\int_0^{+\infty}xe^{-x}\mathrm{d}x\int_0^{+\infty}e^{-y}\mathrm{d}y-\int_0^{+\infty}e^{-x}\mathrm{d}x\int_0^{+\infty}ye^{-y}\mathrm{d}y=1-1=0.$$

同时,我们可以利用指数分布期望的结论及数学期望性质最终得到 $E(Z)$.

习题 4-1

1. 已知离散型随机变量 X 的概率分布为
$$P\{X=1\}=0.2,P\{X=2\}=0.3,P\{X=3\}=0.5.$$
求 X 的数学期望.

2. 甲、乙两人进行打靶,所得分数分别记为 X,Y,它们的分布律分别如表 4-12、表 4-13 所示.问他们两个人谁成绩更好?

表 4-12　*X* 的分布律

X	0	1	2
P	0.1	0.8	0.1

表 4-13　*Y* 的分布律

Y	0	1	2
P	0	0.2	0.8

3. 一批零件中有 9 个合格品及 3 个废品,从中每次任取一个,如果是废品不再放回,求取得合格品以前已取出的废品数的数学期望.

4. 设随机变量 *X* 的概率密度为

$$f(x)=\begin{cases}2x, & 0\leqslant x\leqslant 1,\\ 0, & 其他.\end{cases}$$

求 $E(X)$.

5. 设随机变量 *X* 的分布律如表 4-14 所示.

表 4-14　*X* 的分布律

X	−2	0	2
P	0.4	0.3	0.3

求 $E(X),E(X^2),E(3X^2+5)$.

6. 设随机变量 *X* 的概率密度为

$$f(x)=\begin{cases}e^{-x}, & x>0,\\ 0, & x\leqslant 0.\end{cases}$$

求 $Y=2X$ 的数学期望.

7. 设二维随机变量 (X,Y) 的联合分布律如表 4-15 所示.

表 4-15　(X,Y) 的联合分布律

Y	*X*	
	1	2
1	0.25	0.08
2	0.32	0.35

求 $E(X^2+Y)$.

第二节　方差

数学期望体现了随机变量所有可能取值的平均值,但是期望值相同的两个随机变量其取值可能差异性很大.在许多实际问题中仅靠随机变量的数学期望是远远不能完整地描述随机变量的分布特征,还需要进一步考虑随机变量与其数学期望之间的偏差程度——方差.

一、方差的定义

为了更好地说明方差,我们从例子说起. 例如,有一批灯泡,知其平均使用寿命是 $E(X)=1\,000$ h. 仅由这一指标我们还不能判定灯泡的质量好坏. 事实上,有可能其中绝大部分灯泡的使用寿命都在 $950\sim1\,050$ h; 也有可能其中约有一半是高质量的,它们的使用寿命大约有 $1\,300$ h, 另一半却是质量很差的,其使用寿命大约只有 700 h. 为要评定这批灯泡质量的好坏,还需进一步考察灯泡使用寿命 X 与其均值 $E(X)=1\,000$ 的偏离程度. 若偏离程度较小,表示质量比较稳定. 从这个意义上来说,我们认为质量较好. 又如,检验棉花的质量时,既要注意纤维的平均长度,还要注意纤维长度与平均长度的偏离程度. 由此可见,研究随机变量与其期望的偏离程度是十分必要的. 容易看到

$$E\{|X-E(X)|\}$$

能度量随机变量与其数学期望 $E(X)$ 的偏离程度. 但是由于上式带有绝对值,运算不方便,为了更好地运算,通常用

$$E\{[X-E(X)]^2\}$$

来度量随机变量 X 与其期望 $E(X)$ 的偏离程度.

定义 3　设 X 是一个随机变量, X 的数学期望 $E(X)$ 存在,若随机变量 $[X-E(X)]^2$ 的数学期望 $E\{[X-E(X)]^2\}$ 存在,则称 $E\{[X-E(X)]^2\}$ 为随机变量 X 的**方差**,记作 $D(X)$ 或 $\mathrm{Var}(X)$,即

$$D(X)=\mathrm{Var}(X)=E\{[X-E(X)]^2\}.$$

在应用上还引入 $\sqrt{D(X)}$, 记 $\sigma(X)$, 称为 X 的**标准差或均方差**.

根据定义,随机变量 X 的方差表达了 X 的取值与其数学期望的偏离程度. 若 $D(X)$ 较小,意味着 X 的取值比较集中在 $E(X)$ 的附近; 反之,若 $D(X)$ 较大,则表示 X 的取值较分散. 因此, $D(X)$ 是刻画 X 取值分散程度的一个量,它是衡量 X 取值分散程度的一个尺度.

由定义知,方差实际上是随机变量 X 的函数 $g(X)=[X-E(X)]^2$ 的数学期望,于是对于离散型随机变量 X,其分布律为 $P\{X=x_i\}=p_i, i=1,2,\cdots$,则

$$D(X)=\sum_{i=1}^{\infty}[x_i-E(X)]^2 p_i.$$

对于连续型随机变量 X, 若 X 的密度函数是 $f(x)$, 则

$$D(X)=\int_{-\infty}^{+\infty}[x-E(X)]^2 f(x)\mathrm{d}x.$$

在实际计算中,我们常常采用下列公式进行计算:

$$D(X)=E(X^2)-E^2(X).$$

证　由数学期望的性质,得

$$D(X)=E\{[X-E(X)]^2\}=E[X^2-2XE(X)+E^2(X)]$$
$$=E(X^2)-2E(X)E(X)+E^2(X)$$
$$=E(X^2)-E^2(X).$$

【**例 12**】 设随机变量 X 的分布律如表 4-16 所示.

表 4-16　X 的分布律

X	0	1	2	3
P	0.3	0.1	0.2	0.4

求 $D(X)$.

解

$$E(X)=0\times0.3+1\times0.1+2\times0.2+3\times0.4=1.7,$$
$$E(X^2)=0^2\times0.3+1^2\times0.1+2^2\times0.2+3^2\times0.4=4.5,$$

则

$$D(X)=E(X^2)-E^2(X)=4.5-1.7^2=1.61.$$

【**例 13**】 从学校乘汽车到火车站的途中有 3 个交通岗,设在各交通岗遇到红灯是相互独立的,其概率为 $\dfrac{2}{5}$,试求途中遇到红灯次数的数学期望与方差.

分析　题中未给出遇到红灯次数 X 的分布律,但显然 $X\sim b\left(3,\dfrac{2}{5}\right)$,可以利用二项分布的数学期望结果计算其数学期望,进而再求出其方差.

解　设 X 表示途中遇到红灯的次数,则 $X\sim b\left(3,\dfrac{2}{5}\right)$,于是 X 的分布律如表 4-17 所示.

表 4-17　X 的分布律

X	0	1	2	3
P	$\dfrac{27}{125}$	$\dfrac{54}{125}$	$\dfrac{36}{125}$	$\dfrac{8}{125}$

从而

$$E(X)=np=3\times\frac{2}{5}=\frac{6}{5},$$

$$E(X^2)=0^2\times\frac{27}{125}+1^2\times\frac{54}{125}+2^2\times\frac{36}{125}+3^2\times\frac{8}{125}=\frac{54}{25},$$

$$D(X)=E(X^2)-E^2(X)=\frac{54}{25}-\frac{36}{25}=\frac{18}{25}.$$

【**例 14**】 设随机变量 X 具有数学期望 $E(X)=\mu$,方差 $D(X)=\sigma^2\neq0$. 记 $X^*=\dfrac{X-\mu}{\sigma}$,求 $E(X^*),D(X^*)$.

解
$$E(X^*)=E\left(\frac{X-\mu}{\sigma}\right)=\frac{1}{\sigma}E(X-\mu)=\frac{1}{\sigma}[E(X)-\mu]=0,$$
$$D(X^*)=E(X^{*2})-E^2(X^*)$$
$$=E\left[\left(\frac{X-\mu}{\sigma}\right)^2\right]-0$$
$$=\frac{1}{\sigma^2}E[(X-\mu)^2]=\frac{\sigma^2}{\sigma^2}=1.$$

即 $X^* = \dfrac{X-\mu}{\sigma}$ 的数学期望为 0、方差为 1. 称 $X^* = \dfrac{X-\mu}{\sigma}$ 为 X 的标准化变量.

二、方差的性质

随机变量 X,Y 的方差都存在,关于方差有如下性质:

性质 1 设 C 为常数,则 $D(C)=0$.

性质 2 设 C 为常数,则 $D(CX)=C^2 D(X)$,$D(X+C)=D(X)$.

证

$$D(CX)=E[(CX)^2]-E^2(CX)=E(C^2 X^2)-[CE(X)]^2=C^2 E(X)-C^2 E^2(X)$$
$$=C^2[E(X^2)-E^2(X)]=C^2 D(X),$$
$$D(CX)=E[(X+C)^2]-E^2(X+C)=E(X^2+2CX+C^2)-[E(X)+C]^2$$
$$=E(X^2)+2CE(X)+C^2-[E^2(X)+2CE(X)+C^2]$$
$$=E(X^2)-E^2(X)=D(X).$$

性质 3 $D(X+Y)=D(X)+D(Y)+2E[(X-E(X))(Y-E(Y))]$,特别地,若 X,Y 相互独立,则有

$$D(X+Y)=D(X)+D(Y).$$

这个性质可以推广到任意有限多个相互独立的随机变量之和的情况.

证

$$D(X+Y)=E\{[(X+Y)-E(X+Y)]^2\}=E\{[(X-E(X))+(Y-E(Y))]^2\}$$
$$=E\{(X-E(X))^2\}+E\{(Y-E(Y))^2\}+2E\{[X-E(X)][Y-E(Y)]\}$$
$$=D(X)+D(Y)+2E\{[X-E(X)][Y-E(Y)]\}.$$

上式右端第三项:

$$2E\{[X-E(X)][Y-E(Y)]\}=2E\{XY-XE(Y)-YE(X)+E(X)E(Y)\}$$
$$=2\{E(XY)-E(X)E(Y)-E(Y)E(X)+E(X)E(Y)\}$$
$$=2\{E(XY)-E(X)E(Y)\}.$$

若 X,Y 相互独立,由数学期望的性质 4,知道上式右端为 0,于是

$$D(X+Y)=D(X)+D(Y).$$

性质 4 $D(X)=0$ 的充要条件是 X 以概率 1 取常数 $E(X)=C$,即

$$P\{X=C\}=1.$$

【例 15】 设 $X\sim b(1,p)$,求 $D(X)$.

解 由题意,得 X 的分布律如表 4-18 所示.

表 4-18　X 的分布律

X	0	1
P	$1-p$	p

则有

$$E(X)=1\times p+0\times(1-p)=p,$$

$$E(X^2)=1^2\times p+0^2\times(1-p)=p,$$
$$D(X)=E(X^2)-E^2(X)=p-p^2=p(1-p).$$

【例 16】 设 $X\sim b(n,p)$，求 $D(X)$.

解　由于服从二项分布 $X\sim b(n,p)$ 的随机变量 X 的实际背景是：在 n 重伯努利试验中，事件 A 发生的次数. 设 X_i 为第 i 次伯努利试验中事件发生的次数$(i=1,2,\cdots,n)$. 因为 n 重伯努利试验是相互独立的，所以 $X_1,X_2,\cdots,X_n$ 相互独立且均服从参数为 p 的 0-1 分布. 于是有

$$X=X_1+X_2+\cdots+X_n,$$

从而有

$$D(X)=D(X_1+X_2+\cdots+X_n)=\sum_{i=1}^{n}D(X_i)=\sum_{i=1}^{n}p(1-p)$$
$$=np(1-p).$$

对常用分布的方差这里不再一一进行证明，但在实际计算中会经常用到，现在我们给出其相应的结果，以便后期直接使用，如表 4-19 所示.

表 4-19　常用分布的方差

分布	数学期望 $E(X)$	方差 $D(X)$
0-1 分布 $b(1,p)$	p	$1-p$
二项分布 $b(n,p)$	np	$np(1-p)$
泊松分布 $\pi(\lambda)$	λ	λ
均匀分布 $U(a,b)$	$\dfrac{a+b}{2}$	$\dfrac{(b-a)^2}{12}$
指数分布 $E(\lambda)$	$\dfrac{1}{\lambda}$	$\dfrac{1}{\lambda^2}$
正态分布 $N(\mu,\sigma^2)$	μ	σ^2

【例 17】 设随机变量 X 服从参数为 3 的泊松分布，$Y\sim b\left(8,\dfrac{1}{3}\right)$，且 X,Y 相互独立，求 $D(X-3Y-4)$.

解　根据表 4-19 知

$$D(X)=\lambda=3,$$
$$D(Y)=np(1-p)=8\times\frac{1}{3}\times\left(1-\frac{1}{3}\right)=\frac{16}{9},$$
$$D(X-3Y-4)=D(X-3Y)=D(X)+D(-3Y)$$
$$=D(X)+(-3)^2D(Y)$$
$$=3+9\times\frac{16}{9}=19.$$

习题 4-2

1. 设随机变量 X 的分布律如表 4-20 所示:

表 4-20　X 的分布律

X	-2	0	2
P	0.4	0.3	0.3

求 $E(X), E(X^2), E(3X^2+5), D(X)$.

2. 设随机变量 X 的概率密度为

$$f(x) = \begin{cases} \dfrac{1}{2}, & 0 \leqslant x \leqslant 2, \\ 0, & \text{其他}. \end{cases}$$

求 $D(X)$.

3. 设随机变量 X 的数学期望 $E(X)=2$, 方差 $D(X)=4$, 求 $E(X^2)$.

4. 设随机变量 X 在区间 $[-1, 2]$ 上服从均匀分布, 随机变量

$$Y = \begin{cases} 1, & X > 0, \\ 0, & X = 0, \\ -1, & X < 0. \end{cases}$$

求方差 $D(Y)$.

5. 设 X 为随机变量, 若已知 $E(X)=2, D\left(\dfrac{X}{2}\right)=1$, 求 $E[(X-2)^2]$.

6. 设随机变量 X_1, X_2, X_3 相互独立, 且都服从参数为 λ 的泊松分布, 令 $Y = \dfrac{1}{3}(X_1 + X_2 + X_3)$, 则求 Y^2 的数学期望.

第三节　协方差及相关系数

二维随机变量 (X, Y) 的数学期望 $E(X), E(Y)$ 只反映了各自的平均值, 而方差 $D(X), D(Y)$ 反映的是 X 和 Y 各自偏离平均值的程度, 但除此之外, 我们还需要讨论描述 X 与 Y 之间相互关系的数字特征. 本节将讨论有关这方面的数字特征.

在本章第二节讲述方差的性质 3 时, 我们已经看到, 如果两个随机变量 X 和 Y 相互独立, 则

$$E\{[X-E(X)][Y-E(Y)]\} = 0,$$

这意味着当 $E\{[X-E(X)][Y-E(Y)]\} \neq 0$ 时, X 与 Y 不相互独立, 而是存在某种关系.

设 (X,Y) 为二维随机变量,称

$$E\{[X-E(X)][Y-E(Y)]\}$$

为随机变量 X 与 Y 的**协方差**,记作 $\mathrm{Cov}(X,Y)$,即

$$\mathrm{Cov}(X,Y)=E\{[X-E(X)][Y-E(Y)]\}.$$

而称

$$\rho_{XY}=\frac{\mathrm{Cov}(X,Y)}{\sqrt{D(X)}\sqrt{D(Y)}}$$

为随机变量 X 与 Y 的相关系数.

由定义知

$$\mathrm{Cov}(X,Y)=\mathrm{Cov}(Y,X),\mathrm{Cov}(X,X)=D(X).$$

由上述定义及本章第二节方差的性质 3 的证明知,对于任意两个随机变量 X 和 Y,下列等式成立:

$$D(X\pm Y)=D(X)+D(Y)\pm 2\mathrm{Cov}(X,Y).$$

将 $\mathrm{Cov}(X,Y)$ 的定义式展开,易得

$$\mathrm{Cov}(X,Y)=E(XY)-E(X)E(Y).$$

我们常常利用上式计算协方差.

若 (X,Y) 为二维离散型随机变量,其联合分布律为

$$P\{X=x_i,Y=y_j\}=p_{ij},i,j=1,2,\cdots,$$

则

$$\mathrm{Cov}(X,Y)=\sum_{i=1}^{\infty}\sum_{j=1}^{\infty}[x_i-E(X)][y_j-E(Y)]p_{ij}.$$

若 (X,Y) 为二维连续型随机变量,其概率密度为 $f(x,y)$,则

$$\mathrm{Cov}(X,Y)=\int_{-\infty}^{+\infty}\int_{-\infty}^{+\infty}[x-E(X)][y-E(Y)]f(x,y)\mathrm{d}x\mathrm{d}y.$$

由方差的性质可知,当 X 和 Y 相互独立时,$E\{[X-E(X)][Y-E(Y)]\}=0$,即

$$\mathrm{Cov}(X,Y)=0.$$

【例 18】 设随机变量 X 的分布律如表 4-21 所示.

表 4-21　X 的分布律

X	1	2
P	$\frac{2}{3}$	$\frac{1}{3}$

设 $Y_1=X+1,Y_2=kX$(常数 $k\neq 0$),求 $\mathrm{Cov}(Y_1,Y_2)$ 及 $\rho_{Y_1Y_2}$.

解　因为 $E(X)=\dfrac{4}{3},E(X^2)=2$,所以 $D(X)=E(X^2)-E^2(X)=\dfrac{2}{9}$.

于是有

$$E(Y_1)=\frac{7}{3},D(Y_1)=\frac{2}{9};E(Y_2)=\frac{4}{3}k,D(Y_2)=\frac{2}{9}k^2;$$

$$E(Y_1Y_2)=E[(X+1)\cdot kX]=kE(X^2+X)=\frac{10}{3}k.$$

从而

$$\mathrm{Cov}(Y_1,Y_2)=E(Y_1Y_2)-E(Y_1)E(Y_2)=\frac{10}{3}k-\frac{7}{3}\times\frac{4}{3}k=\frac{2}{9}k,$$

所以

$$\rho_{Y_1Y_2}=\frac{\mathrm{Cov}(Y_1,Y_2)}{\sqrt{D(Y_1)}\sqrt{D(Y_2)}}=\frac{k}{|k|}=\pm1.$$

协方差有如下性质：

性质 1　$\mathrm{Cov}(aX,bY)=ab\mathrm{Cov}(X,Y),a,b$ 为常数.

性质 2　$\mathrm{Cov}(X_1+X_2,Y)=\mathrm{Cov}(X_1,Y)+\mathrm{Cov}(X_2,Y).$

性质 3　$D(X\pm Y)=D(X)+D(Y)\pm2\mathrm{Cov}(X,Y).$

相关系数有如下性质：

性质 4　$|\rho_{XY}|\leqslant1.$

证　我们引入随机变量

$$Z=\frac{X-E(X)}{\sqrt{D(X)}}\pm\frac{Y-E(Y)}{\sqrt{D(Y)}},$$

由协方差的性质 3，得

$$D(Z)=D\left[\frac{X-E(X)}{\sqrt{D(X)}}\pm\frac{Y-E(Y)}{\sqrt{D(Y)}}\right]$$

$$=D\left[\frac{X-E(X)}{\sqrt{D(X)}}\right]+D\left[\frac{Y-E(Y)}{\sqrt{D(Y)}}\right]\pm2\mathrm{Cov}\left[\frac{X-E(X)}{\sqrt{D(X)}},\frac{Y-E(Y)}{\sqrt{D(Y)}}\right]$$

$$=1+1\pm2\frac{\mathrm{Cov}(X,Y)}{\sqrt{D(X)}\sqrt{D(Y)}}=2(1\pm\rho_{XY}).$$

由于方差非负，从而有 $1\pm\rho_{XY}\geqslant0$，即 $|\rho_{XY}|\leqslant1.$

性质 5　$|\rho_{XY}|=1$ 的充要条件是，存在常数 a,b，使得

$$P\{Y=aX+b\}=1.$$

性质 6　若 X,Y 相互独立，则 $\rho_{XY}=0.$

证　若 X,Y 相互独立，则 $\mathrm{Cov}(X,Y)=0$，于是 $\rho_{XY}=0.$

由数学期望的性质和独立性可知：若随机变量 X,Y 相互独立，则一定有 $\mathrm{Cov}(X,Y)=0$，此时，称 X,Y 不相关；若 $\mathrm{Cov}(X,Y)=0$，即 X,Y 不相关，但是 X,Y 不一定相互独立；若 $\mathrm{Cov}(X,Y)\neq0$，则 X,Y 一定不相互独立，这意味着 X,Y 之间存在着某种关系. 我们用 ρ_{XY} 来表征 X,Y 之间线性关系紧密程度的量. 当 $|\rho_{XY}|$ 较大时，我们通常说 X,Y 线性相关的程度较好；当 $|\rho_{XY}|$ 较小时，我们说 X,Y 线性相关的程度较差.

当 $\rho_{XY}=0$ 时，亦称 X 和 Y 不相关. 如果 $\rho_{XY}>0$，则称 X 和 Y 正相关. 特别地，如果 $\rho_{XY}=1$，则称 X 和 Y 完全正相关. 如果 $\rho_{XY}<0$，则称 X 和 Y 负相关. 特别地，如果 $\rho_{XY}=-1$，则称 X 和 Y 完全负相关.

假设随机变量 X,Y 的相关系数 ρ_{XY} 存在. 当 X 和 Y 相互独立时，$\rho_{XY}=0$，即 X,Y 不相

关;反之,若 X,Y 不相关,X 和 Y 却不一定相互独立.上述情况,从"不相关"和"相互独立"的含义来看是明显的.这是因为不相关只是就线性关系来说的,而相互独立是就一般关系而言.简单地说,不相关表示没有线性关系,独立是没有任何关系.

【例 19】 设随机变量 X 的分布律如表 4-22 所示.

表 4-22 X 的分布律

X	-1	1
P	$\dfrac{1}{2}$	$\dfrac{1}{2}$

设随机变量 $Y=X^2$,求 $\mathrm{Cov}(X,Y)$.

解 因为 $E(X)=0,E(Y)=1,E(XY)=E(X^3)=0$,从而有
$$\mathrm{Cov}(X,Y)=E(XY)-E(X)E(Y)=0.$$

【例 20】 设二维随机变量 (X,Y) 服从区域 $D=\{(x,y)\mid 0\leqslant x\leqslant 1,0\leqslant y\leqslant x\}$ 上的均匀分布,求 $\mathrm{Cov}(X,Y)$ 及 ρ_{XY}.

解 (X,Y) 的密度函数为
$$f(x,y)=\begin{cases}2, & (x,y)\in D,\\ 0, & (x,y)\notin D.\end{cases}$$

于是
$$E(X)=\int_0^1 \mathrm{d}x\int_0^x x\cdot 2\mathrm{d}y=\frac{2}{3},$$
$$E(Y)=\int_0^1 \mathrm{d}x\int_0^x y\cdot 2\mathrm{d}y=\frac{1}{3},$$
$$E(XY)=\int_0^1 \mathrm{d}x\int_0^x xy\cdot 2\mathrm{d}y=\frac{1}{4}.$$

则
$$\mathrm{Cov}(X,Y)=E(XY)-E(X)E(Y)=\frac{1}{4}-\frac{2}{3}\times\frac{1}{3}=\frac{1}{36}.$$

又 $D(X)=E(X^2)-E^2(X)$,而 $E(X^2)=\int_0^1 \mathrm{d}x\int_0^x x^2\cdot 2\mathrm{d}y=\frac{1}{2}$,故有
$$D(X)=\frac{1}{2}-\left(\frac{2}{3}\right)^2=\frac{1}{18}.$$

同理,$D(Y)=\dfrac{1}{18}$. 所以
$$\rho_{XY}=\frac{\mathrm{Cov}(X,Y)}{\sqrt{D(X)}\sqrt{D(Y)}}=\frac{\dfrac{1}{36}}{\dfrac{1}{18}}=\frac{1}{2}.$$

【例 21】 二维离散型随机变量(X,Y)的分布律如表 4-23 所示.

表 4-23 (X,Y)的分布律

Y	X	
	1	0
-1	$\frac{1}{6}$	$\frac{1}{6}$
0	0	$\frac{1}{4}$
1	$\frac{1}{3}$	$\frac{1}{12}$

问 X,Y 是否独立? 并求 $\mathrm{Cov}(X,Y)$.

解 X,Y 的边缘分布律分别如表 4-24、表 4-25 所示.

表 4-24 X 的边缘分布律

X	1	0
P	$\frac{1}{2}$	$\frac{1}{2}$

表 4-25 Y 的边缘分布律

Y	-1	0	1
P	$\frac{1}{3}$	$\frac{1}{4}$	$\frac{5}{12}$

于是 $E(X)=\frac{1}{2}$,$E(Y)=\frac{1}{12}$.

XY 的分布律如表 4-26 所示.

表 4-26 XY 的分布律

XY	-1	0	1
P	$\frac{1}{6}$	$\frac{1}{2}$	$\frac{1}{3}$

由此得 $E(XY)=\frac{1}{6}$,从而有

$$\mathrm{Cov}(X,Y)=E(XY)-E(X)E(Y)=\frac{1}{8}.$$

由于 $\mathrm{Cov}(X,Y)=\frac{1}{8}\neq 0$,所以 X,Y 不相互独立,这一点也可以从 $P\{X=1,Y=1\}=\frac{1}{3}\neq\frac{5}{12}\times\frac{1}{2}=P\{X=1\}P\{Y=1\}$ 看出.

习题 4-3

1. 某箱装有 100 件产品,其中一、二和三等品分别为 80,10 和 10 件,现在从中随机抽取一件,记

$$X_i = \begin{cases} 1, & \text{若抽到 } i \text{ 等品}, \\ 0, & \text{其他}. \end{cases} \quad (i = 1, 2, 3)$$

试求:(1) 随机变量 X_1 和 X_2 的联合分布;

(2) 随机变量 X_1 与 X_2 的相关系数.

2. 设随机变量 (X, Y) 的联合密度函数为

$$f(x, y) = \begin{cases} \dfrac{1}{8}(x, y), & 0 \leqslant x \leqslant 2, 0 \leqslant y \leqslant 20, \\ 0, & \text{其他}. \end{cases}$$

求:(1) $E(X)$ 及 $E(Y)$;

(2) $\mathrm{Cov}(X, Y)$ 及 ρ_{XY};

(3) $D(X, Y)$.

3. 已知 $D(X) = 25, D(Y) = 36, \rho_{XY} = 0.4$,求 $D(X+Y), D(X-Y)$.

4. 设 $Z = \dfrac{1}{3}X + \dfrac{1}{2}Y$,其中 $X \sim N(1, 3^2), Y \sim N(0, 4^2)$,且 $\rho_{XY} = -\dfrac{1}{2}$.

(1) 求 Z 的期望和方差;

(2) 求 X 与 Z 的相关系数;

(3) 问 X 与 Z 是否相互独立?

5. 设 X, Y 是随机变量,且有 $E(X) = 3, E(Y) = 1, D(X) = 4, D(Y) = 9$,令 $Z = 5X - Y + 15$,分别在下列三种情况下求 $E(Z)$ 和 $D(Z)$:

(1) X, Y 相互独立;

(2) X, Y 不相关;

(3) X 与 Y 的相关系数为 0.25.

帕斯卡

帕斯卡(Blaise Pascal,1623—1662,图 4-1),法国数学家、物理学家、近代概率论的奠基者.他生于法国奥弗涅的克莱蒙费朗,从小就智力高人一等,12 岁时就爱上数学.他父亲是一位受人尊敬的数学家,在其精心的教育下,帕斯卡很小时就精通欧几里得几何,他自己独

立地发现欧几里得的前32条定理,而且顺序也完全正确.12岁独自发现了三角形的内角和等于$180°$后,开始师从父亲学习数学.16岁就参加巴黎数学家和物理学家小组(法国科学院的前身),17岁时写成数学水平很高的《圆锥截线论》一文,后人把它叫作帕斯卡定理,这是他研究德扎尔格关于综合射影几何的经典工作的结果.他还提出了有名的帕斯卡三角形,阐明了代数中二项式展开的系数规律.数学家德扎尔格非常欣赏帕斯卡的才华,把这个曲线命名为"帕斯卡神秘六线形",并亲自担任了帕斯卡的教师.1642年,刚满19岁的他,设计制造了世界上第一架机械式计算装置——使用齿轮进行加减运算的计算机,原只是想帮助他父亲计算税收用,这是他为了减轻父亲计算中的负担动脑筋想出来的,却因此而闻名于当时,也成为后来计算机的雏形.在加法机研制成功之后,帕斯卡认为:人的某些思维过程与机械过程没有差别,因此可以设想用机械模拟人的思维活动.

图 4-1

1646年,他为了检验意大利物理学家伽利略和托里拆利的理论,制作了水银气压计,在能俯视巴黎的克莱蒙费朗的山顶上反复地进行了大气压的实验,为流体动力学和流体静力学的研究铺平了道路.实验中他为了改进托里拆利的气压计,他在帕斯卡定律的基础上发明了注射器,并创造了水压机.他关于真空问题的研究和著作,更加提高了他的声望.

帕斯卡定律的完整表述为:作用在密闭容器内的液体上的压强等值地传到流体各处和容器壁上.帕斯卡首先阐述了此定律.压强等于作用力除以作用面积.根据帕斯卡定律,在水力系统中的一个活塞上施加一定的压强,必将在另一个活塞上产生相同的压强增量.如果第二个活塞的面积是第一个活塞的面积的10倍,那么作用于第二个活塞上的力将增大为第一个活塞的10倍,而两个活塞上的压强仍然相等.

水压机就是帕斯卡定律的应用实例.它具有多种用途,如液压制动等.帕斯卡还发现:静止流体中任一点的压强各向相等,即该点在通过它的所有平面上的压强都相等.

在帕斯卡撰写的哲学名著《思想录》里,他留给世人一句名言:"人只不过是一根芦苇,是自然界最脆弱的东西,但他是一根有思想的芦苇."科学界铭记着帕斯卡的功绩,国际单位制规定"压强"单位为"帕斯卡",是因为他率先提出了描述液体压强性质的"帕斯卡定律".计算机领域更不会忘记帕斯卡的贡献,1971年面世的 PASCAL 语言,也是为了纪念这位先驱.

总习题四

一、选择题

1.设随机变量 $X \sim N(0,1)$,$Y \sim N(1,4)$,且相关系数 $\rho_{XY}=1$,则(   ).

A. $P\{Y=-2X-1\}=1$

B. $P\{Y=2X-1\}=1$

C. $P\{Y=-2X+1\}=1$

D. $P\{Y=2X+1\}=1$

2. 设随机变量 X 和 Y 独立同分布,记 $U=X-Y$,$V=X+Y$,则随机变量 U 与 V 必然(　　).

A. 不独立

B. 独立

C. 相关系数不为零

D. 相关系数为零

3. 设随机变量 X 和 Y 的方差存在且不等于 0,则 $D(X+Y)=D(X)+D(Y)$ 是 X 和 Y 的(　　).

A. 不相关的充分条件,但不是必要条件

B. 独立的必要条件,但不是充分条件

C. 不相关的充分必要条件

D. 独立的充分必要条件

二、计算题

1. 设随机变量 $X\sim\pi(\lambda)$,求 $E\left(\dfrac{1}{X+1}\right)$.

2. 设二维随机变量 (X,Y) 的分布律如表 4-27 所示.

表 4-27　(X,Y) 的联合分布律

Y	X		
	1	2	3
-1	0.2	0.1	0
0	0.1	0	0.3
1	0.1	0.1	0.1

(1) 求 $E(X)$,$E(Y)$;

(2) 设 $Z=\dfrac{Y}{X}$,求 $E(Z)$.

3. 设随机变量 X 的概率密度为

$$f(x)=\begin{cases}a+bx^2, & 0<x<1,\\ 0, & 其他.\end{cases}$$

已知 $E(X)=\dfrac{3}{5}$,求 $D(X)$.

4. 设随机变量 X 和 Y 的联合分布律如表 4-28 所示.

表 4-28　X 和 Y 的联合分布律

Y	X	
	0	1
-1	0.07	0.08
0	0.18	0.32
1	0.15	0.20

求:(1) X^2 和 Y^2 的协方差 $\mathrm{Cov}(X^2,Y^2)$;

(2) X 和 Y 的相关系数 ρ_{XY}.

5. 设已知 $2X+3Y=7$,求 ρ_{XY}.

6. 若 $X\sim N(0,1)$,且 $Y=X^2$,问 X 与 Y 是否不相关?是否相互独立?

第五章　大数定律与中心极限定理

通过第一章的学习,我们发现:虽然个别随机事件在某次试验中可能出现,也可能不出现,但是在大量重复试验中却呈现出明显的规律性,即一个随机事件出现的频率在某个固定数的附近摆动,这就是所谓"频率稳定性".那为什么具有这样的特性呢? 本章的大数定律从理论上证明了这种稳定性,同时,大数定律也是数理统计的理论基础.此外,本章还会介绍概率论中最重要的定理之一:中心极限定理,它揭示了在一定条件下,大量随机变量之和的分布逼近于正态分布.

第一节　大数定律

一、切比雪夫(Chebyshev)不等式

定理 1　设随机变量 X 的期望 $E(X)=\mu$,方差 $D(X)=\sigma^2$,则对于任意给定的正数 ε,有

$$P(|X-\mu|\geqslant\varepsilon)\leqslant\frac{\sigma^2}{\varepsilon^2}. \tag{1}$$

这个不等式称为**切比雪夫不等式**.

证　这里只证明 X 为连续随机变量的情形.设 X 的概率密度为 $f(x)$,如图 5-1 所示.

$$\begin{aligned}
P\{|X-\mu|\geqslant\varepsilon\} &= \int_{|X-\mu|\geqslant\varepsilon} f(x)\mathrm{d}x \\
&\leqslant \int_{|X-\mu|\geqslant\varepsilon} \frac{|x-\mu|^2}{\varepsilon^2} f(x)\mathrm{d}x \\
&\leqslant \frac{1}{\varepsilon^2}\int_{-\infty}^{+\infty}(x-\mu)^2 f(x)\mathrm{d}x = \frac{\sigma^2}{\varepsilon^2}.
\end{aligned}$$

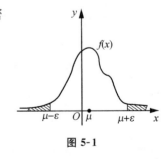

图 5-1

证毕.

注　切比雪夫不等式也可以写成:

$$P\{|X-\mu|<\varepsilon\}\geqslant 1-\frac{\sigma^2}{\varepsilon^2}. \tag{2}$$

切比雪夫不等式表明:随机变量 X 的方差越小,则事件 $\{|X-\mu|<\varepsilon\}$ 发生的概率越大,

即 X 的取值基本上集中在它的期望 μ 附近. 由此可见,方差刻画了随机变量取值的离散程度. 同时,在方差已知的情况下,切比雪夫不等式给出了 X 与它的期望 μ 的偏差不小于 ε 的概率的估计式.

【例 1】 已知正常男性成人血液中,每一毫升的白细胞数平均是 7 300,均方差是 700. 利用切比雪夫不等式估计每毫升血液中白细胞数在 5 200～9 400 的概率.

解 设每毫升血液中白细胞数为 X,依据题意,有 $\mu = 7\ 300, \sigma = 700$,所求概率为

$$P\{5\ 200 \leqslant X \leqslant 9\ 400\} = P\{5\ 200 - 7\ 300 \leqslant X - 7\ 300 \leqslant 9\ 400 - 7\ 300\}$$
$$= P\{-2\ 100 \leqslant X - \mu \leqslant 2\ 100\} = P\{|X - \mu| \leqslant 2\ 100\}.$$

由切比雪夫不等式,得

$$P\{|X - \mu| \leqslant 2\ 100\} \geqslant 1 - \frac{\sigma^2}{2\ 100^2} = 1 - \left(\frac{700}{2\ 100}\right)^2 = \frac{8}{9}.$$

即估计每毫升血液中白细胞数在 5 200～9 400 的概率不小于 $\frac{8}{9}$.

二、依概率收敛

在介绍大数定律和中心极限定理之前,先介绍一下"依概率收敛". "依概率收敛"不是一般意义上数列的极限,它的定义如下:

定义 1 设 $X_1, X_2, \cdots, X_n, \cdots$ 是一列随机变量,a 是一个给定的常数,若对于任意 $\varepsilon > 0$,有

$$\lim_{n \to \infty} P\{|X_n - a| < \varepsilon\} = 1, \tag{3}$$

则称随机变量序列 $\{X_n\}$ 依概率收敛于 a,记作 $X_n \overset{P}{\longrightarrow} a$.

定理 1 设随机变量 $X_1, X_2, \cdots, X_n, \cdots$ 相互独立,且具有相同的期望和方差:

$$E(X_i) = \mu, \quad D(X_i) = \sigma^2, \quad i = 1, 2, \cdots.$$

记 $Y_n = \dfrac{1}{n} \sum\limits_{i=1}^{n} X_i$,则对任意 $\varepsilon > 0$,有

$$\lim_{n \to \infty} P\{|Y_n - \mu| < \varepsilon\} = 1. \tag{4}$$

即 Y_n 依概率收敛于数学期望 $E(X) = \mu$.

证 由题意可知,$E(Y_n) = \dfrac{1}{n} \sum\limits_{i=1}^{n} E(X_i) = \mu$,$D(Y_n) = \dfrac{1}{n^2} \sum\limits_{i=1}^{n} D(X_i) = \dfrac{\sigma^2}{n}$,由切比雪夫不等式,得

$$P(|Y_n - \mu| < \varepsilon) \geqslant 1 - \frac{\sigma^2}{n\varepsilon^2}.$$

令 $n \to \infty$,有 $\lim\limits_{n \to \infty} P(|Y_n - \mu| < \varepsilon) \geqslant 1$,结合概率的性质可知,$\lim\limits_{n \to \infty} P(|Y_n - \mu| < \varepsilon) = 1$. 证毕.

二、大数定律

大数定律有多种形式,下面从最简单的伯努利大数定律说起,再简单介绍各种大数定理.

定理 2（伯努利大数定律）　设 n_A 为 n 重伯努利试验中事件 A 发生的频数，每次试验中 A 发生的概率为 p，则对任意 $\varepsilon>0$，有

$$\lim_{n\to\infty}P\left\{\left|\frac{n_A}{n}-p\right|<\varepsilon\right\}=1,\tag{5}$$

即 $\dfrac{n_A}{n}\xrightarrow{P}p=P(A).$

伯努利大数定律的结果表明，对任意的正数 ε，当 n 充分大时，事件"频率与概率的偏差小于 ε"实际上几乎是必然发生的. 这也是人们在实际应用中常用频率来代替概率的原因.

定理 3（切比雪夫大数定律）　设 $\{X_n\}$ 为一列两两不相关的随机变量序列，若每个 X_i 的方差存在，且有共同的上界，即 $\mathrm{Var}(X_i)\leqslant c,i=1,2,\cdots$，则对任意 $\varepsilon>0$，有

$$\lim_{n\to\infty}P\left\{\left|\frac{1}{n}\sum_{i=1}^{n}X_i-\frac{1}{n}\sum_{i=1}^{n}E(X_i)\right|<\varepsilon\right\}=1,$$

即

$$\frac{1}{n}\sum_{i=1}^{n}X_i\xrightarrow{P}\frac{1}{n}\sum_{i=1}^{n}E(X_i).$$

我们知道，一个随机变量的方差存在，则其数学期望必定存在；反之，则不成立. 切比雪夫大数定律假设随机变量序列 $\{X_n\}$ 的方差存在，以下的辛钦大数定律去掉了这一假设，仅设每个 X_i 的数学期望存在，但同时要求 $\{X_n\}$ 为独立同分布的随机变量序列.

定理 4（辛钦大数定律）　设 $\{X_n\}$ 为一独立同分布的随机变量序列，若它们的数学期望 $E(X_i)=\mu$，则对任意 $\varepsilon>0$，有

$$\lim_{n\to\infty}P\left\{\left|\frac{1}{n}\sum_{i=1}^{n}X_i-\mu\right|<\varepsilon\right\}=1,$$

即

$$\frac{1}{n}\sum_{i=1}^{n}X_i\xrightarrow{P}\mu.$$

辛钦大数定律表明，n 次观测值的算术平均值 $\dfrac{1}{n}\sum\limits_{i=1}^{n}X_i$ 依概率收敛于真实的均值 μ，这为估计期望值提供了一条可行的方法.

习题 5-1

1. 设 $X_1,X_2,\cdots,X_n,\cdots$ 独立同分布于参数为 1 的泊松分布，则当 $n\to\infty$ 时，$\dfrac{1}{n}\sum\limits_{i=1}^{n}X_i^2$ 依概率收敛于_____.

2. 设随机变量序列 $X_1,X_2,\cdots,X_n,\cdots$ 独立同分布，且它们的数学期望为 0，方差为 σ^2，则当 $n\to\infty$ 时，$\dfrac{1}{n}\sum\limits_{i=1}^{n}X_i^2$ 依概率收敛于_____.

3. 设随机变量序列 $X_1,X_2,\cdots,X_n,\cdots$ 独立同分布，且 $X_n\sim b(1,p_n),0<p_n<1$. 试问 $X_1,X_2,\cdots,X_n,\cdots$ 是否服从大数定律？

*第二节　中心极限定理

中心极限定理是概率论中最著名的定理之一. 它说明大量独立随机变量和近似地服从正态分布. 因此, 中心极限定理不仅提供了计算独立随机变量和的有关概率近似值的简便方法, 同时也帮助解释了现实世界中许多实际的总体分布的频率曲线呈现钟形曲线(正态密度)的原因. 下面主要介绍两种中心极限定理.

定理 5(林德伯格-莱维中心极限定理)　设 $\{X_n\}$ 为一独立同分布的随机变量序列, 且 $E(X_i)=\mu, D(X_i)=\sigma^2, i=1,2,\cdots,$ 则对任意 $x\in\mathbf{R},$ 有

$$\lim_{n\to\infty}P\left\{\frac{\sum\limits_{i=1}^{n}X_i-n\mu}{\sigma\sqrt{n}}\leqslant x\right\}=\frac{1}{\sqrt{2\pi}}\int_{-\infty}^{x}\mathrm{e}^{-\frac{t^2}{2}}\mathrm{d}t. \tag{6}$$

即当 n 充分大时,

$$\frac{\sum\limits_{i=1}^{n}X_i-n\mu}{\sigma\sqrt{n}}\overset{近似}{\sim}N(0,1),$$

或

$$\sum_{i=1}^{n}X_i\overset{近似}{\sim}N(n\mu,n\sigma^2),$$

或

$$\frac{1}{n}\sum_{i=1}^{n}X_i\overset{近似}{\sim}N\left(\mu,\frac{\sigma^2}{n}\right).$$

此定理只假设 $\{X_n\}$ 独立同分布、方差存在, 不管原来的分布是什么, 只要 n 充分大, 就可以用正态分布去逼近, 所以它有广泛的应用.

【例 2】　一位讲师需要批改 50 份试卷, 批改每份试卷所需的时间是独立同分布的, 其均值为 20、标准差为 4(单位:min), 求这位讲师在 450 min 内至少批改了 25 份试卷的概率的近似值.

解　设 X_i 表示批改第 i 份试卷所需的时间, 则 $X=\sum\limits_{i=1}^{25}X_i$ 为批改前 25 份试卷所需时间, 则有

$$E(X)=\sum_{i=1}^{25}E(X_i)=500,$$

且

$$\mathrm{Var}(X)=\sum_{i=1}^{25}\mathrm{Var}(X_i)=400.$$

利用中心极限定理, $\dfrac{X-500}{\sqrt{400}}\overset{近似}{\sim}N(0,1),$ 有

$$P\{X\leqslant450\}=P\left\{\frac{X-500}{\sqrt{400}}\leqslant\frac{450-500}{\sqrt{400}}\right\}\approx\Phi(-2.5)=1-\Phi(2.5)\approx0.006.$$

定理 6(棣莫佛-拉普拉斯定理)　设随机变量 $X_1,X_2,\cdots,X_n\cdots$ 相互独立, 并且都服从参

数为 p 的两点分布,则对任意实数 x,有

$$\lim_{n \to \infty} P\left\{ \frac{\sum\limits_{i=1}^{n} X_i - np}{\sqrt{np(1-p)}} \leqslant x \right\} = \frac{1}{\sqrt{2\pi}} \int e^{-\frac{t^2}{2}} dt = \Phi(x). \tag{7}$$

证　$E(X_k)=p$，$D(X_k)=p(1-p)$，$k=1,2,\cdots,n$，由定理 4 即可证得定理的结论.

【**例 3**】　某公司有 200 名员工参加一种资格证书考试. 按往年经验,该考试通过率为 0.8,试计算这 200 名员工至少有 150 名通过考试的概率.

解　令

$$X_i = \begin{cases} 1, & \text{第 } i \text{ 名通过考试,} \\ 0, & \text{第 } i \text{ 名未通过考试,} \end{cases} \quad i = 1,2,\cdots,200.$$

依题意可知,$P\{X_i=1\}=0.8$，$np=200\times0.8=160$，$np(1-p)=32$. $\sum\limits_{i=1}^{200} X_i$ 是考试通过的人数,因为 X_i 满足定理 5 的条件,故近似地有

$$\frac{\sum\limits_{i=1}^{200} X_i - 160}{\sqrt{32}} \sim N(0,1).$$

于是,

$$P\left\{ \sum_{i=1}^{200} X_i \geqslant 150 \right\} = P\left\{ \frac{\sum\limits_{i=1}^{200} X_i - 160}{\sqrt{32}} \geqslant \frac{150-160}{\sqrt{32}} \right\} \approx P\left\{ \frac{\sum\limits_{i=1}^{200} X_i - 160}{\sqrt{32}} \geqslant -1.77 \right\}$$

$$\approx 1 - \Phi(-1.77) = \Phi(1.77) \approx 0.96.$$

即至少有 150 名员工通过这种资格证书考试的概率约为 0.96.

 阅 读 资 料

许宝騄

许宝騄(1910 年 9 月 1 日—1970 年 12 月 18 日,图 5-2),字闲若,出生于北京,数学家,中央研究院第一届院士,中国科学院学部委员,北京大学数学系教授. 主要从事数理统计学和概率论研究,最先发现线性假设的似然比检验(F 检验)的优良性,给出了多元统计中若干重要分布的推导,推动了矩阵论在多元统计中的应用,他与 H. Robbins 一起提出了完全收敛的概念,是对强大数定律的重要加强.

图 5-2

一、人物生平

1910 年 9 月 1 日,许宝騄出生于北京,原籍浙江杭州. 许宝騄幼年随父曾在天津、杭州等地留居,大部分时间都由父亲聘请家庭教师传授,攻读《四书》、《五

经》、历史及古典文学,10 岁后就学作文言文,因此他的文学修养很深,用语、写作都很精练、准确.

1925 年,进入北京汇文中学,从高一读起.

1928 年,从汇文中学毕业后,考入燕京大学理学院.由于中学期间受表姐夫徐传元的影响,对数学颇有兴趣,入大学后了解到清华大学数学系最好,决心转学念数学.

1929 年,进入清华大学数学系,仍从一年级读起.当时的老师有熊庆来、孙光远、杨武之等,一起学习的有华罗庚、柯召等人.

1933 年,从清华大学毕业,获得理学学士学位,经考试录取赴英留学,体检时发现体重太轻不合格,未能成行,于是下决心休养一年.

1934 年,任北京大学数学系助教,担任正在访问北京大学的美国哈佛大学教授奥斯古德的助教,前后共两年.

1936 年,再次考取了赴英留学,派往伦敦大学学院,在统计系学习数理统计,攻读博士学位,在此期间共发表了 3 篇论文.当时伦敦大学学院规定数理统计方向要取得哲学博士的学位,必须寻找一个新的统计量,编制一张统计量的临界值表,而许宝騄因成绩优异,研究工作突出,第一个被破格用统计实习的口试来代替.

1938 年,他获得哲学博士学位.同年,系主任内曼受聘去美国加州大学伯克利分校,他推荐将许宝騄提升为讲师,接替他在伦敦大学讲课.

1940 年,他发表了 3 篇论文,其中两篇论文是数理统计学科的重要文献,在多元统计分析和内曼-皮尔逊理论中是奠基性的工作,因此获得科学博士学位.同年,到昆明,在西南联合大学任教.

1945 年秋,应邀去美国加州大学伯克利分校和哥伦比亚大学任访问教授,各讲一个学期,学生中有安德森、莱曼等人.

1946 年,到北卡罗来纳大学任教,一年后,他决心回国,谢绝了一些大学的聘任,回到北京大学任教授.

1948 年,当选为中央研究院第一届院士.

1955 年,当选为中国科学院学部委员(院士).

1970 年 12 月 18 日清晨,病逝于北京大学的勺园佟府,逝世时他床边的小茶几上还放着一支钢笔和未完成的手稿.

二、科研成就

1934—1936 年,许宝騄担任美国哈佛大学教授奥斯古德的助教,奥斯古德在他后来出版的书中,提到了许宝騄的帮助.奥斯古德是分析方面的专家,在这两年内许宝騄做了大量的分析方面的习题,也开始了一些研究.

1. 内曼工作

1938 年,许宝騄导出了霍太林提出的 T2 检验在一定意义下是局部最优的,主要的困难是在零假设不成立时,如何导出 T2 的分布,通常称为非零分布,有了非零分布才能讨论功效函数的大小.他的这一工作在 N. P. 理论和多元统计分析中都是占有重要地位的先驱性工作.

1943年,许宝骒完成了另一项重要工作,在讨论检验方法的优良性时,对于线性模型的线性假设,第一次证明了似然比检验的优良性,这是对多参数假设检验第一个非局部优良性的工作,如用λ表示似然比检验非零分布中的非中心参数,他证明了:如果功效函数只依赖于λ,那么似然比检验就是一致最强的.

2. 参数估计方面

在参数估计方面,当时大部分人关心的是均值估计的优良性,寻找极小方差的无偏估计.1938年,许宝骒在论文中第一个讨论线性模型中参数 62 的优良估计问题.在二次无偏的估计类中,如要求估计量的方差与期望值参数无关,他证明了通常的无偏估计 S2 具有一致最小方差的充分必要条件是 4 阶矩具有与正态相同的关系式(这一条件在现在的文献中称为准正态分布).许宝骒的工作是这个方向的起始点,而且他提出的方法仍然是处理更加复杂问题的有力工具,有的论文就用许氏模型这一名称来代表这类问题.

3. 次序统计量方面

许宝骒在寻求统计量的极限分布、在次序统计量的极限律型方面都有重要的贡献.在1949年的一篇论文中,他考虑了样本均值 $\bar{u}_1, \bar{u}_2, \cdots, \bar{u}_k$ 的函数 $f(\bar{u}_1, \bar{u}_2, \cdots, \bar{u}_k)$,利用泰勒展开,就可以用线性函数或二次函数去近似.并且用许多例子说明,当零假设成立时,线性部分依概率收敛于零,极限分布是正态变量二次型的分布,在很多情况下,正好是 χ^2 分布;当零假设不成立时,线性部分是主要的,因此极限分布是正态.在这篇40多页的论文中,他给出了许多统计量(尤其是多元分析中常见的)的渐近分布.20世纪60年代初,许宝骒领导了一个讨论班,带动一批学生用类似的方法,获得了次序统计量的各种情况下的极限律型,无论是单项的还是多项的,是固定名次的边项还是非固定名次的边项,是正则的还是非正则的中项,并发表了几篇论文.这些文章都是用笔名或他的学生的名义发表的,而基本的方法和思想都是他提出的.

4. 统计分析工作

许宝骒用矩阵微分这一工具,严格而清晰地导出了联合分布.20年后,安德森在他的书中,专列一章,详细介绍这一工作,并说明这些复杂的雅可比行列式的计算主要是许宝骒的功绩.后来,他在北卡罗来纳大学讲课时使这一方法更为系统,技巧也更成熟.1951年,由当时听课的学生第默尔和奥肯根据笔记整理发表在《Biometrika》上.

5. 概率论工作

许宝骒在伦敦大学学院攻读学位时,熟读了克拉美的《随机变量与概率分布》(1937年出版),掌握了特征函数的工具,所以他对极限理论很有兴趣.1947年,他与罗宾斯合写的论文《全收敛和大数定律》,第一次引入全收敛的概念.

20世纪50年代中期,许宝骒对马尔可夫过程有相当的兴趣,他用纯分析的方法研究了跳过程转移概率函数的可微性,他曾做过一些马氏链的极限定理,但未发表.1959年以后,他的兴趣已转向组合设计.1945年,他还完成了一篇论文,这篇文章第一次用特征函数方法来近似处理两个高度相关的随机变量的分布,给出了样本方差的渐近展开和余项的估计.这里的难点是要处理二维的分布,这是数理统计的问题,但方法和工具是概率论中常用的特征函数.这一工作在 20 世纪 70 年代以后引起了国际上许多学者深入的研究.

6. 组合数学

许宝騄晚年对组合数学的兴趣是由张里千三角方案的工作引起的.他感到可以把矩阵的方法系统地引入组合数学.从 1961 年起他就主持了一个试验设计讨论班,报告这一方面的工作,开展研究,用笔名班成在《数学进展》上发表了文章.文中用一条矩阵的引理,统一处理了 $v=2$ 的各种方案的唯一性和非唯一性(把张里千的结果包括在内).后来在 1966 年年初,他又在讨论班上系统报告了 BIB 的工作.

总习题五

一、填空题

1. 设总体 X 服从参数为 2 的指数分布,$X_1,X_2,\cdots,X_n$ 为来自总体的简单随机样本,当 $n\to\infty$ 时,$\dfrac{1}{n}\sum\limits_{i=1}^{n}X_i^2$ 依概率收敛于_____.

2. 设随机变量序列 $X_1,X_2,\cdots,X_n,\cdots$ 独立同分布,且 $E(X_i)=\mu$,$D(X_i)=\sigma^2$($i=1,2,\cdots$),则当 $n\to\infty$ 时,$\dfrac{1}{n}\sum\limits_{i=1}^{n}X_i^2$ 依概率收敛于_____.

3. 设 $X_1,X_2,\cdots,X_n,\cdots$ 独立同分布于参数为 λ 的泊松分布,则 $\lim\limits_{n\to\infty}P\left\{\dfrac{\sum\limits_{i=1}^{n}X_i-n\lambda}{\lambda\sqrt{n}}\leqslant 0\right\}=$

_____.

二、计算题

*1. 在用计算机进行加法运算时,对每个加数取整,设所有的取整误差相互独立,且都服从 $\left(-\dfrac{1}{2},\dfrac{1}{2}\right)$ 上的均匀分布,问多少个数加在一起使得误差绝对值小于 10 的概率为 0.9?

*2. 一生产线生产成品包装箱,设每箱平均质量为 50 kg,标准差为 5 kg.如果用最大载重为 5 t 的卡车装运,用中心极限定理计算每车最多装多少箱,可以保证卡车不超重的概率大于 0.977.($\Phi(2)=0.977$)

第六章　数理统计基础知识

　　前五章的研究属于概率论的范畴.我们已经看到,随机变量及其概率分布全面地描述了随机现象的统计规律性.在概率论的许多问题中,概率分布通常被假定为已知的,而一切计算及推理均基于这个已知的分布进行.在实际问题中,情况往往并非如此.在数理统计中,我们有时候可能仅知道随机变量所服从分布的类型,而不知其中的某些参数,甚至有些时候连分布的类型也不知道.数理统计的主要任务就是通过对所研究的随机变量进行重复独立地观察,得到一系列观测值,再对这些观测值进行分析,从而对所研究的随机变量做出合理的推断,推断其服从何种分布,或推断它的一些参数值.

　　本章主要介绍数理统计的基本概念,包括总体、样本及统计量等,并着重介绍几个常用的统计量及三大抽样分布.

第一节　总体与样本

　　定义 1　在一个统计问题中,我们把研究对象的全体称为总体,构成总体的每个成员称为个体.

　　【例 1】　要研究某厂所生产的一批灯管的使用寿命,这一批灯管的使用寿命的全体就组成一个总体,其中每一个灯管的使用寿命就是一个个体.

　　以 X 表示灯管的使用寿命,则 X 是一个随机变量,所以总体就是指某个随机变量 X 可能取值的全体.数理统计的目标就是揭示总体 X 的统计规律.

　　【例 2】　要研究某大学的学生身高情况,该大学学生的身高全体就组成一个总体,其中每一个学生的身高就是一个个体.

　　定义 2　从总体 X 中随机抽取 n 个个体 $X_1, X_2, \cdots, X_n$,称这 n 个个体为总体 X 的一个样本,n 为样本容量,称该过程为抽样.

　　【例 3】　在例 1 的研究中,由于测试灯管的使用寿命具有破坏性,所以将所有的灯管都拿来测试其使用寿命是不现实的,我们只能从这批灯管中抽取一部分进行测试,然后根据这一部分测试的数据对整批灯管的使用寿命做出推断.假设我们抽取了 100 根灯管对其使用寿命进行测试.

此时,被抽出的第 i 个个体的使用寿命在没有测试之前是一个随机变量,记作 X_i , $i=1$, $2,\cdots,100$. 这 100 个随机变量序列 $X_1,X_2,\cdots,X_{100}$ 就称为总体 X 的一个样本,样本容量为 100 .

对抽出的 100 个个体进行测试后,就有确定的观测值,我们用小写字母 $x_1,x_2,\cdots,x_{100}$ 来表示这组样本的一次观测值.

从总体中抽取样本可以有不同的抽法,为了能由样本对总体做出较为可靠的推断,就希望样本能很好地代表总体,这就需要对抽样方法提出一些要求,最常用的"简单随机抽样"有如下两个要求:

① 样本具有随机性,即要求总体中每一个个体都有同等机会被选入样本,这便可以保证每一个样本 X_i 与总体 X 具有相同的分布.

② 样本要有独立性,即要求每次抽样的结果之间是相互独立的.

用简单随机抽样方法得到的样本称为简单随机样本,除非特别说明,本书中的样本皆为简单随机样本.

因此,样本 $X_1,X_2,\cdots,X_n$ 可以看成是相互独立的具有同一分布的随机变量,其分布即为总体 X 分布.

【例 4】 总体 X 是离散型随机变量,记其分布律为 $P\{X=x\}=p(x)$, $X_1,X_2,\cdots,X_n$ 是一组容量为 n 的样本, $x_1,x_2,\cdots,x_n$ 是样本的一组观测值,则样本的联合分布律为
$$P\{X_1=x_1,X_2=x_2,\cdots,X_n=x_n\}=p(x_1)p(x_2)\cdots p(x_n).$$

【例 5】 总体 X 是连续型随机变量,记其密度函数为 $f(x)$, $X_1,X_2,\cdots,X_n$ 是一组容量为 n 的样本, $x_1,x_2,\cdots,x_n$ 是样本的一组观测值,则样本的联合密度函数为
$$f(x_1,x_2,\cdots,x_n)=f(x_1)f(x_2)\cdots f(x_n).$$

习题 6-1

1. 设一本书每一页的印刷错误数 X 服从泊松分布 $\pi(\lambda)$, $\lambda>0$,求来自这一总体的样本 $X_1,X_2,\cdots,X_n$ 的联合分布律.

2. 设 $X_1,X_2,\cdots,X_n$ 是来自均匀总体 $U(a,b)$ 的样本,求该样本的联合密度函数.

第二节　经验分布函数

定义 2 设 $X_1,X_2,\cdots,X_n$ 是取自总体分布函数为 $F(x)$ 的样本,若将样本观测值由小到大进行排列,记作 $x_{(1)},x_{(2)},\cdots,x_{(n)}$,即 $x_{(1)}$ 是观测值 $x_1,x_2,\cdots,x_n$ 中的最小值, $x_{(n)}$ 是观测值 $x_1,x_2,\cdots,x_n$ 中的最大值,记

$$F_n(x) = \begin{cases} 0, & x < x_{(1)}, \\ \dfrac{k}{n}, & x_{(k)} \leqslant x < x_{(k+1)}, k = 1, 2, \cdots, n-1, \\ 1, & x \geqslant x_{(n)}, \end{cases}$$

则 $F_n(x)$ 是一非减右连续函数,且满足 $F_n(-\infty) = 0$ 和 $F_n(+\infty) = 1$.

由此可见,$F_n(x)$ 是一个分布函数,并称 $F_n(x)$ 为经验分布函数.

从经验分布函数的表达式可知,对于每一个固定的 $x \in \mathbf{R}$, $F_n(x)$ 是事件 $\{X \leqslant x\}$ 发生的频率. 当 n 固定时,它是一个随机变量. 根据伯努利大数定律,有

$$F_n(x) \xrightarrow{P} F(x), \quad n \to \infty.$$

事实上,还有更深刻的结果. 比如,格利文科(Glivenko)所给出的关系式:

$$P\left\{ \limsup_{n \to \infty} \sup_{x \in \mathbf{R}} |F_n(x) - F(x)| = 0 \right\} = 1.$$

由此可见,当 n 很大时,经验分布函数 $F_n(x)$ 是总体分布函数 $F(x)$ 的一个良好的近似.

【例 6】 随机观测总体 X,得到一个容量为 10 的样本值:

$$3.2, 2.5, -2, 2.5, 0, 3, 2, 2.5, 2, 4.$$

求 X 的经验分布函数.

解 把样本值按从小到大的顺序排列为

$$-2 < 0 < 2 = 2 < 2.5 = 2.5 = 2.5 < 3 < 3.2 < 4.$$

于是,得经验分布函数为

$$F_{10}(x) = \begin{cases} 0, & x < -2, \\ \dfrac{1}{10}, & -2 \leqslant x < 0, \\ \dfrac{2}{10}, & 0 \leqslant x < 2, \\ \dfrac{4}{10}, & 2 \leqslant x < 2.5, \\ \dfrac{7}{10}, & 2.5 \leqslant x < 3, \\ \dfrac{8}{10}, & 3 \leqslant x < 3.2, \\ \dfrac{9}{10}, & 3.2 \leqslant x < 4, \\ 1, & 4 \leqslant x. \end{cases}$$

其中如求 $2 \leqslant x < 2.5$,事件 $\{X \leqslant x\}$ 包含的样本个数 $k = 4$,故事件 $\{X \leqslant x\}$ 的频率为 $\dfrac{4}{10}$,从而当 $2 \leqslant x < 2.5$ 时,$F_{10}(x) = \dfrac{4}{10}$. 在其他区间上 $F_{10}(x)$ 可类似得到.

1. 某食品厂生产听装饮料,现从生产线上随机抽取 5 听饮料,称得其净重(单位:g)如下:

$$351,347,355,344,351.$$

根据这组观测值求经验分布函数.

2. 设从总体 X 中抽取容量为 3 的样本,总体 X 的分布函数为 $F(x)$,观测值为 $1,2,3$,试以这组观测值求经验分布函数.

第三节　统计量

样本来自总体,样本的观测值中含有总体各方面的信息,为将这些分散在样本中的有关总体的信息集中起来以反映总体的各种特征,最常用的方法是构造样本函数,不同的函数反映总体的不同特征.

定义 3　设 $X_1,X_2,\cdots,X_n$ 为取自总体的一个样本,若样本函数 $T=T(X_1,X_2,\cdots,X_n)$ 中不含有任何未知参数,则称 T 为统计量.统计量的分布称为抽样分布.

【例 7】　设总体 X 的分布中有参数 μ 和 σ,其中 μ 已知,σ 未知,$X_1,X_2,\cdots,X_n$ 为取自总体的一个样本,则 $X_1-\mu$,$\dfrac{1}{n}\sum\limits_{i=1}^{n}X_i$,$\sum\limits_{i=1}^{n}X_i^2$ 等都是统计量,但 $\dfrac{X_1-\mu}{\sigma}$,$\sum\limits_{i=1}^{n}\dfrac{(X_i-\mu)^2}{\sigma^2}$ 不是统计量.

【例 8】　下面介绍 5 种常用的统计量(表 6-1).设 $X_1,X_2,\cdots,X_n$ 为取自总体的一个样本,$x_1,x_2,\cdots,x_n$ 是该样本的一组观测值.

表 6-1　5 种常用的统计量

名称	统计量	对应的观测值
样本均值	$\overline{X}=\dfrac{1}{n}\sum\limits_{i=1}^{n}X_i$	$\overline{x}=\dfrac{1}{n}\sum\limits_{i=1}^{n}x_i$
样本方差	$S^2=\dfrac{1}{n-1}\sum\limits_{i=1}^{n}(X_i-\overline{X})^2$ $=\dfrac{1}{n-1}\left(\sum\limits_{i=1}^{n}X_i^2-n\overline{X}^2\right)$	$s^2=\dfrac{1}{n-1}\sum\limits_{i=1}^{n}(x_i-\overline{x})^2$ $=\dfrac{1}{n-1}\left(\sum\limits_{i=1}^{n}x_i^2-n\overline{x}^2\right)$

续表

名称	统计量	对应的观测值
样本标准差	$S = \sqrt{\dfrac{1}{n-1}\sum\limits_{i=1}^{n}(X_i - \overline{X})^2}$	$s = \sqrt{\dfrac{1}{n-1}\sum\limits_{i=1}^{n}(x_i - \overline{x})^2}$
样本 k 阶（原点）矩	$A_k = \dfrac{1}{n}\sum\limits_{i=1}^{n}X_i^{k}, k=1,2,\cdots$	$a_k = \dfrac{1}{n}\sum\limits_{i=1}^{n}x_i^{k}, k=1,2,\cdots$
样本 k 阶中心矩	$B_k = \dfrac{1}{n}\sum\limits_{i=1}^{n}(X_i - \overline{X})^{k}, k=1,2,\cdots$	$b_k = \dfrac{1}{n}\sum\limits_{i=1}^{n}(x_i - \overline{x})^{k}, k=1,2,\cdots$

【例 9】 某单位收集到 20 名青年人某月的网购支出数据（单位：×10 元）：

$$79, 84, 84, 88, 92, 93, 94, 97, 98, 99,$$

$$100, 101, 101, 102, 102, 108, 110, 113, 118, 125.$$

求该月这 20 名青年人网购支出数据的样本均值 $\overline{X}$、样本方差 S^2 和样本均方差 S.

解 $\overline{X} = \dfrac{1}{20}(79 + 84 + \cdots + 113 + 118 + 125) = 99.4$,

$S^2 = \dfrac{1}{20-1}\left[(79-99.4)^2 + (84-99.4)^2 + \cdots + (118-99.4)^2 + (125-99.4)^2\right]$

$\quad = 133.94$,

$S = \sqrt{133.94} \approx 11.57$.

故该月这 20 名青年人网购支出数据的样本均值为 99.4，样本方差为 133.94，样本标准差为 11.57.

习题 6-3

1. 设 X 为总体，$X_1, X_2, \cdots, X_n$ 为来自总体 X 的简单随机样本，下列不是统计量的是（ ）.

A. $\dfrac{X_1 + 2X_2 + 3X_3 + 4X_4}{10}$

B. $X_1^2 + X_2^2 + X_3 + 2X_4$

C. $a(X_1 - 2X_2)^2 + 2(3X_3 - 4X_4)^2$（$a$ 为总体分布中的未知参数）

D. $X_1^2 + X_2^2$

2. 已知总体 X 服从 $[0, \lambda]$ 上的均匀分布（λ 未知），$X_1, X_2, \cdots, X_n$ 为 X 的样本，则下列说法正确的是（ ）.

A. $\dfrac{1}{n}\sum\limits_{i=1}^{n}X_i - \dfrac{\lambda}{2}$ 是一个统计量

B. $\dfrac{1}{n}\sum\limits_{i=1}^{n}X_i - E(X)$ 是一个统计量

C. $X_1 + X_2$ 是一个统计量

D. $\dfrac{1}{n}\sum\limits_{i=1}^{n}X_i^2 - D(X)$ 是一个统计量

3. 设抽样得到样本观测值为

$$38.1,40,39.5,40.2,39.6,40.5,38.8,39.8.$$

试计算样本均值、样本方差、样本标准差和样本二阶中心矩.

第四节　几种常用统计量的分布

统计量的分布称为抽样分布. 在使用统计量进行统计推断时常常需要知道它所服从的分布. 实际上, 如果总体的分布函数已知, 那么抽样分布是确定的, 但要求出统计量的精确分布有困难. 本节主要介绍来自正态总体的几个常用统计量的分布.

一、三个重要的抽样分布

1. χ^2 分布

定义 4　设 $X_1, X_2, \cdots, X_n$ 是来自总体 $N(0,1)$ 的样本, 则称统计量

$$\chi^2 = X_1^2 + X_2^2 + \cdots + X_n^2$$

服从自由度为 n 的 χ^2(卡方)分布, 记作 $\chi^2 \sim \chi^2(n)$. 其中自由度指的是上式右端包含的独立变量的个数.

$\chi^2(n)$ 分布的概率密度函数为

$$f_{\chi^2}(z) = \begin{cases} \dfrac{1}{2^{\frac{n}{2}} \Gamma\left(\dfrac{n}{2}\right)} z^{\frac{n}{2}-1} \mathrm{e}^{-\frac{1}{2}z}, & z > 0, \\ 0, & z \leqslant 0, \end{cases}$$

其中 $\Gamma(\cdot)$ 为 Gamma 函数, $f_{\chi^2}(z)$ 的图形如图 6-1 所示.

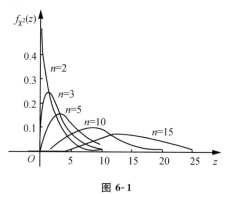

图 6-1

注　Gamma 函数的定义为

$$\Gamma(\alpha) = \int_0^{+\infty} x^{\alpha-1} \mathrm{e}^{-x} \mathrm{d}x.$$

定义 5　设 $\chi^2 \sim \chi^2(n)$, 对于给定的正数 $\alpha(0 < \alpha < 1)$, 称满足

$$P\{\chi^2 > \chi_\alpha^2(n)\} = \alpha$$

的数 $\chi_\alpha^2(n)$ 为自由度为 n 的 χ^2 分布的 α 分位数.

分位数 $\chi_\alpha^2(n)$ 可以从附表 3 中查到. 譬如 $n=10, \alpha=0.05$, 那么从附表上查得 $\chi_{0.05}^2(10) = 18.307$, 其密度函数 $f_{\chi^2}(z)$ 在图中的位置如图 6-2 所示, 其中阴影部分的面积就是 $\alpha=0.05$.

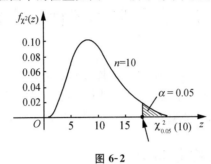

图 6-2

χ^2 分布的性质如下:

(1) 设随机变量 $X_1 \sim \chi^2(n_1), X_2 \sim \chi^2(n_2)$, 并且相互独立, 则 $X_1 + X_2 \sim \chi^2(n_1+n_2)$.

(2) 设 $\chi^2 \sim \chi^2(n)$, 则 $E(\chi^2)=n, D(\chi^2)=2n$.

【例 10】 设总体 $X \sim N(\mu, \sigma^2), X_1, X_2, \cdots, X_n$ 为来自总体 X 的简单随机样本, 试证明:

$$\frac{1}{\sigma^2} \sum_{i=1}^{n} (X_i - \mu)^2 \sim \chi^2(n).$$

证　因为 $X_i \sim N(\mu, \sigma^2), \dfrac{X_i - \mu}{\sigma} \cdot N(0,1)(i=1,2,\cdots,n)$, 由 χ^2 分布的定义可知,

$$\sum_{i=1}^{n} \left(\frac{X_i - \mu}{\sigma}\right)^2 = \frac{1}{\sigma^2} \sum_{i=1}^{n} (X_i - \mu)^2 \sim \chi^2(n).$$

2. t 分布

定义 6　设随机变量 $X \sim N(0,1), Y \sim \chi^2(n)$, 且 X 与 Y 独立, 则称随机变量

$$t = \frac{X}{\sqrt{\dfrac{Y}{n}}}$$

服从自由度为 n 的 t 分布, 又称为学生氏(Student)分布, 记作 $t \sim t(n)$. t 分布的密度函数为

$$f_t(z) = \frac{\Gamma\left[\dfrac{(n+1)}{2}\right]}{\sqrt{n\pi}\,\Gamma\left(\dfrac{n}{2}\right)} \left(1 + \frac{z^2}{n}\right)^{-\frac{n+1}{2}}, z \in \mathbf{R}.$$

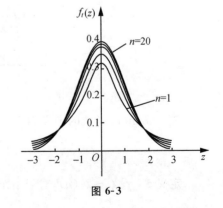

图 6-3

$f_t(z)$ 的图形如图 6-3 所示.

当 n 充分大时, $t(n)$ 分布近似于 $N(0,1)$ 分布, 但对于较小的 n, $t(n)$ 分布与 $N(0,1)$ 分布的差异还是比较大的.

定义 7　设 $t \sim t(n)$, 对于给定的正数 $\alpha(0 < \alpha < 1)$, 称满足

$$P\{t>t_\alpha(n)\}=\alpha$$

的数 $t_\alpha(n)$ 为自由度为 n 的 t 分布的 α 分位数.

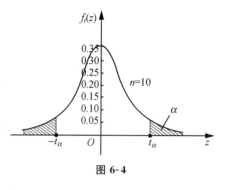

图 6-4

分位数 $t_\alpha(n)$ 可以从附表 4 中查到. 譬如 $n=10$, $\alpha=0.05$, 那么从附表上查得 $t_{0.05}(10)=1.8125$.

由于 t 分布的密度函数具有对称性, 故有 $t_{1-\alpha}(n)=-t_\alpha(n)$, 如图 6-4 所示.

【例 11】　设 X_1,X_2,X_3,X_4,X_5 为来自标准正态总体 $X\sim N(0,1)$ 的简单随机样本, 试求下列随机变量的分布:

(1) $\dfrac{2X_1}{\sqrt{X_1{}^2+X_2{}^2+X_4{}^2+X_5{}^2}}$;

(2) $\dfrac{X_2}{|X_1|}$.

解　由题意知, $X_i\sim N(0,1)$, $i=1,2,3,4,5$, 且相互独立, 故由 χ^2 分布的定义, 可知

$$X_1{}^2+X_2{}^2+X_4{}^2+X_5{}^2\sim\chi^2(4),\quad X_1{}^2\sim\chi^2(1).$$

因此, 由 t 分布的定义, 可知

$$\frac{2X_1}{\sqrt{X_1{}^2+X_2{}^2+X_4{}^2+X_5{}^2}}=\frac{X_1}{\sqrt{\dfrac{(X_1{}^2+X_2{}^2+X_4{}^2+X_5{}^2)}{4}}}\sim t(4),$$

$$\frac{X_2}{|X_1|}=\frac{X_2}{\sqrt{\dfrac{X_1{}^2}{1}}}\sim t(1).$$

3. F 分布

定义 8　设随机变量 $X\sim\chi^2(m)$, $Y\sim\chi^2(n)$, 且 X 与 Y 独立, 则称随机变量

$$F=\frac{\dfrac{X}{m}}{\dfrac{Y}{n}}$$

服从自由度为 (m,n) 的 F 分布, 记作 $F\sim F(m,n)$. F 分布的概率密度函数为

$$f_F(z)=\begin{cases}\dfrac{\Gamma\left[\dfrac{(m+n)}{2}\right]}{\Gamma\left(\dfrac{m}{2}\right)\Gamma\left(\dfrac{n}{2}\right)}\left(\dfrac{m}{n}\right)\left(\dfrac{m}{n}z\right)^{\frac{m}{2}-1}\left(1+\dfrac{m}{n}z\right)^{-\frac12(m+n)}, & z>0,\\[4mm]0, & z\leqslant0.\end{cases}$$

$f_F(z)$ 的图形如图 6-5 所示.

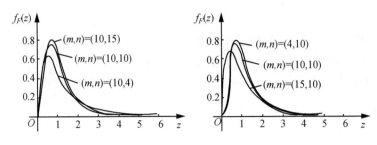

图 6-5

定义 9　设 $F \sim F(m,n)$，对于给定的正数 $\alpha(0 < \alpha < 1)$，称满足

$$P\{F > F_\alpha(m,n)\} = \alpha$$

的数 $F_\alpha(m,n)$ 为自由度为 (m,n) 的 F 分位数.

分位数 $F_\alpha(m,n)$ 可以从附表 5 中查到，在 $F(m,n)$ 的密度函数图中的位置如图 6-6 所示.

【例 12】　设 X_1, X_2, X_3, X_4 为来自标准正态总体 $X \sim N(0,1)$ 的简单随机样本，试求 $\dfrac{X_1^2 + X_2^2}{X_3^2 + X_4^2}$ 的分布.

解　由题意知 $X_1^2 + X_2^2 \sim \chi^2(2)$，$X_3^2 + X_4^2 \sim \chi^2(2)$，因此，根据 F 分布的定义，可知

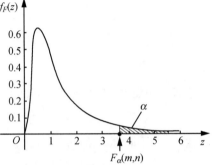

图 6-6

$$\frac{X_1^2 + X_2^2}{X_3^2 + X_4^2} = \frac{\dfrac{(X_1^2 + X_2^2)}{2}}{\dfrac{(X_3^2 + X_4^2)}{2}} \sim F(2,2).$$

二、正态总体中的几个抽样分布

定理 1　设 $X_1, X_2, \cdots, X_n$ 为来自正态总体 $X \sim N(\mu, \sigma^2)$ 的样本，样本均值与样本方差分别为 $\overline{X} = \dfrac{1}{n}\sum\limits_{i=1}^{n} X_i$，$S^2 = \dfrac{1}{n-1}\sum\limits_{i=1}^{n} (X_i - \overline{X})^2$，则

(1) $\overline{X} \sim N\left(\mu, \dfrac{\sigma^2}{n}\right)$，从而 $\dfrac{\overline{X} - \mu}{\dfrac{\sigma}{\sqrt{n}}} \sim N(0,1)$；

(2) $\overline{X}$ 与 S^2 相互独立；

(3) $\dfrac{(n-1)S^2}{\sigma^2} \sim \chi^2(n-1)$；

(4) $\dfrac{\overline{X} - \mu}{\dfrac{S}{\sqrt{n}}} \sim t(n-1)$.

定理 2　设 $X_1, X_2, \cdots, X_m$ 为来自正态总体 $N(\mu_1, \sigma_1^2)$ 的样本，$Y_1, Y_2, \cdots, Y_n$ 为来自正态总体 $N(\mu_2, \sigma_2^2)$ 的样本，且这两个样本相互独立. 设 $\overline{X} = \dfrac{1}{m}\sum\limits_{i=1}^{m} X_i$，$\overline{Y} = \dfrac{1}{n}\sum\limits_{i=1}^{n} Y_i$ 分别是这

两个样本的样本均值，$S_1{}^2 = \dfrac{1}{m-1}\sum\limits_{i=1}^{m}(X_i - \overline{X})^2$，$S_2{}^2 = \dfrac{1}{n-1}\sum\limits_{i=1}^{n}(Y_i - \overline{Y})^2$ 分别是这两个样本的样本方差，则

$$\frac{\dfrac{S_1{}^2}{S_2{}^2}}{\dfrac{\sigma_1{}^2}{\sigma_2{}^2}} \sim F(m-1, n-1).$$

【例 13】 设 $X_1, X_2, \cdots, X_n$ 为来自标准正态总体 $X \sim N(0,1)$ 的简单随机样本，则下列正确的是（　　）

A. $nS^2 \sim \chi^2(n)$　　　　　　　　　B. $n\overline{X} \sim N(0,1)$

C. $\dfrac{(n-1)\overline{X}}{S} \sim t(n-1)$　　　　　D. $\dfrac{(n-1)X_1{}^2}{\sum\limits_{i=2}^{n} X_i{}^2} \sim F(1, n-1)$

解　因为 $X_1{}^2 \sim \chi^2(1)$，$\sum\limits_{i=2}^{n} X_i{}^2 \sim \chi^2(n-1)$，且 $X_1{}^2$ 与 $\sum\limits_{i=2}^{n} X_i{}^2$ 相互独立，所以 $\dfrac{\dfrac{X_1{}^2}{1}}{\dfrac{\left(\sum\limits_{i=1}^{n} X_i{}^2\right)}{n-1}} \sim$

$F(1, n-1)$，即 $\dfrac{(n-1)X_1{}^2}{\sum\limits_{i=2}^{n} X_i{}^2} \sim F(1, n-1)$，故选 D.

习题 6-4

1. 设 $X_1, X_2, \cdots, X_n$ 为来自总体 $X \sim N(0,1)$ 的样本，则 $\sum\limits_{i=1}^{n} X_i{}^2 = $ _____，$E\left(\sum\limits_{i=1}^{n} X_i{}^2\right) = $ _____.

2. 设 $X_1, X_2, \cdots, X_n$ 为来自总体 $X \sim N(\mu, \sigma^2)$ 的样本，则 $D(S^2) = $ _____.

3. 设随机变量 X 与 Y 相互独立，且 $X \sim \chi^2(2)$，$Y \sim \chi^2(5)$，$X + Y = $ _____.

4. 设随机变量 X 与 Y 相互独立，均服从正态分布 $N(0,9)$，$X_1, X_2, \cdots, X_9$ 与 $Y_1, Y_2, \cdots, Y_9$ 分别为取自总体 X 和 Y 的样本，则统计量 $\dfrac{X_1 + X_2 + \cdots + X_9}{\sqrt{Y_1{}^2 + Y_1{}^2 \cdots + Y_9{}^2}} = $ _____.

5. 已知某种棉纱的强度服从正态分布 $N(1.56, 0.22^2)$，从上述总体中随机抽取样本容量为 50 的样本，样本均值为 $\overline{X}$，求 $\overline{X}$ 小于 1.45 的概率.

6. 设总体 $X \sim N(60, 12^2)$，从总体中随机抽取样本容量为 n 的样本，问容量至少为多少时，才能使样本均值大于 54 的概率不小于 0.975？

阅 读 资 料

陈希孺

1. 人物生平

1934 年 2 月 11 日,陈希孺出生于长沙市北湘江之滨的一个农民家庭(今属长沙市望城区).

1946 年秋,陈希孺考入长沙城内长郡中学.

1951 年,陈希孺转入湖南省长沙市第一中学.

1952 年秋,陈希孺考入湖南大学数学系,一年后,因院系调整转到武汉大学数学系学习.

1956 年,陈希孺从武汉大学数学系毕业,同年进入中国科学院数学研究所任实习研究员.

图 6-7

1957 年,陈希孺前往波兰科学院进修,师从统计学家菲兹(至 1958 年).

1961 年,陈希孺调至新成立不久的中国科学技术大学任教,先后担任助教、讲师(1963 年晋升)、副教授(1978 年晋升)、教授(1980 年晋升)、博士生导师(1981 年获准).

1980 年,陈希孺参与创建了中国概率统计学会,并被推选为第一届理事长.

1985 年,陈希孺加入国际统计学会.

1986 年 9 月至 1988 年 5 月,陈希孺应邀访问美国匹兹堡大学.

1997 年,陈希孺当选为中国科学院院士.

2002 年,陈希孺当选为 IMS 的 Fellow.

2004 年 11 月 12 日,中国科学技术大学举行庆祝陈希孺院士从教 45 周年暨《陈希孺统计文选》首发仪式.

2005 年 8 月 8 日 21 点 5 分,陈希孺在北京肿瘤医院逝世,享年 71 岁.

2. 科研成就

(1) 科研综述.

陈希孺是中国线性回归大样本理论的开拓者,他在参数统计领域及非参数统计领域都作出了具有国际影响的贡献. 他解决了在一般同变损失下位置——刻度参数的序贯 Minimax 同变估计的存在和形式问题;给出了在种种抽样机制(固定、两阶段和序贯)之下,作为分布泛函的一般参数存在精确区间估计的条件,否定了国外学者关于此问题的某些猜测;特别关于 U 统计量逼近正态分布的非一致收敛速度的工作被 *Encyclopedia of Statistical Sciences* 所引用,并被苏联学者撰写的专著 *Theory of U-Statistics* 作为该领域重要的工作之一作了详细的论述;他在自变量带误差的线性回归模型和广义线性模型的研究方面获得了若干重要的成果.

（2）理论成果.

陈希孺对线性统计模型作了深入系统的研究,解决了一般损失函数下 M 估计的强、弱相合问题.在非参数计量,特别是极重要的 U 统计量的研究中获得 U 统计量分布的非一致收敛速度,具有国际领先水平.在参数估计这个基本分支中,解决了国际统计学界当时致力的一些问题,包括定出了重要的正态分布两参数在一般损失下的序贯 Minimax 估计,否定了关于某种区间估计存在条件的一个公开猜测,并提出了正确解,等等.在非参数回归、密度估计与判别中做出了一系列优秀成果,包括定出了错判概率的指数界限,"data based"型估计的收敛条件,以及对几个常用的密度估计和回归估计类定出了其最佳收敛速度等.

（3）学术论著.

多年来,陈希孺在科学研究上取得了令人瞩目的成就,他一共发表了 130 多篇论文,发表十余本专著、教科书及科普读物.

总习题六

一、选择题

1. 设 $X_1, X_2, \cdots, X_n$ 为来自总体 $X \sim N(\mu, \sigma^2)$ 的样本,μ, σ 是未知参数,则下列是非统计量的是（　　）.

A. $\dfrac{1}{n}\sum\limits_{i=1}^{n} X_i^2$　　　　B. $\dfrac{1}{n}\sum\limits_{i=1}^{n} X_i$　　　　C. $\dfrac{1}{n}\sum\limits_{i=1}^{n}(X_i - \mu)^2$　　　　D. $\dfrac{1}{n-1}\sum\limits_{i=1}^{n}(X_i - \overline{X})^2$

2. 设 $X_1, X_2, \cdots, X_n$ 为来自标准正态总体 $X \sim N(0,1)$ 的简单随机样本,则下列正确的是（　　）.

A. $\overline{X} \sim N(0,1)$　　　　　　　　　　B. $n\overline{X} \sim N(0,1)$

C. $\sum\limits_{i=1}^{n} X_i^2 \sim \chi^2(n)$　　　　　　　　D. $\dfrac{\overline{X}}{S} \sim t(n-1)$

3. 设 $X_1, X_2, \cdots, X_n$ 为来自总体 $X \sim N(1, 3^2)$ 的样本,且 $a\overline{X} - 2 \sim N(0,1)$,则（　　）.

A. $a = 2, n = 9$　　　　　　　　　　B. $a = 2, n = 36$

C. $a = -2, n = 9$　　　　　　　　　　D. $a = -2, n = 36$

4. 设 $X \sim N(0,1), Y \sim N(0,1)$,则（　　）.

A. $X + Y \sim N(0,2)$　　　　　　　　B. $X^2 + Y^2 \sim \chi^2(2)$

C. $\dfrac{X^2}{Y^2} \sim F(1,1)$　　　　　　　　D. $X^2 \sim \chi^2(1), Y^2 \sim \chi^2(1)$

二、填空题

设 $X_1, X_2, \cdots, X_n$ 为来自总体 $X \sim N(\mu, \sigma^2)$ 的样本,记统计量 $T = \dfrac{1}{n}\sum\limits_{i=1}^{n} X_i^2$,则 $E(T) =$

_____.

三、计算题

1. 设总体 X 和总体 Y 相互独立,均服从正态分布 $X \sim N(0, \sigma^2)$, X_1, X_2, X_3, X_4 与 Y_1, $Y_2, \cdots, Y_n$ 分别为取自总体 X 和 Y 的样本,且 $\dfrac{3(X_1 + X_2 + X_3 + X_4)}{\sqrt{Y_1^2 + \cdots + Y_n^2}} \sim t(n)$,求 n.

2. 设 X_1, X_2, X_3, X_4 是来自总体 $X \sim N(0, 4)$ 的样本,$Y = a(X_1 - 2X_2)^2 + b(3X_3 - 4X_4)^2$,问 a, b 为何值时,统计量 Y 服从 χ^2 分布,其自由度是多少?

第七章　参数估计

统计推断是依据从总体中抽取的一个简单随机样本对总体进行分析和推断的. 统计推断的基本问题可分为两类:一类是参数估计问题,另一类是假设检验问题.本章先介绍参数估计.

我们知道,若随机变量 X 服从指数分布,则其概率分布 $E(\lambda)$ 由参数 $\lambda > 0$ 确定;若随机变量 X 服从正态分布,则其概率分布 $N(\mu, \sigma^2)$ 由参数 μ 和 σ^2 确定.也就是说,对所研究的随机变量 X,当它的概率分布类型已知时,还需确定分布函数中参数的数值大小,这样,随机变量 X 的分布函数才能完全确定.

另外,在有些实际问题中,事先不知道随机变量 X 服从什么分布,而需要对它的数字特征如数学期望 $E(X)$ 和方差 $D(X)$ 等进行估计.我们知道这些数字特征和它的概率分布中的参数有一定的联系,因此,对随机变量的数字特征的估计问题,也称为参数的估计问题.

参数估计分为点估计和区间估计两类,本章第一节先介绍点估计的基本知识,第二节介绍点估计量的评价标准,第三节介绍区间估计.

第一节　点估计

参数是指总体分布中的未知参数.若总体分布类型已知,当它的一个或多个参数未知时,需要借助总体 X 的样本来估计未知参数. **参数估计**就是利用样本值对总体的未知参数作出的估计.

【例 1】 设总体 X 服从参数为 λ 的泊松分布,$\lambda > 0$ 未知,从该总体 X 中抽取一组样本 X_1, X_2, X_3, X_4, X_5,其观测值为 $8, 10, 11, 9, 10$,试求 λ 的估计值.

解 由于 $X \sim P(\lambda)$,故总体均值 $E(X) = \lambda$,由大数定理,知 $\overline{X} \xrightarrow{P} \lambda \ (n \to \infty)$.于是,我们自然想到用样本平均值 $\overline{X}$ 的观测值 $\overline{x}$ 来估计总体的均值 λ.由已知数据计算,得

$$\overline{x} = \frac{1}{5}(8 + 10 + 11 + 9 + 10) = 9.6,$$

故参数 λ 的估计值 $\hat{\lambda} = 9.6$.

定义 1 设总体的分布函数为 $F(x, \theta)$,其中 θ 为未知参数,$(X_1, X_2, \cdots, X_n)$ 是取自总体 X 的一个样本,构造一个统计量 $\hat{\theta} = \hat{\theta}(X_1, X_2, \cdots, X_n)$ 来估计参数 θ,则称 $\hat{\theta}(X_1, X_2, \cdots, X_n)$

为参数 θ 的**估计量**,将样本观测值 $x_1,x_2,\cdots,x_n$ 代入估计量 $\hat{\theta}(X_1,X_2,\cdots,X_n)$,得到的值 $\hat{\theta}(x_1,x_2,\cdots,x_n)$ 称为参数 θ 的**估计值**.

要构造估计量 $\hat{\theta}(X_1,X_2,\cdots,X_n)$,通常采取矩法、极大似然估计法、顺序统计量法、最小二乘法和贝叶斯估计法等方法来估计参数 θ,寻求估计量 $\hat{\theta}(X_1,X_2,\cdots,X_n)$. 接下来,我们主要介绍矩法和极大似然法.

一、矩法

矩法是由统计学家皮尔逊在 19 世纪末 20 世纪初引入的,它是较早被提出的求参数点估计的一种方法.在统计学中,**矩**是指以数学期望为基础而定义的随机变量的数字特征,一般分为**原点矩**和**中心距**.一般地,记:

(1) 总体的 k 阶(原点)矩 $\mu_k = E(X^k)$.

(2) 样本的 k 阶(原点)矩 $A_k = \dfrac{1}{n}\sum\limits_{i=1}^{n} X_i^{\,k}$.

(3) 总体的 k 阶中心矩 $\nu_k = E[X-E(X)]^k$.

(4) 样本的 k 阶中心矩 $B_k = \dfrac{1}{n}\sum\limits_{i=1}^{n}(X_i-\overline{X})^k$.

根据辛钦大数定理,在相应阶数的总体矩存在的条件下,对应阶数的样本矩依概率收敛于对应阶数的总体矩.由此启发我们在利用样本所提供的信息对总体 X 的分布函数中未知参数 θ 作估计时,可以用样本矩来估计对应阶数的总体矩.

定义 2 利用样本信息来估计总体 X 的分布函数中未知参数 θ 时,采取相应的样本矩来估计总体矩的方法称为**矩估计法**,简称**矩法**,利用矩法确定的估计量称为**矩估计量**,相应的估计值称为**矩估计值**.

【**例 2**】 设总体 X 服从区间 $(0,\theta)$ 上的均匀分布,$\theta > 0$ 未知,$X_1,X_2,\cdots,X_{10}$ 为从该总体抽取的一个样本,其对应的观测值为 $1,2,2,3,4,4,4,4,5,5$,试求 θ 的矩估计量和矩估计值.

解 由于 $X \sim U(0,\theta)$,故总体均值 $E(X)=\dfrac{\theta}{2}$.样本均值 $\overline{X}=\dfrac{1}{n}\sum\limits_{i=1}^{n}X_i$,现用样本均值 $\overline{X}$ 代替总体均值 $E(X)$,从而有 $\dfrac{\theta}{2}=\overline{X}$,可得 θ 的矩估计量 $\hat{\theta}=2\overline{X}$. 由题目中给出的样本观测值,可得 $\overline{x}=\dfrac{1+2+2+3+4+4+4+4+5+5}{10}=3.4$,所以 θ 的矩估计值 $\hat{\theta}=2\overline{x}=6.8$.

【**例 3**】 将一枚纽扣抛 10 000 次,其中正面出现 4 500 次,试估计在一次抛纽扣试验中,出现正面的概率 p 的值.

解 设 X 表示在 10 000 次抛纽扣试验中,出现正面的次数. p 表示在一次抛纽扣试验中出现正面的概率. 显然,$X \sim B(10\,000,p)$. 由二项分布的数字特征,可知 $E(X)=10\,000p$.

由题意可知,样本均值 $\overline{X}=4\,500$,我们用 $\overline{X}$ 代替 $E(X)$,有 $10\,000p=4\,500$,可得 p 的矩

估计值 $\hat{p} = 0.45$.

【例4】 设总体 X 的均值 $E(X) = \mu$ 和方差 $D(X) = \sigma^2$ 都存在,且 $\sigma^2 > 0$,但 μ 和 σ^2 都是未知的. 设 $X_1, X_2, \cdots, X_n$ 都是总体 X 的一个样本,试求 μ 和 σ^2 的矩估计量.

解 由于总体 X 中包含两个未知参数,所以需考虑总体一阶矩和二阶矩:$E(X) = \mu$,$E(X^2) = D(X) + E^2(X) = \sigma^2 + \mu^2$. 根据矩估计法,利用样本矩代替总体矩,可得

$$\begin{cases} E(X) = \overline{X}, \\ E(X^2) = \dfrac{1}{n} \sum_{i=1}^{n} X_i^2. \end{cases}$$

由以上分析,可得方程组:

$$\begin{cases} \mu = \overline{X}, \\ \sigma^2 + \mu^2 = \dfrac{1}{n} \sum_{i=1}^{n} X_i^2, \end{cases}$$

解上述联立方程组,得 μ 和 σ^2 的矩估计量分别为 $\hat{\mu} = \overline{X}$,$\hat{\sigma}^2 = \dfrac{1}{n} \sum_{i=1}^{n} (X_i - \overline{X})^2$.

注 对于任意分布,只要总体均值及方差存在,其均值和方差的矩估计量表达式都是一样的,**均值和方差的矩估计量分别为样本均值与样本的二阶中心矩**.

【例5】 已知某种乌龟的寿命 $X \sim N(\mu, \sigma^2)$,其中,μ 和 σ^2 都是未知的,随机抽取 5 只这种乌龟,其寿命(单位:年)分别为 $60, 75, 77, 82, 90$. 试用矩估计法估计 μ 和 σ^2.

解 由于

$$\overline{x} = \frac{60 + 75 + 77 + 82 + 90}{5} = 76.8,$$

$$\frac{1}{n} \sum_{i=1}^{n} (x_i - \overline{x})^2 = \frac{(60 - 76.8)^2 + (75 - 76.8)^2 + (77 - 76.8)^2 + (82 - 76.8)^2 + (90 - 76.8)^2}{5}$$

$$= 97.36,$$

由例 4 的结果,有

$$\hat{\mu} = 76.8, \quad \hat{\sigma}^2 = 97.36.$$

结合以上关于矩法的讨论,我们将利用矩法求点估计的步骤总结如下:

设总体 X 的分布函数 $F(x, \theta_1, \theta_2, \cdots, \theta_n)$ 中含有 n 个未知参数 $\theta_1, \theta_2, \cdots, \theta_n$,且总体的 n 阶矩存在,则

(1) 求总体的前 n 阶矩 $\mu_1, \mu_2, \cdots, \mu_n$,它们一般都是这 n 个未知参数的函数,记为

$$\begin{cases} \mu_1 = g_1(\theta_1, \theta_2, \cdots, \theta_n), \\ \mu_2 = g_2(\theta_1, \theta_2, \cdots, \theta_n), \\ \qquad \vdots \\ \mu_n = g_n(\theta_1, \theta_2, \cdots, \theta_n). \end{cases}$$

(2) 从上面的方程组中解出 n 个未知参数:

$$\begin{cases} \theta_1 = h_1(\mu_1, \mu_2, \cdots, \mu_n), \\ \theta_2 = h_2(\mu_1, \mu_2, \cdots, \mu_n), \\ \qquad\qquad \vdots \\ \theta_n = h_n(\mu_1, \mu_2, \cdots, \mu_n). \end{cases}$$

（3）用样本 k 阶矩 A_k 代替总体 k 阶矩 μ_k，其中 $k=1,2,\cdots,n$，即可得 $\theta_k(k=1,2,\cdots,n)$ 的矩估计量：

$$\begin{cases} \hat{\theta}_1 = h_1(A_1, A_2, \cdots, A_n), \\ \hat{\theta}_2 = h_2(A_1, A_2, \cdots, A_n), \\ \qquad\qquad \vdots \\ \hat{\theta}_n = h_n(A_1, A_2, \cdots, A_n). \end{cases}$$

二、极大似然估计法

下面我们从一个例子出发，来说明极大似然估计法的基本思想.

已知甲、乙两名射手命中靶心的概率分别为 0.9，0.4. 现有一张靶纸，上面的着弹点表明 10 枪中有 6 枪射中靶心.已知这张靶纸肯定是甲、乙两名射手之一所射，试判定是谁射的较为合理.

不论是哪名射手所射，射击一次命中靶心次数 X 的分布都是 0-1 分布，即

$$P(X=x) = p^x(1-p)^{1-x}, x=0,1.$$

所不同的是，$p=0.9$ 或 $p=0.4$. 在这里，我们视 p 为参数，X 的分布即为总体的分布.

设 $X_1, X_2, \cdots, X_{10}$ 为来自总体 X 的一个样本，$x_1, x_2, \cdots, x_{10}$ 为其观测值. 设事件 A 为 "10 枪中有 6 枪射中靶心"，则 A 可表示为 $\{X_1=x_1, X_2=x_2, \cdots, X_{10}=x_{10}\}$，从而有

$$\begin{aligned} P(A) &= P\{X_1=x_1, X_2=x_2, \cdots, X_{10}=x_{10}\} \\ &= P\{X_1=x_1\} P\{X_2=x_2\} \cdots P\{X_{10}=x_{10}\} \\ &= p^{\sum_{i=1}^{10} x_i} (1-p)^{10-\sum_{i=1}^{10} x_i}. \end{aligned}$$

这里注意到：(1) $P(A)$ 是参数 p 的函数，p 的取值范围为 $\Omega = \{0.9, 0.4\}$；(2) $\sum_{i=1}^{10} x_i = 6$.

当 $p=0.9$ 时，$P(A) = (0.9)^6 \times (0.1)^4 \approx 5.3 \times 10^{-5}$；

当 $p=0.4$ 时，$P(A) = (0.4)^6 \times (0.6)^4 \approx 5.3 \times 10^{-4}$.

所以，当 $p=0.4$ 时，$P(A)$ 达到最大值. 因此，我们更有理由认为这张靶纸是射手乙所射，即 $p=0.4$.

这种以最大概率对参数做出估计的方法称为**极大似然估计法**. 这种思想就是**极大似然思想**.

20 世纪初由英国统计学家费希尔引进的极大似然估计法至今仍然是参数点估计中的一个重要方法. 这种估计方法是利用总体 X 的分布函数 $F(x,\theta)$ 的表达式及样本所提供的

信息,建立起未知参数 θ 的估计量 $\hat{\theta}(X_1,X_2,\cdots,X_n)$.

1. 离散型总体

设总体 X 为离散型随机变量,其分布律为 $P(X=x_i)=p(x_i,\theta),i=1,2,\cdots$,其中 θ 为待定参数,则事件 $\{X=x_1,X=x_2,\cdots,X=x_n\}$ 的概率为

$$P\{X=x_1,X=x_2,\cdots,X=x_n\}=\prod_{i=1}^{n}P(X=x_i)=\prod_{i=1}^{n}p(x_i,\theta). \tag{1}$$

我们称(1)式为**似然函数**,记为 $L(\theta)$,即

$$L(\theta)=L(x_1,x_2,\cdots,x_n;\theta)=\prod_{i=1}^{n}p(x_i,\theta).$$

2. 连续型总体

设总体 X 为连续型随机变量,其密度函数为 $f(x,\theta)$,其中 θ 为待定参数,与离散型随机变量类似,我们定义似然函数为

$$L(\theta)=L(x_1,x_2,\cdots,x_n;\theta)=\prod_{i=1}^{n}f(x_i,\theta).$$

定义 3 设 $(X_1,X_2,\cdots,X_n)$ 是取自总体 X 的一个样本,样本的观测值为 $(x_1,x_2,\cdots,x_n)$,$L(\theta)$ 为观测值 $(x_1,x_2,\cdots,x_n)$ 的似然函数,若对任意给定的 $(x_1,x_2,\cdots,x_n)$,都存在 $\hat{\theta}=\hat{\theta}(x_1,x_2,\cdots,x_n)$,使得 $L(\hat{\theta})=\max\limits_{\theta}\{L(\theta)\}$,我们称 $\hat{\theta}=\hat{\theta}(x_1,x_2,\cdots,x_n)$ 为 θ 的极大似然估计值,并称对应的统计量 $\hat{\theta}(X_1,X_2,\cdots,X_n)$ 为 **极大似然估计量**. 它们统称为 θ 的极大似然估计.

注 求 $L(\theta)$ 的最大值一般可用微积分中求函数最大值的方法,当 $L(\theta)$ 可导时,要使得 $L(\theta)$ 取得最大值,θ 必满足 $\dfrac{\partial L(\theta)}{\partial\theta}=0$. 如果 $L(\theta)$ 只有唯一驻点,那么此点就是 $L(\theta)$ 的最大值点. 我们注意到 $L(\theta)$ 和 $\ln L(\theta)$ 在同一点处取到最大值. 在应用中,$L(\theta)$ 的结构比较复杂,通常先对 $L(\theta)$ 取对数,化简后再取导数求最大值.

【例 6】 已知总体 X 的分布律如表 7-1 所示.

表 7-1 总体 X 的分布律

X	1	2	3
p_i	θ^2	$2\theta(1-\theta)$	$(1-\theta)^2$

其中 $\theta(0<\theta<1)$ 为未知参数. 现取一组样本 X_1,X_2,X_3,其对应的观测值为 $1,2,2$,试求 θ 的极大似然估计值和 X 相应的分布律.

解 构造似然函数

$$L(\theta)=\theta^2[2\theta(1-\theta)]^2=4\theta^4(1-\theta)^2,$$

两边取对数,得

$$\ln L(\theta)=\ln 4+4\ln\theta+2\ln(1-\theta).$$

对上式两边关于 θ 求导,并令导数为零,得

$$\frac{\mathrm{d}\ln L(\theta)}{\mathrm{d}\theta} = \frac{4}{\theta} - \frac{2}{1-\theta} = 0,$$

从而,得到 θ 的极大似然估计值 $\hat{\theta} = \frac{2}{3}$.

X 对应的分布律如表 7-2 所示.

表 7-2 X 的分布律

X	1	2	3
p_i	$\frac{4}{9}$	$\frac{4}{9}$	$\frac{1}{9}$

【例 7】   设总体 X 服从指数分布 $E(\lambda)$,参数 $\lambda > 0$,其密度函数为

$$f(x) = \begin{cases} \lambda \mathrm{e}^{-\lambda x}, & x > 0, \\ 0, & x \leqslant 0. \end{cases}$$

试求 λ 的极大似然估计量.

解   由总体分布可知,当 $x \leqslant 0$ 时,$f(x) = 0$,可设样本值 $x_1, x_2, \cdots, x_n$ 中每个 $x_i > 0$,故可取似然函数

$$L(\lambda) = \prod_{i=1}^{n} f(x_i) = \lambda^n \mathrm{e}^{-\lambda \sum_{i=1}^{n} x_i}.$$

对上式两边取对数,得

$$\ln L(\lambda) = n\ln\lambda - \lambda \sum_{i=1}^{n} x_i.$$

两边求导,并令其导数为零,得

$$\frac{\mathrm{d}\ln L(\lambda)}{\mathrm{d}\lambda} = \frac{n}{\lambda} - \sum_{i=1}^{n} x_i = 0,$$

解得

$$\lambda = \frac{1}{\frac{1}{n}\sum_{i=1}^{n} x_i} = \frac{1}{\bar{x}},$$

即 λ 的极大似然估计值为

$$\hat{\lambda} = \frac{1}{\bar{x}},$$

从而,λ 的极大似然估计量为

$$\hat{\lambda} = \frac{1}{\bar{X}}.$$

【例 8】   设总体 $X \sim N(\mu, \sigma^2)$,其中 μ, σ^2 为未知参数,设 $x_1, x_2, \cdots, x_n$ 是来自该总体的样本值,求 μ, σ^2 的极大似然估计值和极大似然估计量.

解   设总体 X 的样本值为 $x_1, x_2, \cdots, x_n$. 因总体 X 的密度函数为

$$f(x, \mu, \sigma^2) = \frac{1}{\sqrt{2\pi}\sigma} \mathrm{e}^{-\frac{(x-\mu)^2}{2\sigma^2}},$$

构造似然函数

$$L(\mu,\sigma^2) = \left(\frac{1}{\sqrt{2\pi}\sigma}\right)^n e^{-\frac{1}{2\sigma^2}\sum\limits_{i=1}^{n}(x_i-\mu)^2},$$

对上式两边取对数,得

$$\ln L(\mu,\sigma^2) = -\frac{n}{2}(\ln 2\pi + \ln\sigma^2) - \frac{1}{2\sigma^2}\sum_{i=1}^{n}(x_i-\mu)^2.$$

两边关于 μ,σ^2 求偏导数,并令其偏导数为零,有

$$\begin{cases} \dfrac{\partial}{\partial\mu}\ln L(\mu,\sigma^2) = \dfrac{1}{\sigma^2}\left(\sum\limits_{i=1}^{n}x_i - n\mu\right) = 0, \\[3mm] \dfrac{\partial}{\partial\sigma^2}\ln L(\mu,\sigma^2) = -\dfrac{n}{2\sigma^2} + \dfrac{1}{2\sigma^4}\sum\limits_{i=1}^{n}(x_i-\mu)^2 = 0, \end{cases}$$

解得

$$\begin{cases} \hat{\mu} = \dfrac{1}{n}\sum\limits_{i=1}^{n}x_i = \overline{x}, \\[3mm] \hat{\sigma}^2 = \dfrac{1}{n}\sum\limits_{i=1}^{n}(x_i-\overline{x})^2. \end{cases}$$

所以参数 μ,σ^2 的极大似然估计量分别为

$$\begin{cases} \hat{\mu} = \overline{X}, \\[3mm] \hat{\sigma}^2 = \dfrac{1}{n}\sum\limits_{i=1}^{n}(X_i-\overline{X})^2. \end{cases}$$

注 若总体 $X\sim N(\mu,\sigma^2)$,关于期望 μ(方差 σ^2)的矩估计量和极大似然估计量相同.

【例9】 设总体 $X\sim U(0,b)$,其中 b 为未知参数,设 $x_1,x_2,\cdots,x_n$ 是来自该总体 X 的样本值,求 b 的极大似然估计值.

解 因 $X\sim U(0,b)$,X 的密度函数 $f(x) = \begin{cases} \dfrac{1}{b}, & x\in(0,b), \\ 0, & x\notin(0,b). \end{cases}$ 不妨设 $x_i\in(0,b),i=1,$

$2,\cdots,n$,则似然函数为

$$L(b,x_1,x_2,\cdots,x_n) = \frac{1}{b^n}, \quad 0<x_i<b, i=1,2,\cdots,n.$$

显然,似然函数关于 b 单调递减,因此,要使得似然函数 $L(b,x_1,x_2,\cdots,x_n)$ 取最大值,则 b 需取最小值. 而 $0<x_i<b,i=1,2,\cdots,n$,有

$$0\leqslant\max\{x_1,x_2,\cdots,x_n\}\leqslant b,$$

故 b 的最小值为 $\max\{x_1,x_2,\cdots,x_n\}$,此时似然函数取最大值 $\dfrac{1}{(\max\{x_1,x_2,\cdots,x_n\})^n}$,因此 b 的

极大似然估计值 $\hat{b}=\max\{x_1,x_2,\cdots,x_n\}$,极大似然估计量 $\hat{b}=\max\{X_1,X_2,\cdots,X_n\}$.

注 例9中,似然函数 $L(b,x_1,x_2,\cdots,x_n) = \dfrac{1}{b^n}$ 的驻点不存在,故求极大似然函数估计的

一般步骤行不通. 所以,在解决具体的问题时,要灵活应变,不能生搬硬套.

习题 7-1

1. 从一批钉子中抽取 9 枚,测得其长度(单位:cm)如下:

$$2.14,2.10,2.13,2.15,2.13,2.12,2.13,2.10,2.15.$$

试求总体均值 μ 和方差 σ^2 的矩估计值.(保留小数点后两位)

2. 设总体 X 的概率密度函数为

$$f(x,\theta)=\begin{cases}(\theta+1)x^\theta, & 0<x<1,\\ 0, & \text{其他}.\end{cases}$$

其中 $\theta>-1$ 是未知参数,$X_1,X_2,\cdots,X_n$ 是取自总体 X 的一个样本,求参数 θ 的矩估计.

3. 已知总体 X 的分布律如表 7-3 所示.

表 7-3   总体 X 的分布律

X	0	1	2	3
p_i	θ^2	$2\theta(1-\theta)$	θ^2	$1-2\theta$

其中 $\theta\left(0<\theta<\dfrac{1}{2}\right)$ 为未知参数. 现取一组样本 $X_1,X_2,X_3,X_4,X_5,X_6,X_7,X_8$,其对应的观测值为 $3,1,3,0,3,1,2,3$,试求 θ 的矩估计值.

4. 已知总体 X 的分布律如表 7-4 所示.

表 7-4   总体 X 的分布律

X	1	2	3
p_i	θ	θ^2	$1-\theta-\theta^2$

其中 $\theta(0<\theta<1)$ 为未知参数. 现取一组样本 X_1,X_2,X_3,X_4,X_5,其对应的观测值为 $1,2,2,3,3$,试求 θ 的极大似然估计值.

5. 设总体 $X\sim B(m,p)$,$X_1,X_2,\cdots,X_n$ 是取自总体 X 的一个样本,样本的观测值为 $x_1,x_2,\cdots,x_n,m$ 为已知参数,求参数 p 的极大似然估计.

6. 设总体 X 服从几何分布,它的分布律为

$$P(X=k)=(1-p)^{k-1}p, \ k=1,2,\cdots,$$

$X_1,X_2,\cdots,X_n$ 是取自总体 X 的一个样本,样本的观测值为 $x_1,x_2,\cdots,x_n$.

求:(1) 参数 p 的矩估计量和矩估计值;

(2) 参数 p 的极大似然估计量和极大似然估计值.

7. 已知总体 X 的概率密度函数为

$$f(x)=\begin{cases}\dfrac{1}{\sigma}\mathrm{e}^{-\frac{x-\mu}{\sigma}}, & x>\mu,\\ 0, & \text{其他},\end{cases}$$

其中 $\sigma>0,\mu\in\mathbf{R}$. 设 $X_1,X_2,\cdots,X_n$ 是取自总体 X 的一个样本,样本的观测值为 x_1,

$x_2,\cdots,x_n.$

(1) 若 μ 已知,试求 σ 的极大似然估计量;

(2) 若 σ 已知,试求 μ 的极大似然估计量;

(3) 若 μ,σ 均未知,试求 μ,σ 的极大似然估计量.

第二节　估计量的评价标准

在点估计过程中,对于同一个参数,用不同的方法求解可能得到不同的估计量.例如,在估计总体均值 μ 时,我们可用样本均值 $\overline{X}$,也可以用样本中位数、众数等作为总体均值的点估计量,究竟采用哪一个估计量好呢? 这就涉及用什么标准来评价估计量好坏的问题.

在本节中,我们主要介绍无偏性、有效性和一致性三个基本的评价标准.

一、无偏性

估计量是随机变量,估计值随样本值不同而不同,我们希望估计值在未知参数的真值附近徘徊.从直观上说,若对一个总体抽取很多样本而得到很多估计值,则这些估计值的理论平均值应等于未知参数的真值,从而提出无偏性的标准.

定义 4　设 $X_1,X_2,\cdots,X_n$ 为取自总体 X 的一个样本,θ 是总体 X 的分布函数中的未知参数,$\theta\in\Omega,\hat{\theta}=\hat{\theta}(X_1,X_2,\cdots,X_n)$ 是未知参数 θ 的估计量. 如果 $\hat{\theta}$ 的数学期望 $E(\hat{\theta})$ 存在,对于任意 $\theta\in\Omega$,有

$$E(\hat{\theta})=\theta,$$

则称 $\hat{\theta}$ 为 θ 的**无偏估计量**.

【**例 10**】　设总体 X 的均值为 μ,方差为 σ^2,$X_1,X_2,\cdots,X_n$ 为取自总体 X 的一个样本.

证明:(1) 样本均值 $\overline{X}$ 是 μ 的无偏估计量;

(2) 样本方差 S^2 是 σ^2 的无偏估计量;

(3) 样本二阶中心矩 B_2 不是 σ^2 的无偏估计量.

证　(1) 由题意知,$E(X_i)=E(X)=\mu,i=1,2,\cdots,n.$ 因

$$E(\overline{X})=E\left(\frac{1}{n}\sum_{i=1}^{n}X_i\right)=\frac{1}{n}\sum_{i=1}^{n}E(X_i)=\mu,$$

故样本均值 $\overline{X}$ 是 μ 的无偏估计量.

(2) 因 $D(X_i)=D(X)=\sigma^2,i=1,2,\cdots,n$,有 $E(X_i^2)=D(X_i)+E^2(X_i)=\sigma^2+\mu^2.$

又因为 $E(\overline{X})=\mu,D(\overline{X})=\dfrac{\sigma^2}{n}$,有 $E(\overline{X}^2)=D(\overline{X})+E^2(\overline{X})=\dfrac{\sigma^2}{n}+\mu^2.$

于是,

$$E(S^2)=E\left[\frac{1}{n-1}\sum_{i=1}^{n}(X_i-\overline{X})^2\right]=E\left[\frac{1}{n-1}\left(\sum_{i=1}^{n}X_i^2-n\overline{X}^2\right)\right]$$

$$= \frac{1}{n-1} \sum_{i=1}^{n} E(X_i{}^2) - \frac{n}{n-1} E(\overline{X}^2)$$

$$= \frac{n}{n-1}(\sigma^2 + \mu^2) - \frac{n}{n-1}\left(\frac{\sigma^2}{n} + \mu^2\right) = \sigma^2,$$

故样本方差 S^2 是 σ^2 的无偏估计量.

（3）由于
$$B_2 = \frac{1}{n} \sum_{i=1}^{n} (X_i - \overline{X})^2 = \frac{n-1}{n} S^2,$$

$$E(B_2) = E\left(\frac{n-1}{n} S^2\right) = \frac{n-1}{n} E(S^2) = \frac{n-1}{n} \sigma^2 \neq \sigma^2,$$

因此,样本二阶中心矩 B_2 不是 σ^2 的无偏估计量.

注　当 $n \to +\infty$ 时, $E(B_2) \to \sigma^2$, 称 B_2 是 σ^2 的**渐近无偏估计量**. 这表明当样本容量较大时, B_2 可近似看作 σ^2 的无偏估计,但在小样本场合要使用 S^2 估计 σ^2.

二、有效性

在参数估计量的评价体系中,只依靠无偏性来评估估计量是不够的,有时即使 $E(\hat{\theta}) = \theta$, 但是 $D(\hat{\theta})$ 很大,即 $\hat{\theta}$ 对 θ 的偏离程度很大,那么这个估计量也不是好的. 因此,对于 θ 的所有无偏估计量而言,方差越小越好,这就引出了有效估计的概念.

定义 5　设 $X_1, X_2, \cdots, X_n$ 为取自总体 X 的一个样本, θ 是总体 X 的分布函数中的未知参数, $\hat{\theta}_1 = \hat{\theta}_1(X_1, X_2, \cdots, X_n)$ 和 $\hat{\theta}_2 = \hat{\theta}_2(X_1, X_2, \cdots, X_n)$ 都是未知参数 θ 的无偏估计量. 若有
$$D(\hat{\theta}_1) < D(\hat{\theta}_2),$$

则称 $\hat{\theta}_1$ 比 $\hat{\theta}_2$ 更有效.

【例 11】　设总体 X 的均值为 μ, 方差为 σ^2, X_1, X_2, X_3 为取自总体 X 的一个样本. $\hat{\mu}_1 = \overline{X}$ 和 $\hat{\mu}_2 = \frac{1}{2} X_1 + \frac{1}{3} X_2 + \frac{1}{6} X_3$ 都是 μ 的无偏估计量,判断 $\hat{\mu}_1$ 和 $\hat{\mu}_2$ 哪个更有效.

解　由题意知
$$E(\hat{\mu}_1) = E(\hat{\mu}_2) = \mu,$$

因为 $D(\hat{\mu}_1) = \frac{\sigma^2}{3}$, $D(\hat{\mu}_2) = \frac{\sigma^2}{4} + \frac{\sigma^2}{9} + \frac{\sigma^2}{36} = \frac{7}{18}\sigma^2$, 有 $D(\hat{\mu}_1) < D(\hat{\mu}_2)$, 故估计量 $\hat{\mu}_1$ 比 $\hat{\mu}_2$ 更有效.

注　若 $\hat{w} = \sum_{i=1}^{n} a_i X_i$ 是总体均值 μ 的线性无偏估计量,其中 $\sum_{i=1}^{n} a_i = 1$. 在总体均值 μ 的所有线性无偏估计量 $\hat{w}$ 中,样本均值 $\overline{X} = \frac{1}{n} \sum_{i=1}^{n} X_i$ 是总体均值 μ 最有效的线性无偏估计量, 也称 $\overline{X}$ 是 μ 的**最优线性无偏估计量**.

三、一致性

估计量的无偏性与有效性是在固定样本容量时估计量的性质,当样本容量 n 越大时,自

然希望对未知参数 θ 的估计值越精确,即参数的估计量 $\hat{\theta}$ 依概率收敛于 θ,这就是估计的一致性.

定义 6 设 $X_1, X_2, \cdots, X_n$ 为取自总体 X 的一个样本,θ 是总体 X 的分布函数中的未知参数,$\hat{\theta}_n = \hat{\theta}(X_1, X_2, \cdots, X_n)$ 是未知参数 θ 的估计量,且 $\hat{\theta}_n$ 依概率收敛于 θ,即对给定的任意小的数 $\varepsilon > 0$,有

$$\lim_{n \to \infty} P\{|\hat{\theta}_n - \theta| < \varepsilon\} = 1,$$

则称 $\hat{\theta}_n$ 是 θ 的**一致估计量**.

【例 12】 设总体 $X \sim N(\mu, 1)$,μ 是未知参数,则容量为 n 的样本均值 $\overline{X}$ 是参数 μ 的一致估计量.

证 因 $E(\overline{X}) = \mu$,$D(\overline{X}) = \dfrac{1}{n}$,对于给定任意小的正数 ε,由切比雪夫不等式,得

$$P\{|\overline{X} - \mu| < \varepsilon\} \geqslant 1 - \frac{1}{n\varepsilon^2},$$

所以,

$$\lim_{n \to \infty} P\{|\overline{X} - \mu| < \varepsilon\} = 1,$$

故样本均值 $\overline{X}$ 是参数 μ 的一致估计量.

注 由大数定理可知,样本矩依概率收敛于总体矩,因此矩估计量具有一致性,极大似然估计量在一定条件下也具有一致性.

定理 1 设 $X_1, X_2, \cdots, X_n$ 为取自总体 X 的一个样本,θ 是总体 X 的分布函数中的未知参数,$\hat{\theta}_n = \hat{\theta}(X_1, X_2, \cdots, X_n)$ 是未知参数 θ 的估计量,若满足:

(1) $\lim\limits_{n \to +\infty} E(\hat{\theta}_n) = \theta$,

(2) $\lim\limits_{n \to +\infty} D(\hat{\theta}_n) = 0$,

则 $\hat{\theta}_n$ 是 θ 的一致估计量.

注 一致性的直观意义是指随着 n 的不断增大,估计值逐渐地稳定于真值. 换言之,大样本比小样本趋于接近一个更好的点估计. 估计量的一致性是在大样本情况下提出的一种要求,而对于小样本,它不能作为评价估计量好坏的标准.

习题 7-2

1. 试证明:均匀分布的密度函数

$$f(x) = \begin{cases} \dfrac{1}{\theta}, & 0 \leqslant x \leqslant \theta, \\ 0, & \text{其他} \end{cases}$$

中未知参数 θ 的极大似然估计量不是无偏的.

2. 设 $X_1, X_2, \cdots, X_n$ 是来自总体 X 的一个样本, $\overline{X}$ 和 S^2 分别是样本均值和样本方差, 设 $E(X) = \mu, D(X) = \sigma^2$.

(1) 确定常数 C, 使得 $C \sum\limits_{i=1}^{n-1} (X_{i+1} - X_i)^2$ 为 σ^2 的无偏估计量;

(2) 确定常数 C, 使得 $(\overline{X})^2 - CS^2$ 为 μ^2 的无偏估计量.

3. 设 X_1, X_2, X_3 是取自总体 X 的一个样本. 若总体均值 $E(X)$ 和方差 $D(X)$ 都存在, 证明: 估计量

$$\hat{\mu}_1 = \frac{2}{3} X_1 + \frac{1}{6} X_2 + \frac{1}{6} X_3,$$

$$\hat{\mu}_2 = \frac{1}{4} X_1 + \frac{1}{8} X_2 + \frac{5}{8} X_3,$$

$$\hat{\mu}_3 = \frac{1}{7} X_1 + \frac{3}{14} X_2 + \frac{9}{14} X_3$$

都是 $E(X)$ 的无偏估计量, 并判断哪个估计量最有效.

4. 从均值为 μ, 方差为 $\sigma^2 > 0$ 的总体 X 中分别抽取容量为 n_1, n_2 的两个独立样本, $\overline{X}_1$ 和 $\overline{X}_2$ 分别是两样本均值. 试证明对于任意常数 $a, b(a+b=1)$, $Y = a\overline{X}_1 + b\overline{X}_2$ 都是 μ 的无偏估计, 并确定常数 a, b, 使 $D(Y)$ 达到最小.

5. 设总体 X 的分布律如表 7-5 所示.

表 7-5　总体 X 的分布律

X	1	2	3
p	$1-\theta$	$\theta-\theta^2$	θ^2

其中 $\theta \in (0,1)$ 为未知参数, 以 N_i 表示来自总体 X 的样本容量为 n 的简单随机样本中等于 $i(i=1,2,3)$ 的个数, 求常数 a_1, a_2, a_3, 使 $T = \sum\limits_{i=1}^{3} a_i N_i$ 为 θ 的无偏估计量, 并求 T 的方差.

第三节　区间估计

前面我们利用矩法和极大似然估计法讨论了参数的点估计问题, 点估计给出了未知参数的一个近似值, 但人们在生产实践中, 常不以得到的近似值为满足, 还需要反映这种近似值的误差大小. 如果能给出一个包含参数真值的范围并且知道该范围包含真值的可信程度, 这样的估计显然更加有实用性. 这种形式的估计称为区间估计. 同时, 由于数理统计中未知参数所在的范围是根据样本观测值得到的, 而抽样带有随机性, 所以不能百分之百说明该区间包含参数 θ 的真值, 只能是对于一定的可靠度(概率)而言, 以后将这一类带有可靠度的区间称为置信区间. 接下来, 我们首先给出置信区间的概念.

一、置信区间的概念

定义 7　设总体 X 的分布函数 $F(x,\theta)$ 含有一个未知参数 $\theta, X_1, X_2, \cdots, X_n$ 为取自总体

X 的一个样本,对于给定的 $\alpha(0<\alpha<1)$,存在两个统计量 $\underline{\theta}=\underline{\theta}(X_1,X_2,\cdots,X_n)$ 和 $\overline{\theta}=\overline{\theta}(X_1,X_2,\cdots,X_n)$ 满足:

$$P\{\underline{\theta}(X_1,X_2,\cdots,X_n)<\theta<\overline{\theta}(X_1,X_2,\cdots,X_n)\}=1-\alpha,$$

则称区间 $(\underline{\theta},\overline{\theta})$ 是 θ 的置信度为 $1-\alpha$ 的**置信区间**,$\underline{\theta}$ 和 $\overline{\theta}$ 分别称为 θ 的置信度 $1-\alpha$ 的双侧置信区间的**置信下限**和**置信上限**,$1-\alpha$ 称为**置信度**,α 称为**置信水平**.

注 (1) 由于置信区间 $(\underline{\theta}(X_1,X_2,\cdots,X_n),\overline{\theta}(X_1,X_2,\cdots,X_n))$ 是一个随机区间,而我们要得到参数 θ 具体的一个估计区间,为此,我们通过样本观测值 $x_1,x_2,\cdots,x_n$ 得到观测区间 $(\underline{\theta}(x_1,x_2,\cdots,x_n),\overline{\theta}(x_1,x_2,\cdots,x_n))$ 作为参数 θ 的估计区间.

(2) 区间 $(\underline{\theta},\overline{\theta})$ 是 θ 的置信度为 $1-\alpha$ 的置信区间的意义是指在重复抽样情况下,将得到很多不同的区间:

$$(\underline{\theta}(x_1,x_2,\cdots,x_n),\overline{\theta}(x_1,x_2,\cdots,x_n)),$$

根据大数定律可知,这些区间中大约有 $100(1-\alpha)\%$ 的区间包含未知参数 θ 的真实值.

(3) 对参数 θ 做区间估计时,我们希望随机区间 $(\underline{\theta},\overline{\theta})$ 要以很大的概率包含参数 θ 的真实值,即 α 要取得很小. 其次,要求区间长度 $\underline{\theta}-\overline{\theta}$ 尽可能小,使得参数 θ 估计精度尽可能高. 显然,这两类参数估计准则是矛盾的,如果置信水平 α 变小,置信度 $1-\alpha$ 变大,则置信区间的长度必然增大,精确度一定降低;如果提高精确度,区间长度变小,则置信度 $1-\alpha$ 必减小,置信水平 α 必增大. 所以,对估计的精确度和可靠性的要求应慎重考虑. 统计学家奈曼建议采用一种妥协的办法:在保证置信度的前提下,尽可能提高精确度.

【例 13】 设 X 表示某工厂生产的电阻的阻值,$X\sim N(\mu,0.01^2)$,现随机抽取 9 个电阻,测得其电阻的均值 $\overline{x}=10.04$(单位:Ω),求电阻平均值 μ 的置信度为 95% 的置信区间.

解 因样本均值 $\overline{X}$ 是总体均值 μ 的无偏估计量,$\overline{X}$ 的取值会集中于 μ 的附近. 由于

$$\frac{\overline{X}-\mu}{\sigma/\sqrt{n}}\sim N(0,1),\text{这里 }\sigma=0.01.$$

根据正态分布的双侧分位数 $u_{\frac{\alpha}{2}}$ 的定义(图 7-1),可知

$$P\left\{-u_{\frac{\alpha}{2}}<\frac{\overline{X}-\mu}{\sigma/\sqrt{n}}<u_{\frac{\alpha}{2}}\right\}=1-\alpha,$$

即

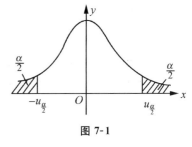

图 7-1

$$P\left\{\overline{X}-\frac{\sigma}{\sqrt{n}}u_{\frac{\alpha}{2}}<\mu<\overline{X}+\frac{\sigma}{\sqrt{n}}u_{\frac{\alpha}{2}}\right\}=1-\alpha,$$

其中 $u_{\frac{\alpha}{2}}$ 是标准正态分布的 $\frac{\alpha}{2}$-上侧分位数. 从而,我们就得到 μ 的置信度为 $1-\alpha$ 的置信区间

$$\left(\overline{X} - \frac{\sigma}{\sqrt{n}} u_{\frac{\alpha}{2}}, \overline{X} + \frac{\sigma}{\sqrt{n}} u_{\frac{\alpha}{2}}\right). \tag{2}$$

由题意知,$\alpha = 0.05$,$\frac{\alpha}{2} = 0.025$,$\sigma = 0.01$,$n = 9$,我们查标准正态分布表得到 $u_{0.025} = 1.96$. 将 $\overline{x} = 10.04$,$n = 9$,$\sigma = 0.01$,$u_{0.025} = 1.96$ 代入(2)式,得

$$\left(\overline{x} - \frac{\sigma}{\sqrt{n}} u_{0.025}, \overline{x} + \frac{\sigma}{\sqrt{n}} u_{0.025}\right) = \left(10.04 - \frac{0.01}{3} \times 1.96, 10.04 + \frac{0.01}{3} \times 1.96\right)$$

$$\approx (10.033, 10.047),$$

故电阻平均值 μ 的置信度为 95% 的置信区间为 $(10.033, 10.047)$.

我们注意到关于总体均值 μ 的置信度 $1-\alpha$ 的置信区间不是唯一的. 在例13中,总体均值 μ 的置信度为 95% 的置信区间为

$$\left(\overline{x} - \frac{\sigma}{\sqrt{n}} u_{0.025}, \overline{x} + \frac{\sigma}{\sqrt{n}} u_{0.025}\right). \tag{3}$$

也可以选择上侧分位数 u_{α_1} 和 u_{α_2},其中 $\alpha_1 + \alpha_2 = 0.05$,不难发现

$$P\left\{-u_{\alpha_1} < \frac{\overline{X} - \mu}{\sigma/\sqrt{n}} < u_{\alpha_2}\right\} = 0.95,$$

即

$$P\left\{\overline{X} - \frac{\sigma}{\sqrt{n}} u_{\alpha_2} < \mu < \overline{X} + \frac{\sigma}{\sqrt{n}} u_{\alpha_1}\right\} = 0.95,$$

所以,

$$\left(\overline{X} - \frac{\sigma}{\sqrt{n}} u_{\alpha_2}, \overline{X} + \frac{\sigma}{\sqrt{n}} u_{\alpha_1}\right) \tag{4}$$

也是 μ 的置信度为 0.95 的置信区间.

例如,取 $\alpha_1 = 0.01$,$\alpha_2 = 0.04$,获得置信区间

$$\left(\overline{X} - \frac{\sigma}{\sqrt{n}} u_{0.04}, \overline{X} + \frac{\sigma}{\sqrt{n}} u_{0.01}\right). \tag{5}$$

关于众多总体均值 μ 的置信区间中,我们应该选择哪个区间更好? 我们通常采取统计学家奈曼提出的一种妥协办法,在保证置信度的前提下,尽可能提高精确度,区间长度越短越好. 显然,置信区间(3)的区间长度为

$$2 \times u_{0.05} \frac{\sigma}{\sqrt{n}} = 3.92 \times \frac{\sigma}{\sqrt{n}},$$

置信区间(5)的区间长度为

$$(u_{0.01} + u_{0.04}) \frac{\sigma}{\sqrt{n}} = (2.33 + 1.75) \times \frac{\sigma}{\sqrt{n}} = 4.08 \times \frac{\sigma}{\sqrt{n}} > 3.92 \times \frac{\sigma}{\sqrt{n}},$$

显然,置信区间(3)比置信区间(5)的精度高.

一般情况下,由于 $U = \frac{\overline{X} - \mu}{\sigma/\sqrt{n}} \sim N(0,1)$,其密度函数是对称的、单峰值函数,那么关于峰点对称置信区间的长度最短. 所以,在例13中,置信区间(3)长度最短、精度最好. 因此,选

取置信区间(3)作为 μ 的置信度为 0.95 的置信区间最合适.

二、区间估计的一般步骤

(1) 构造一个依赖于样本 $X_i, i = 1, 2, \cdots, n$ 和未知参数 θ 的样本函数
$$U = U(X_1, X_2, \cdots, X_n; \theta),$$
且 U 的分布已知(与 θ 无关).

(2) 对于给定的置信度 $1 - \alpha$,依据 U 的分布确定 λ_1, λ_2,使得
$$P(\lambda_1 < U < \lambda_2) = 1 - \alpha.$$

(3) 解不等式 $\lambda_1 < U(X_1, X_2, \cdots, X_n; \theta) < \lambda_2$,得到 $\underline{\theta} < \theta < \overline{\theta}$,相应的置信区间即为 $(\underline{\theta}, \overline{\theta})$.

三、单正态总体参数的双侧置信区间估计

设总体 $X \sim N(\mu, \sigma^2)$,$X_1, X_2, \cdots, X_n$ 是取自总体 X 的一个样本,置信度为 $1 - \alpha$.

1. 已知 σ^2,求 μ 的双侧置信区间

从例 13 可知,当 σ^2 已知时,μ 的置信度为 $1 - \alpha$ 的置信区间为
$$\left(\overline{X} - \frac{\sigma}{\sqrt{n}} u_{\frac{\alpha}{2}}, \overline{X} + \frac{\sigma}{\sqrt{n}} u_{\frac{\alpha}{2}} \right).$$

2. σ^2 未知,求 μ 的双侧置信区间

当 σ^2 未知时,我们自然会想到利用样本方差 S^2 来代替总体方差 σ^2,但需要注意此时 $\dfrac{\overline{X} - \mu}{S / \sqrt{n}}$ 不再服从标准正态分布,由抽样定理,可知,
$$T = \frac{\overline{X} - \mu}{S / \sqrt{n}} \sim t(n-1),$$

对于给定的置信水平 α,由 t 分布的双侧分位数 $t_{\frac{\alpha}{2}}(n-1)$ 的定义(图 7-2),可知
$$P\left\{ -t_{\frac{\alpha}{2}}(n-1) < \frac{\overline{X} - \mu}{S / \sqrt{n}} < t_{\frac{\alpha}{2}}(n-1) \right\} = 1 - \alpha.$$

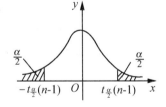

图 7-2

于是,得到 μ 的置信度 $1 - \alpha$ 的双侧置信区间:
$$\left(\overline{X} - \frac{S}{\sqrt{n}} t_{\frac{\alpha}{2}}(n-1), \overline{X} + \frac{S}{\sqrt{n}} t_{\frac{\alpha}{2}}(n-1) \right). \tag{6}$$

【例 14】 从某大学本科生中随机抽取 100 人,他们平均每天参加体育锻炼的时间为 35 min,样本标准差为 6 min,根据以往调查数据,学生参加体育锻炼的时间近似服从正态分布,试估计该校本科生每天参加体育锻炼平均时间的置信区间,置信度为 0.99.

解 设 X 表示大学本科生每天参加体育锻炼的时间,$X \sim N(\mu, \sigma^2)$,由题意可知,$n = 100, \overline{x} = 35, s = 6, 1 - \alpha = 0.99, \alpha = 0.01$,因 σ^2 未知,选取统计量 $T = \dfrac{\overline{X} - \mu}{S / \sqrt{n}}, T \sim t(n-1)$,我们查表得 $t_{0.005}(99) \approx 2.63$,根据区间(6),我们获得总体均值 μ 的置信区间:

$$\left(\overline{x}-\frac{s}{\sqrt{n}}t_{\frac{\alpha}{2}}(n-1),\overline{x}+\frac{s}{\sqrt{n}}t_{\frac{\alpha}{2}}(n-1)\right)=\left(35-\frac{6}{10}\times2.63,35+\frac{6}{10}\times2.63\right)$$

$$=(33.42,36.58),$$

即该校本科大学生平均每天参加体育锻炼的时间 μ 有 99% 的可能会在 33.42～36.58 min 之间.

【例 15】 有一批袋装糖果,从中随机取出 9 袋,称得质量(单位:g)如下:

$$300,302,305,305,306,306,299,306,310.$$

根据以往经验,袋装糖果的质量 X 近似服从正态分布 $N(\mu,\sigma^2)$,试求总体均值 μ 的置信度为 95% 的置信区间.

解 由题意知 $n=9,1-\alpha=0.95,\alpha=0.05$,查 t 分布表,得 $t_{\frac{\alpha}{2}}(n-1)=t_{0.025}(8)=2.306$,通过 9 个样本数值,得到 $\overline{x}\approx304.3,s\approx3.43$. 由于总体方差 σ^2 未知,关于 μ 的置信区间估计为

$$\left(\overline{x}-\frac{s}{\sqrt{n}}t_{\frac{\alpha}{2}}(n-1),\overline{x}+\frac{s}{\sqrt{n}}t_{\frac{\alpha}{2}}(n-1)\right)=(301.66,306.94),$$

故总体均值 μ 的置信度为 95% 的置信区间为 $(301.66,306.94)$.

3. 求 σ^2 的双侧置信区间

(1) 当 μ 已知时,选取样本函数 $\chi^2=\dfrac{\sum\limits_{i=1}^{n}(X_i-\mu)^2}{\sigma^2}$,由抽样定理,可知 $\chi^2\sim\chi^2(n)$. 对于给定置信度 $1-\alpha$,有

$$P\left\{\chi^2_{1-\frac{\alpha}{2}}(n)<\frac{\sum\limits_{i=1}^{n}(X_i-\mu)^2}{\sigma^2}<\chi^2_{\frac{\alpha}{2}}(n)\right\}=1-\alpha,$$

从而

$$P\left\{\frac{1}{\chi^2_{\frac{\alpha}{2}}(n)}\sum\limits_{i=1}^{n}(X_i-\mu)^2<\sigma^2<\frac{1}{\chi^2_{1-\frac{\alpha}{2}}(n)}\sum\limits_{i=1}^{n}(X_i-\mu)^2\right\}=1-\alpha,$$

所以,σ^2 的置信度为 $1-\alpha$ 的置信区间为

$$\left(\frac{1}{\chi^2_{\frac{\alpha}{2}}(n)}\sum\limits_{i=1}^{n}(X_i-\mu)^2,\frac{1}{\chi^2_{1-\frac{\alpha}{2}}(n)}\sum\limits_{i=1}^{n}(X_i-\mu)^2\right).$$

【例 16】 假设一批电子管的使用寿命 $X\sim N(1\,003,\sigma^2)$,从中抽取 9 只,测得其使用寿命(单位:h)如下:

$$1\,000,1\,001,1\,002,1\,002,1\,004,1\,005,1\,005,1\,006,1\,010.$$

求整批电子管的使用寿命的方差 σ^2 的置信区间.(给定置信度为 0.95)

解 根据题意可知 $n=9,\mu=1\,003,1-\alpha=0.95,\alpha=0.05$,查表可得 $\chi^2_{0.025}(9)=19.023$,$\chi^2_{0.975}(9)=2.7$,由样本观测值计算可得 $\sum\limits_{i=1}^{9}(x_i-\mu)^2=82$,于是

$$\frac{1}{\chi^2_{\frac{\alpha}{2}}(n)}\sum\limits_{i=1}^{n}(X_i-\mu)^2=4.31,\quad\frac{1}{\chi^2_{1-\frac{\alpha}{2}}(n)}\sum\limits_{i=1}^{n}(X_i-\mu)^2=30.37,$$

故整批电子管的使用寿命的方差 σ^2 的置信度为 0.95 的置信区间为 $(4.31, 30.37)$.

（2）当 μ 未知时，我们选取样本函数 $\chi^2 = \dfrac{(n-1)S^2}{\sigma^2}$，由

抽样分布定理，可知

$$\chi^2 = \frac{(n-1)S^2}{\sigma^2} \sim \chi^2(n-1),$$

对于给定的置信度 $1-\alpha$，结合 χ^2 分布的上侧分位数

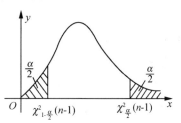

图 7-3

$\chi^2_{\frac{\alpha}{2}}(n-1)$ 的定义（图 7-3），有

$$P\left\{\chi^2_{1-\frac{\alpha}{2}}(n-1) < \frac{(n-1)S^2}{\sigma^2} < \chi^2_{\frac{\alpha}{2}}(n-1)\right\} = 1-\alpha, \tag{7}$$

解不等式（7），得到 σ^2 的置信度为 $1-\alpha$ 的置信区间：

$$\left(\frac{(n-1)S^2}{\chi^2_{\frac{\alpha}{2}}(n-1)}, \frac{(n-1)S^2}{\chi^2_{1-\frac{\alpha}{2}}(n-1)}\right). \tag{8}$$

注 这里求 σ^2 的一个置信区间的时候，虽然 χ^2 的密度函数关于原点不对称，但习惯上仍然取对称的分位数，这样得到的置信区间的长度可能不是最短的，但是差别不大，且分别计算.

【例 17】 设炮弹速度 $X \sim N(\mu, \sigma^2)$，取 9 发炮弹做试验，得样本方差 $s^2 = 11(\mathrm{m/s})^2$. 求炮弹速度的方差 σ^2 置信度为 0.95 的置信区间.

解 由题意，知 $n=9$，$s^2=11$，$1-\alpha=0.95$，查表可得 $\chi^2_{\frac{\alpha}{2}}(n-1)=\chi^2_{0.025}(8)=17.535$，

$\chi^2_{1-\frac{\alpha}{2}}(n-1)=\chi^2_{0.975}(8)=2.18$. 因此

$$\frac{(n-1)s^2}{\chi^2_{\frac{\alpha}{2}}(n-1)} = \frac{8\times 11}{17.535} \approx 5.02, \quad \frac{(n-1)s^2}{\chi^2_{1-\frac{\alpha}{2}}(n-1)} = \frac{8\times 11}{2.18} \approx 40.37,$$

故方差 σ^2 的置信度为 0.95 的置信区间为 $(5.02, 40.37)$.

四、单正态总体参数的单侧置信区间估计

在很多实际问题中，有时只需要讨论单侧的置信上限和下限就可以了. 例如，研究某种动物的平均寿命，研究者较为关心动物平均寿命的"下限"；研究某款电子元件长度的测量误差，研究者比较关心测量平均误差的"上限". 因此，有必要进一步研究单侧置信区间估计问题.

定义 8 设总体 X 的分布函数 $F(x, \theta)$ 含有一个未知参数 θ，$X_1, X_2, \cdots, X_n$ 为取自总体 X 的一个样本，对于给定的置信水平 $\alpha(0 < \alpha < 1)$，存在两个统计量 $\underline{\theta} = \underline{\theta}(X_1, X_2, \cdots, X_n)$ 和 $\overline{\theta} = \overline{\theta}(X_1, X_2, \cdots, X_n)$ 满足：

（1）
$$P\{\underline{\theta}(X_1, X_2, \cdots, X_n) < \theta\} = 1-\alpha,$$

则称区间 $(\underline{\theta}, +\infty)$ 是 θ 的置信度为 $1-\alpha$ 的**单侧置信区间**，$\underline{\theta}$ 称为 θ 的置信度 $1-\alpha$ 的**单侧置信下限**.

（2）
$$P\{\theta<\bar{\theta}(X_1,X_2,\cdots,X_n)\}=1-\alpha,$$

则称区间$(-\infty,\bar{\theta})$是θ的置信度为$1-\alpha$的**单侧置信区间**，$\bar{\theta}$称为θ的置信度$1-\alpha$的**单侧置信上限**.

以σ^2已知，求μ的置信度为$1-\alpha$的单侧置信区间为例，介绍单侧置信区间的方法，其他情况类似. 设总体$X\sim N(\mu,\sigma^2)$，$X_1,X_2,\cdots,X_n$是取自总体X的一个样本，置信度为$1-\alpha$. 由于$\dfrac{\overline{X}-\mu}{\sigma/\sqrt{n}}\sim N(0,1)$，根据标准正态分布上侧分位数$u_\alpha$的定义，有

$$P\left\{\frac{\overline{X}-\mu}{\sigma/\sqrt{n}}<u_\alpha\right\}=1-\alpha,$$

得

$$P\left\{\mu>\overline{X}-\frac{\sigma}{\sqrt{n}}u_\alpha\right\}=1-\alpha, \tag{9}$$

因此，μ的一个置信度为$1-\alpha$的单侧置信区间为

$$\left(\overline{X}-\frac{\sigma}{\sqrt{n}}u_\alpha,+\infty\right). \tag{10}$$

这里$\overline{X}-\dfrac{\sigma}{\sqrt{n}}u_\alpha$就是$\mu$的一个置信度为$1-\alpha$的单侧置信下限.

【例 18】 从一批白炽灯灯泡中随机抽取 9 只测试其使用寿命，测得其使用寿命（单位：h）如下：

$$1\,050,1\,080,1\,150,1\,120,1\,180,1\,250,1\,280,1\,290,1\,310.$$

假定这批灯泡的使用寿命$X\sim N(\mu,\sigma^2)$，$\sigma^2=4$，求平均使用寿命μ的置信度为95％的单侧置信下限.

解 由题意，知$n=9,\sigma^2=4,\alpha=0.05$，通过 9 个样本观测值计算可得$\overline{x}=1\,190$，由不等式（9）可知，平均使用寿命$\mu$的置信度为$1-\alpha$的单侧置信下限为$\overline{X}-\dfrac{\sigma}{\sqrt{n}}u_\alpha$. 查标准正态分布表知$u_{0.05}=1.65$，同时，$\overline{x}-\dfrac{\sigma}{\sqrt{n}}u_\alpha=1\,190-\dfrac{2}{3}\times1.65=1\,188.9$. 因此，$\mu$的置信度为95％的单侧置信下限为$1\,188.9$.

【例 19】 对某型号飞机的飞行速度进行了 16 次实验，测得最大飞行速度的均值$\overline{x}=420.3$ m/s，样本均方差$s=30.5\,(\text{m/s})^2$. 根据长期实验数据分析，认为最大飞行速度$X\sim N(\mu,\sigma^2)$，求最大飞行速度的均值μ的置信度为95％的单侧置信下限.

解 由题意，知$n=16,\alpha=0.05,\overline{x}=420.3,s=30.5$. 由于$\sigma^2$未知，我们选择样本函数$T=\dfrac{\overline{X}-\mu}{S/\sqrt{n}}$，由抽样定理，可知

$$T=\frac{\overline{X}-\mu}{S/\sqrt{n}}\sim t(n-1),$$

结合 t 分布的上侧分位数 $t_\alpha(n-1)$,有

$$P\left(\frac{X-\mu}{S/\sqrt{n}} < t_\alpha(n-1)\right) = 1-\alpha,$$

求解以上不等式,得

$$P\left(\mu > \overline{X} - \frac{S}{\sqrt{n}} t_\alpha(n-1)\right) = 1-\alpha,$$

所以,总体均值 μ 的置信度为 $1-\alpha$ 的单侧置信区间为

$$\left(\overline{X} - \frac{S}{\sqrt{n}} t_\alpha(n-1), +\infty\right).$$

即总体均值 μ 的置信度为 $1-\alpha$ 的单侧置信下限为 $\overline{X} - \frac{S}{\sqrt{n}} t_\alpha(n-1)$. 查 t 分位数表,知 $t_{0.05}(15) = 1.753\,1$. 结合题目中的已知条件,计算

$$\overline{x} - \frac{s}{\sqrt{n}} t_\alpha(n-1) = 420.3 - \frac{30.5}{4} \times t_{0.05}(15) = 406.93,$$

故最大飞行速度的均值 μ 的置信度为 95% 的单侧置信下限为 406.93.

*五、双正态总体参数的置信区间估计

在生活实践中,有时需要分析两个随机总体 X, Y 的均值之间或方差之间是否有差异. 例如,估计两个企业生产的同一种产品某一质量指标的差异程度,或估计两个城市人均可支配收入的差异性等问题. 因此,在双正态分布的条件下,引入对总体均值差或方差比的置信区间估计是有意义的,主要从以下三种情况对双正态总体的均值差和方差比进行分析.

设总体 $X \sim N(\mu_1, \sigma_1^2), Y \sim N(\mu_2, \sigma_2^2)$, X 和 Y 相互独立, $X_1, X_2, \cdots, X_n$ 是取自总体 X 的一个样本, $Y_1, Y_2, \cdots, Y_m$ 是取自总体 Y 的一个样本. $\overline{X}, \overline{Y}, S_1^2, S_2^2$ 分别是两样本的样本均值和样本方差,给定置信度为 $1-\alpha(0 < \alpha < 1)$.

1. σ_1^2 和 σ_2^2 均已知,求 $\mu_1 - \mu_2$ 的置信区间

由于 $\overline{X} \sim N\left(\mu_1, \frac{\sigma_1^2}{n}\right), \overline{Y} \sim N\left(\mu_2, \frac{\sigma_2^2}{m}\right)$,因 $\overline{X}$ 和 $\overline{Y}$ 相互独立,所以

$$\overline{X} - \overline{Y} \sim N\left(\mu_1 - \mu_2, \frac{\sigma_1^2}{n} + \frac{\sigma_2^2}{m}\right),$$

从而

$$U = \frac{(\overline{X} - \overline{Y}) - (\mu_1 - \mu_2)}{\sqrt{\frac{\sigma_1^2}{n} + \frac{\sigma_2^2}{m}}} \sim N(0, 1).$$

我们选取 $U = \frac{(\overline{X} - \overline{Y}) - (\mu_1 - \mu_2)}{\sqrt{\frac{\sigma_1^2}{n} + \frac{\sigma_2^2}{m}}}$ 作为样本函数,结合标准正态分布的上侧分位数 $u_{\frac{\alpha}{2}}$ 的定

义,有

$$P\left(-u_{\frac{\alpha}{2}}<\frac{(\overline{X}-\overline{Y})-(\mu_1-\mu_2)}{\sqrt{\dfrac{\sigma_1^{\ 2}}{n}+\dfrac{\sigma_2^{\ 2}}{m}}}<u_{\frac{\alpha}{2}}\right)=1-\alpha. \tag{11}$$

解不等式(11),得

$$P\left((\overline{X}-\overline{Y})-\sqrt{\frac{\sigma_1^{\ 2}}{n}+\frac{\sigma_2^{\ 2}}{m}}u_{\frac{\alpha}{2}}<\mu_1-\mu_2<(\overline{X}-\overline{Y})+\sqrt{\frac{\sigma_1^{\ 2}}{n}+\frac{\sigma_2^{\ 2}}{m}}u_{\frac{\alpha}{2}}\right)=1-\alpha, \tag{12}$$

从而,样本均值差 $\mu_1-\mu_2$ 的置信度 $1-\alpha$ 的置信区间为

$$\left((\overline{X}-\overline{Y})-\sqrt{\frac{\sigma_1^{\ 2}}{n}+\frac{\sigma_2^{\ 2}}{m}}u_{\frac{\alpha}{2}},(\overline{X}-\overline{Y})+\sqrt{\frac{\sigma_1^{\ 2}}{n}+\frac{\sigma_2^{\ 2}}{m}}u_{\frac{\alpha}{2}}\right). \tag{13}$$

【例 20】 甲、乙两台机床加工同种型号的零件,分别从甲、乙机床处取出 16 个和 9 个零件,测得其平均长度分别为 20 mm 和 24 mm,已知甲机床加工的零件长度 $X\sim N(\mu_1,0.36)$,乙机床加工的零件长度 $Y\sim N(\mu_2,0.16)$,求 $\mu_1-\mu_2$ 的置信度为 0.95 的置信区间.

解 由题意,知 $n=16,m=9,\sigma_1^{\ 2}=0.36,\sigma_2^{\ 2}=0.16,1-\alpha=0.95,\alpha=0.05,\overline{x}=20,\overline{y}=24$,查表可知 $u_{0.025}=1.96$,故

$$(\overline{x}-\overline{y})-\sqrt{\frac{\sigma_1^{\ 2}}{n}+\frac{\sigma_2^{\ 2}}{m}}u_{\frac{\alpha}{2}}=-4.393,(\overline{x}-\overline{y})+\sqrt{\frac{\sigma_1^{\ 2}}{n}+\frac{\sigma_2^{\ 2}}{m}}u_{\frac{\alpha}{2}}=-3.607,$$

所以,样本均值差 $\mu_1-\mu_2$ 的置信度为 0.95 的置信区间为 $(-4.393,-3.607)$. 由于置信上限小于 0,故可认为 $\mu_1<\mu_2$,且甲、乙两厂生产的此零件平均长度最小相差 3.607 mm,最大相差 4.393 mm.

2. $\sigma_1^{\ 2}=\sigma_2^{\ 2}=\sigma^2$,但 σ^2 未知,求 $\mu_1-\mu_2$ 的置信区间

由抽样定理,可知

$$T=\frac{(\overline{X}-\overline{Y})-(\mu_1-\mu_2)}{S_w\sqrt{\dfrac{1}{n}+\dfrac{1}{m}}}\sim t(n+m-2),$$

其中 $S_w^{\ 2}=\dfrac{(n-1)S_1^{\ 2}+(m-1)S_2^{\ 2}}{n+m-2}$. 选取 $T=\dfrac{(\overline{X}-\overline{Y})-(\mu_1-\mu_2)}{S_w\sqrt{\dfrac{1}{n}+\dfrac{1}{m}}}$ 作为样本函数,结合 t 分布的上侧分位数 $t_{\frac{\alpha}{2}}(n+m-2)$ 的定义,有

$$P\left(-t_{\frac{\alpha}{2}}(n+m-2)<\frac{(\overline{X}-\overline{Y})-(\mu_1-\mu_2)}{S_w\sqrt{\dfrac{1}{n}+\dfrac{1}{m}}}<t_{\frac{\alpha}{2}}(n+m-2)\right)=1-\alpha, \tag{14}$$

从而

$$P\left(\overline{X}-\overline{Y}-S_w\sqrt{\frac{1}{n}+\frac{1}{m}}t_{\frac{\alpha}{2}}(n+m-2)<\mu_1-\mu_2<\overline{X}-\overline{Y}+S_w\sqrt{\frac{1}{n}+\frac{1}{m}}t_{\frac{\alpha}{2}}(n+m-2)\right)=1-\alpha,$$

于是,样本均值差 $\mu_1-\mu_2$ 的置信度 $1-\alpha$ 的置信区间为

$$\left(\overline{X}-\overline{Y}-S_w\sqrt{\frac{1}{n}+\frac{1}{m}}t_{\frac{\alpha}{2}}(n+m-2),\overline{X}-\overline{Y}+S_w\sqrt{\frac{1}{n}+\frac{1}{m}}t_{\frac{\alpha}{2}}(n+m-2)\right). \tag{15}$$

【例 21】 某工厂欲引进一台新设备,在使用前对新、旧设备的生产成本(单位:万元)分别进行了测试. 对旧设备测试了 8 次,所测数据的均值为 90,方差为 3.6. 对新设备也测试了 8 次,所测数据的均值为 88.6,方差为 4.2. 假定两台设备的生产成本的总体均服从正态分布且有相同的方差. 求样本均值差的置信度为 99% 的置信区间.

解 设两台设备的生产成本的总体分别为 X 和 Y,$X \sim N(\mu_1, \sigma^2)$,$Y \sim N(\mu_2, \sigma^2)$,由题意知,$n = m = 8$,$1 - \alpha = 0.99$,$\alpha = 0.01$,$\bar{x} = 90$,$\bar{y} = 88.6$,$s_1^2 = 3.6$,$s_2^2 = 4.2$,查表可知,$t_{0.005}(14) = 2.977$,简单计算得 $s_w = 3.9$,所以

$$\bar{x} - \bar{y} - s_w \sqrt{\frac{1}{n} + \frac{1}{m}} t_{\frac{\alpha}{2}}(n + m - 2) = -4.405,$$

$$\bar{x} - \bar{y} + s_w \sqrt{\frac{1}{n} + \frac{1}{m}} t_{\frac{\alpha}{2}}(n + m - 2) = 7.205,$$

故总体均值差 $\mu_1 - \mu_2$ 的置信度为 99% 的置信区间为 $(-4.405, 7.205)$. 说明新旧设备的平均生产成本最小相差 4.405 万元,最大相差 7.205 万元.

3. 总体方差之比 $\frac{\sigma_1^2}{\sigma_2^2}$ 的置信区间

(1) 当两总体均值 μ_1, μ_2 均已知时,由抽样定理,可知 $\chi_1^2 = \dfrac{\sum\limits_{i=1}^{n}(X_i - \mu_1)^2}{\sigma_1^2} \sim \chi^2(n)$,

$\chi_2^2 = \dfrac{\sum\limits_{i=1}^{m}(Y_i - \mu_2)^2}{\sigma_2^2} \sim \chi^2(m)$,且 χ_1^2 和 χ_2^2 相互独立,由 F 分布的定义,知

$$F = \frac{m}{n} \frac{\sigma_2^2}{\sigma_1^2} \frac{\sum\limits_{i=1}^{n}(X_i - \mu_1)^2}{\sum\limits_{i=1}^{m}(Y_i - \mu_2)^2} \sim F(n, m),$$

对于给定置信度 $1 - \alpha$,由 F 分布的上侧分位数 $F_{\frac{\alpha}{2}}(n, m)$,可知

$$P\left\{ F_{1-\frac{\alpha}{2}}(n, m) < F < F_{\frac{\alpha}{2}}(n, m) \right\} = 1 - \alpha.$$

解以上不等式,得

$$P\left\{ \frac{1}{F_{\frac{\alpha}{2}}(n, m)} \cdot \frac{m}{n} \cdot \frac{\sum\limits_{i=1}^{n}(X_i - \mu_1)^2}{\sum\limits_{i=1}^{m}(Y_i - \mu_2)^2} < \frac{\sigma_1^2}{\sigma_2^2} < \frac{1}{F_{1-\frac{\alpha}{2}}(n, m)} \cdot \frac{m}{n} \cdot \frac{\sum\limits_{i=1}^{n}(X_i - \mu_1)^2}{\sum\limits_{i=1}^{m}(Y_i - \mu_2)^2} \right\} = 1 - \alpha.$$

故方差之比 $\frac{\sigma_1^2}{\sigma_2^2}$ 的置信区 $1 - \alpha$ 的置信区间为

$$\left(\frac{1}{F_{\frac{\alpha}{2}}(n, m)} \cdot \frac{m}{n} \cdot \frac{\sum\limits_{i=1}^{n}(X_i - \mu_1)^2}{\sum\limits_{i=1}^{m}(Y_i - \mu_2)^2}, \frac{1}{F_{1-\frac{\alpha}{2}}(n, m)} \cdot \frac{m}{n} \cdot \frac{\sum\limits_{i=1}^{n}(X_i - \mu_1)^2}{\sum\limits_{i=1}^{m}(Y_i - \mu_2)^2} \right).$$

【例 22】 设 A,B 两批导线的电阻(单位:Ω)分别为 X 和 Y,由以往实验数据分析,知 $X \sim N(0.142, \sigma_1^2)$,$Y \sim N(0.140, \sigma_2^2)$,且 X 和 Y 相互独立,现随机从 A 中抽取 4 根,从 B

中抽取 5 根,测得其电阻为

　　A：0.143,0.142,0.143,0.137.

　　B：0.140,0.142,0.136,0.138,0.140.

试求方差之比 $\dfrac{\sigma_1^2}{\sigma_2^2}$ 的置信区间.(置信度为 0.9)

解　根据题意,可知 $n=4,m=5,1-\alpha=0.9,\alpha=0.1,\mu_1=0.142,\mu_2=0.140$,由样本观测值计算得 $\displaystyle\sum_{i=1}^{n}(x_i-\mu_1)^2=2.7\times10^{-5}$,$\displaystyle\sum_{i=1}^{m}(y_i-\mu_2)^2=2.4\times10^{-5}$,查表知

$$F_{0.05}(4,5)=5.19,\quad F_{0.95}(4,5)=\frac{1}{F_{0.05}(5,4)}=\frac{1}{6.26}=0.16,$$

于是

$$\frac{1}{F_{\frac{\alpha}{2}}(n,m)}\cdot\frac{m}{n}\cdot\frac{\displaystyle\sum_{i=1}^{n}(x_i-\mu_1)^2}{\displaystyle\sum_{i=1}^{m}(y_i-\mu_2)^2}=0.27,\quad\frac{1}{F_{1-\frac{\alpha}{2}}(n,m)}\cdot\frac{m}{n}\cdot\frac{\displaystyle\sum_{i=1}^{n}(X_i-\mu_1)^2}{\displaystyle\sum_{i=1}^{m}(Y_i-\mu_2)^2}=8.79.$$

所以,方差之比 $\dfrac{\sigma_1^2}{\sigma_2^2}$ 的置信度为 90% 的置信区间是 $(0.27,8.79)$. 可见置信区间包含 1,即从这次抽样试验中,说明两批导线电阻的方差没有显著差异.

(2) 当两总体均值 μ_1,μ_2 均未知时,由于 S_1^2 和 S_2^2 相互独立,且

$$\frac{(n-1)S_1^2}{\sigma_1^2}\sim\chi^2(n-1),\quad\frac{(m-1)S_2^2}{\sigma_2^2}\sim\chi^2(m-1),$$

由 F 分布的定义,知

$$F=\frac{\dfrac{(n-1)S_1^2}{\sigma_1^2(n-1)}}{\dfrac{(m-1)S_2^2}{\sigma_2^2(m-1)}}=\frac{\dfrac{S_1^2}{\sigma_1^2}}{\dfrac{S_2^2}{\sigma_2^2}}\sim F(n-1,m-1).$$

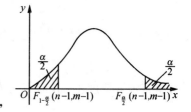

图 7-4

对于给定置信度 $1-\alpha$,由 F 分布的上侧分位数 $F_{\frac{\alpha}{2}}(n-1,m-1)$ 的定义(图 7-4),有

$$P\{F_{1-\frac{\alpha}{2}}(n-1,m-1)<F<F_{\frac{\alpha}{2}}(n-1,m-1)\}=1-\alpha,\tag{16}$$

即

$$P\left\{\frac{S_1^2}{S_2^2}\cdot\frac{1}{F_{\frac{\alpha}{2}}(n-1,m-1)}<\frac{\sigma_1^2}{\sigma_2^2}<\frac{S_1^2}{S_2^2}\cdot\frac{1}{F_{1-\frac{\alpha}{2}}(n-1,m-1)}\right\}=1-\alpha,$$

故方差之比 $\dfrac{\sigma_1^2}{\sigma_2^2}$ 的置信区 $1-\alpha$ 的置信区间为

$$\left(\frac{S_1^2}{S_2^2}\cdot\frac{1}{F_{\frac{\alpha}{2}}(n-1,m-1)},\frac{S_1^2}{S_2^2}\cdot\frac{1}{F_{1-\frac{\alpha}{2}}(n-1,m-1)}\right).$$

【例 23】　设男、女学生在校生活费支出(单位:元)分别为 $X\sim N(\mu_1,\sigma_1^2)$ 和 $Y\sim N(\mu_2,\sigma_2^2)$,某大学随机抽取 25 名男学生和 25 名女学生,得到下面的结果:

男学生:$\bar{x}=1\,520,s_1^2=360.$

女学生：$\bar{y}=1\,200$，$s_2{}^2=160$.

试分析男、女学生生活费支出方差比$\dfrac{\sigma_1^2}{\sigma_2^2}$的置信区间.（置信度为0.95）

解 由题意，可知μ_1和μ_2均是未知的，$n=m=25$，$1-\alpha=0.95$，$\alpha=0.05$，$\bar{x}=1\,520$，$s_1{}^2=360$，$\bar{y}=1\,200$，$s_2{}^2=160$，查表，得

$$F_{0.025}(24,24)=2.27,\quad F_{0.975}(24,24)=\frac{1}{F_{0.025}(24,24)}=0.44,$$

进一步计算，得

$$\frac{s_1^2}{s_2^2}\cdot\frac{1}{F_{\frac{\alpha}{2}}(n-1,m-1)}=0.99,\quad \frac{s_1^2}{s_2^2}\cdot\frac{1}{F_{1-\frac{\alpha}{2}}(n-1,m-1)}=5.11.$$

所以，男、女学生生活费支出方差比$\dfrac{\sigma_1^2}{\sigma_2^2}$的置信度为95%的置信区间为$(0.99,5.11)$.可见置信区间包含1，即男、女学生生活费支出方差没有显著差异，但难以从这次试验中判定两类学生生活费支出波动性的大小.

为了方便使用，将单正态总体和双正态总体参数的区间估计结果列于表7-6和表7-7.

表7-6 单正态总体参数的置信区间表

估计参数及 其条件	统计量及其分布	双侧置信区间	单侧置信限
均值μ （σ^2已知）	$\dfrac{\overline{X}-\mu}{\sigma/\sqrt{n}}\sim N(0,1)$	$\left(\overline{X}-\dfrac{\sigma}{\sqrt{n}}u_{\frac{\alpha}{2}},\overline{X}+\dfrac{\sigma}{\sqrt{n}}u_{\frac{\alpha}{2}}\right)$	$\underline{\mu}=\overline{X}-\dfrac{\sigma}{\sqrt{n}}u_\alpha,$ $\overline{\mu}=\overline{X}+\dfrac{\sigma}{\sqrt{n}}u_\alpha$
均值μ （σ^2未知）	$\dfrac{\overline{X}-\mu}{S/\sqrt{n}}\sim t(n-1)$	$\left(\overline{X}-\dfrac{S}{\sqrt{n}}t_{\frac{\alpha}{2}}(n-1),\right.$ $\left.\overline{X}+\dfrac{S}{\sqrt{n}}t_{\frac{\alpha}{2}}(n-1)\right)$	$\underline{\mu}=\overline{X}-\dfrac{S}{\sqrt{n}}t_\alpha(n-1),$ $\overline{\mu}=\overline{X}+\dfrac{S}{\sqrt{n}}t_\alpha(n-1)$
方差σ^2 （μ已知）	$\dfrac{\sum\limits_{i=1}^{n}(X_i-\mu)^2}{\sigma^2}\sim\chi^2(n)$	$\left(\dfrac{\sum\limits_{i=1}^{n}(X_i-\mu)^2}{\chi_{\frac{\alpha}{2}}^2(n)},\dfrac{\sum\limits_{i=1}^{n}(X_i-\mu)^2}{\chi_{1-\frac{\alpha}{2}}^2(n)}\right)$	$\underline{\sigma^2}=\dfrac{\sum\limits_{i=1}^{n}(X_i-\mu)^2}{\chi_\alpha^2(n)},$ $\overline{\sigma^2}=\dfrac{\sum\limits_{i=1}^{n}(X_i-\mu)^2}{\chi_{1-\alpha}^2(n)}$
方差σ^2 （μ未知）	$\dfrac{(n-1)S^2}{\sigma^2}\sim\chi^2(n-1)$	$\left(\dfrac{(n-1)S^2}{\chi_{\frac{\alpha}{2}}^2(n-1)},\dfrac{(n-1)S^2}{\chi_{1-\frac{\alpha}{2}}^2(n-1)}\right)$	$\underline{\sigma^2}=\dfrac{(n-1)S^2}{\chi_\alpha^2(n-1)},$ $\overline{\sigma^2}=\dfrac{(n-1)S^2}{\chi_{1-\alpha}^2(n-1)}$

表 7-7 双正态总体参数的置信区间表

估计参数及其条件	统计量及其分布	双侧置信区间	单侧置信限
均值差 $\mu_1-\mu_2$ (σ_1^2,σ_2^2 已知)	$\dfrac{(\overline{X}-\overline{Y})-(\mu_1-\mu_2)}{\sqrt{\dfrac{\sigma_1^2}{n}+\dfrac{\sigma_2^2}{m}}}$ $\sim N(0,1)$	$\left((\overline{X}-\overline{Y})-u_{\frac{\alpha}{2}}\sqrt{\dfrac{\sigma_1^2}{n}+\dfrac{\sigma_2^2}{m}},\right.$ $\left.(\overline{X}-\overline{Y})+u_{\frac{\alpha}{2}}\sqrt{\dfrac{\sigma_1^2}{n}+\dfrac{\sigma_2^2}{m}}\right)$	$\underline{\mu_1-\mu_2}=(\overline{X}-\overline{Y})-u_{\alpha}\sqrt{\dfrac{\sigma_1^2}{n}+\dfrac{\sigma_2^2}{m}}$ $\overline{\mu_1-\mu_2}=(\overline{X}-\overline{Y})+u_{\alpha}\sqrt{\dfrac{\sigma_1^2}{n}+\dfrac{\sigma_2^2}{m}}$
均值差 $\mu_1-\mu_2$ ($\sigma_1^2=\sigma_2^2=\sigma^2$, σ^2 未知)	$\dfrac{(\overline{X}-\overline{Y})-(\mu_1-\mu_2)}{S_w\sqrt{\dfrac{1}{n}+\dfrac{1}{m}}}$ $\sim t(n+m-2)$,其中 $S_w^2=\dfrac{(n-1)S_1^2+(m-1)S_2^2}{n+m-2}$	$\left(\overline{X}-\overline{Y}-t_{\frac{\alpha}{2}}(n+m-2)S_w\sqrt{\dfrac{1}{n}+\dfrac{1}{m}},\right.$ $\left.\overline{X}-\overline{Y}+t_{\frac{\alpha}{2}}(n+m-2)S_w\sqrt{\dfrac{1}{n}+\dfrac{1}{m}}\right)$	$\underline{\mu_1-\mu_2}=\overline{X}-\overline{Y}-t_{\alpha}(n+m-2)\cdot$ $S_w\sqrt{\dfrac{1}{n}+\dfrac{1}{m}}$ $\overline{\mu_1-\mu_2}=\overline{X}-\overline{Y}+t_{\alpha}(n+m-2)\cdot$ $S_w\sqrt{\dfrac{1}{n}+\dfrac{1}{m}}$
方差比 σ_1^2/σ_2^2 (μ_1,μ_2 已知)	$\dfrac{m}{n}\cdot\dfrac{\sigma_2^2}{\sigma_1^2}\cdot\dfrac{\sum\limits_{i=1}^{n}(X_i-\mu_1)^2}{\sum\limits_{i=1}^{m}(Y_i-\mu_2)^2}$ $\sim F(n,m)$	$\left(\dfrac{1}{F_{\frac{\alpha}{2}}(n,m)}\cdot\dfrac{m}{n}\cdot\dfrac{\sum\limits_{i=1}^{n}(X_i-\mu_1)^2}{\sum\limits_{i=1}^{m}(Y_i-\mu_2)^2},\right.$ $\left.\dfrac{1}{F_{1-\frac{\alpha}{2}}(n,m)}\cdot\dfrac{m}{n}\cdot\dfrac{\sum\limits_{i=1}^{n}(X_i-\mu_1)^2}{\sum\limits_{i=1}^{m}(Y_i-\mu_2)^2}\right)$	$\underline{\sigma_1^2/\sigma_2^2}=\dfrac{1}{F_{\alpha}(n,m)}\cdot\dfrac{m}{n}\cdot$ $\dfrac{\sum\limits_{i=1}^{n}(X_i-\mu_1)^2}{\sum\limits_{i=1}^{m}(Y_i-\mu_2)^2}$, $\overline{\sigma_1^2/\sigma_2^2}=\dfrac{1}{F_{1-\alpha}(n,m)}\cdot\dfrac{m}{n}\cdot$ $\dfrac{\sum\limits_{i=1}^{n}(X_i-\mu_1)^2}{\sum\limits_{i=1}^{m}(Y_i-\mu_2)^2}$
方差比 σ_1^2/σ_2^2 (μ_1,μ_2 未知)	$\dfrac{S_1^2/\sigma_1^2}{S_2^2/\sigma_2^2}\sim F(n-1,m-1)$	$\left(\dfrac{S_1^2}{S_2^2}\cdot\dfrac{1}{F_{\frac{\alpha}{2}}(n-1,m-1)},\right.$ $\left.\dfrac{S_1^2}{S_2^2}\cdot\dfrac{1}{F_{1-\frac{\alpha}{2}}(n-1,m-1)}\right)$	$\underline{\sigma_1^2/\sigma_2^2}=\dfrac{S_1^2}{S_2^2}\cdot\dfrac{1}{F_{\alpha}(n-1,m-1)}$ $\overline{\sigma_1^2/\sigma_2^2}=\dfrac{S_1^2}{S_2^2}\cdot\dfrac{1}{F_{1-\alpha}(n-1,m-1)}$

习题 7-3

1. 已知某地区幼儿的身高服从正态分布,现从该地区一幼儿园大班中抽取 9 名幼儿,测得他们的身高(单位:cm)如下:

$$115,120,131,115,109,115,115,105,110.$$

设大班幼儿身高总体的标准差 $\sigma=7$,在 $\alpha=0.05$ 的条件下求总体均值 μ 的置信区间.

2. 为估计一件物体的质量 μ,将其称了 8 次,得到物体的质量(单位:kg)如下:

$$10.1,10,9.8,10.5,9.7,10.2,10.3,9.9.$$

假设所称出的物体的质量服从正态分布 $N(\mu,\sigma^2)$,求该物体质量 μ 的置信度为 0.95 的置信区间.

3. 设总体 $N(\mu, \sigma^2)$，μ 和 σ^2 未知，随机抽取一个容量为 16 的样本，测得其样本均值 $\bar{x} = 503.75$，样本方差 $s^2 = 6.202\,2^2$，试求总体标准差 σ 的置信度为 0.95 的置信区间.

4. 某厂生产的零件质量 X 服从正态分布 $N(\mu, \sigma^2)$，现从该厂生产的零件中抽取 9 个，测得其质量(单位:g)如下:

$$45.3, 45.4, 45.1, 45.3, 45.5, 45.7, 45.4, 45.3, 45.6.$$

试求总体标准差 σ 的置信度为 0.95 的置信区间.

5. 为了估计磷肥对某种农作物增产的作用,现选 20 块条件大致相同的土地,10 块不施磷肥,另外 10 块施磷肥,得到亩产量(单位:斤)(1 亩 $\approx 666.7 \ \text{m}^2$, 1 斤 $= 500 \ \text{g}$)如表 7-8 所示.

表 7-8　亩产量

不施磷肥亩产量/斤	560	590	560	580	570	600	550	570	550	570
施磷肥亩产量/斤	620	570	650	600	630	580	570	600	600	580

设不施磷肥亩产量和施磷肥亩产量都服从正态分布,且方差相等.取置信度为 0.95,试对不施磷肥和施磷肥两种情况下的平均亩产量之差作区间估计.

6. 有两位化验员 A,B,他们独立地对某种聚合物的含氧量用相同的方法分别做了 9 次和 10 次测定,其测定值的样本方差依次为 $s_1^2 = 0.541\,9$ 和 $s_2^2 = 0.606\,5$. 设 σ_1^2, σ_2^2 分别为 A,B 所测的总体方差,又设两总体均服从正态分布,求方差比 $\dfrac{\sigma_1^2}{\sigma_2^2}$ 的置信度为 0.95 的置信区间.

阅 读 资 料

费希尔

　　罗纳德·艾尔默·费希尔(1890 年 2 月 17 日—1962 年 7 月 29 日,图 7-5),英国统计学家、生物进化学家、数学家、遗传学家和优生学家.费希尔是现代统计科学的奠基人之一.费希尔被称为现代进化论的首席设计师之一,他创立了费希尔准则以及雌雄双方的生物性状互相促进的进化理论,即"费希尔氏失控理论",他是现代种群遗传学的三杰之一(另外两杰是霍尔丹和莱特),是达尔文以来最伟大的生物进化学家.他对现代统计科学的重要贡献,包括方差分析、极大似然统计推断和许多抽样分布的导出.

图 7-5

一、主要经历

1890 年 2 月 17 日,生于伦敦.

1912 年,毕业于剑桥大学数学系,后随英国数理统计学家 J.琼斯进修了一年统计力学.

1918 年,任洛桑试验站统计试验室主任.

1933 年,因为在生物统计和遗传学研究方面成绩卓著而被聘为伦敦大学优生学教授.

1943 年,任剑桥大学遗传学教授.

1959 年,去澳大利亚,在联邦科学和工业研究组织的数学统计部做研究工作.

1962 年 7 月 29 日,卒于澳大利亚阿德莱德.

二、主要贡献

(1) 用亲属间的相关说明了连续变异的性状可以用孟德尔定律来解释,从而解决了遗传学中孟德尔学派和生物统计学派的论争.

(2) 论证了方差分析的原理和方法,并套用于试验设计,阐明了最大似然性方法及随机化、重复性和统计控制的理论,指出自由度作为检查皮尔逊制定的统计表格的重要性.此外,还阐明了各种相关系数的抽样分布,并进行过显著性测验研究.

(3) 他提出的一些数学原理和方法对人类遗传学、进化论和数量遗传学的基本概念及农业、医学方面的试验均有很大影响.

(4) 他在进化遗传学上是一个极端的选择论者,认为中立性状很难存在.他一生在统计生物学中的功绩是十分突出的.

三、主要著作

主要著作有《根据孟德尔遗传方式的亲属间的相关》《研究者用的统计方法》《自然选择的遗传理论》《试验设计》《近交的理论》《统计方法和科学推理》等.

总习题七

1. 已知总体 X 的分布律如表 7-9 所示.

表 7-9   总体 X 的分布律

X	1	2	3
P	θ^2	$2\theta(1-\theta)$	$(1-\theta)^2$

其中 $\theta(0<\theta<1)$ 为未知参数,已知取得了样本值 $x_1=1, x_2=2, x_3=1$,试求参数 θ 的矩估计值和极大似然估计值.

2. 设总体 X 服从参数为 p 的几何分布,分布律为 $P(X=x)=p(1-p)^{x-1}, x=1,2,\cdots$,其中 $p(0<p<1)$ 为未知参数,$X_1, X_2, \cdots, X_n$ 是来自 X 的简单随机样本,求 p 的极大似然估计量.

3. 设 $X_1, X_2, \cdots, X_n > c$ 为来自总体 X 的样本,总体分布的概率密度为

$$f(x)=\begin{cases} \theta c^{\theta} x^{-(\theta+1)}, & x>c, \\ 0, & x \leqslant c, \end{cases}$$

其中 $c>0$ 为已知参数,未知参数 $\theta>1$. 求 θ 的矩估计量和极大似然估计量.

4. 设总体 X 的概率密度为

$$f(x,\theta)=\begin{cases} e^{-x+\theta}, & x\geqslant\theta, \\ 0, & x<\theta, \end{cases}$$

$X_1,X_2,\cdots,X_n$ 是来自 X 的简单随机样本,求 θ 的矩估计量和极大似然估计量.

5. 设 X_1,X_2,X_3,X_4 是来自均值为 θ 的指数分布总体的样本,其中 θ 未知,估计量

$$T_1=\frac{1}{6}(X_1+X_2)+\frac{1}{3}(X_3+X_4),$$

$$T_2=\frac{(X_1+2X_2+3X_3+4X_4)}{5},$$

$$T_3=\frac{(X_1+X_2+X_3+X_4)}{4}.$$

(1) 指出 T_1,T_2,T_3 中哪几个是 θ 的无偏估计量;

(2) 在上述 θ 的无偏估计量中指出哪一个较为有效.

6. 设总体 $X\sim N(\mu,\sigma^2)$,从总体中抽取容量为 36 的一个样本,样本均值 $\bar{x}=3.5$,样本方差 $s^2=4$.

(1) 当 $\sigma^2=1$ 时,求 μ 的置信度为 0.95 的置信区间;

(2) σ^2 未知,求 μ 的置信度为 0.95 的置信区间;

(3) 当 $\sigma^2=8$ 时,如果以 $(\bar{X}-1,\bar{X}+1)$ 作为 μ 的置信区间,求置信水平 α.

7. 有一大批糖果,现从中随机抽取 16 袋,称得质量(单位:g)如下:

506,508,499,503,504,510,497,512,514,505,493,496,506,502,509,496.

设袋装糖果的质量近似服从正态分布,试求总体标准差 σ 的置信度为 0.95 的置信区间.

8. 研究两种固体燃料火箭推进器的燃烧率,设两者都服从正态分布,并且已知燃烧率的标准差均近似为 0.05 cm/s,取样本容量 $n_1=n_2=20$,得燃烧率的样本均值分别为 $\bar{x}_1=18$ cm/s,$\bar{x}_2=24$ cm/s. 设两样本独立,求两燃烧率总体均值差 $\mu_1-\mu_2$ 的置信度为 0.99 的置信区间.

9. 研究机器 A 和机器 B 生产的钢管内径,随机抽取机器 A 生产的钢管 18 只,测得样本方差 $s_1^2=0.34$ mm^2.抽取机器 B 生产的钢管 13 只,测得样本方差 $s_2^2=0.29$ mm^2.设两样本独立,且机器 A 和机器 B 生产的钢管内径分别服从正态分布 $N(\mu_1,\sigma_1^2)$ 和 $N(\mu_2,\sigma_2^2)$,这里 $\mu_1,\mu_2,\sigma_1^2,\sigma_2^2$ 均未知,试求方差比 $\dfrac{\sigma_1^2}{\sigma_2^2}$ 的置信度为 0.9 的置信区间.

10. 设从一大批产品中取出 100 个,测得其中一级品为 60 个.试用中心极限定理近似求出这批产品的一级品率的置信区间.(置信度为 0.95)

第八章   假设检验

我们知道,数理统计的基本任务是根据样本的考察来对总体的某些情况作出判断,对总体 X 的概率分布或分布参数作某种"假设",然后根据抽样得到的样本观测值,运用数理统计的分析方法,检验这种"假设"是否正确,从而决定接受或拒绝"假设",这就是我们要讨论的假设检验问题.假设检验包括两类:参数假设检验和非参数假设检验.

参数假设检验是针对总体分布函数中的未知参数而提出的假设进行检验,**非参数假设检验**是针对总体分布函数形式或类型而提出的假设进行检验.本章主要讨论单参数假设检验问题.

第一节   假设检验的基本概念

一、假设检验的基本思想

设一箱中有红、白两种颜色的球共 100 个,甲说这里有 98 个白球,乙从箱中任取一个,发现是红球,问甲的说法是否正确?

先作假设 H_0:箱中确有 98 个白球.

如果假设 H_0 正确,则从箱中任取一个球是红球的概率只有 0.02,是小概率事件.**通常认为在一次随机试验中,概率小的事件不易发生**.因此,若乙从箱中任取一个球,发现是白球,则没有理由怀疑假设 H_0 的正确性.今乙从箱中任取一个,发现是红球,即小概率事件竟然在一次试验中发生了,故有理由拒绝假设 H_0,即认为甲的说法不正确.

假设检验的基本思想实质上是带有某种概率性质的反证法.为了检验一个假设 H_0 是否正确,首先假设该假设 H_0 正确,然后根据抽取到的样本对假设 H_0 做出接受或拒绝的决策.如果样本观察值导致了不合理的现象发生(小概率事件发生),就应拒绝假设 H_0,否则接受假设 H_0.

假设检验中所谓的"不合理",并非逻辑中的绝对矛盾,而是基于人们在实践中广泛采用的原则,即**小概率事件在一次试验中是几乎不发生的**.但概率小到什么程度才能算作"小概率事件"? 显然,"小概率事件"的概率越小,否定原假设 H_0 就越有说服力.常记这个概率值为 $\alpha(0<\alpha<1)$,称为**检验的显著性水平**,α 的选择要根据具体情况来确定:对于某些重要场

合,假如事件的出现会产生严重后果(如飞机失事或沉船),则 α 应选得小些,否则可选得大一些.在一般情形下,常选 $\alpha=0.01,0.05,0.10$ 等.这种近乎规一的选法,除了为造表方便外,并无其他特别含义.

二、假设检验的两类错误

当假设 H_0 正确时,小概率事件也有可能发生,此时,我们会拒绝假设 H_0,因而犯了"弃真"的错误,称此为**第一类错误**.犯第一类错误的概率恰好就是"小概率事件"发生的概率 α,即

$$P\{拒绝 H_0 | H_0 为真\}=\alpha.$$

反之,若假设 H_0 不正确,但一次抽样检验未发生不合理结果,这时我们就会接受 H_0,因而犯了"去伪"的错误,称此为**第二类错误**.记 β 为犯第二类错误的概率,即

$$P\{接受 H_0 | H_0 不真\}=\beta.$$

理论上,自然希望犯这两类错误的概率都很小.当样本容量 n 固定时,α,β 不能同时都小,即 α 变小时,β 就变大,而 β 变小时,α 就变大.一般只有当样本容量 n 增大时,才有可能使两者同时变小.在实际应用中,一般原则是:**控制犯第一类错误的概率**,即给定 α,然后通过**增大样本容量 n 来减少 β**.

关于显著性水平 α 的选取:若注重经济效益,α 可取小些,如 $\alpha=0.01$;若注重社会效益,α 可取大些,如 $\alpha=0.1$;若要兼顾经济效益和社会效益,一般可取 $\alpha=0.05$.

三、假设检验问题的一般提法

在假设检验问题中,把要检验的假设 H_0 称为**原假设(零假设或基本假设)**,把原假设 H_0 的对立面称为**备择假设(对立假设)**,记为 H_1.

例如,某工厂在正常情况下生产的灯泡的使用寿命 X(单位:h)服从正态分布 $N(1\,600,80^2)$.从该工厂生产的一批灯泡中随机抽取 10 个灯泡,测得它们的使用寿命的均值 $\bar{x}=1\,548$,如果灯泡使用寿命的标准差不变,能否认为该工厂生产的这批灯泡使用寿命的均值 $\mu=1\,600$?

本例的假设检验问题可简记为:

$$H_0:\mu=\mu_0, H_1:\mu\neq\mu_0(其中 \mu_0=1\,600). \tag{1}$$

形如式(1)的备择假设 H_1,表示 μ 可能大于 μ_0,也可能小于 μ_0,称为**双侧(边)备择假设**,形如式(1)的假设检验称为**双侧(边)假设检验**.

在实际问题中,有时还需要检验下列形式的假设:

$$H_0:\mu\leq\mu_0, H_1:\mu>\mu_0. \tag{2}$$

$$H_0:\mu\geq\mu_0, H_1:\mu<\mu_0. \tag{3}$$

形如式(2)的假设检验称为**右侧(边)检验**,形如式(3)的假设检验称为**左侧(边)检验**.右侧(边)检验和左侧(边)检验统称为**单侧(边)检验**.

为检验提出的假设,通常构造检验统计量,并取总体的一组样本值,根据该样本提供的信息来判断假设是否成立.当检验统计量取某个区域 W 中的值时,我们拒绝原假设 H_0,则称区域 W 为**拒绝域**,拒绝域的边界点称为**临界点**.

四、假设检验的一般步骤

假设检验一般可以按下述步骤进行:

(1)根据实际问题提出原假设 H_0 与备择假设 H_1,即说明需要检验的假设的具体内容.

(2)选取适当的统计量,并在原假设 H_0 成立的条件下确定该统计量的分布.

(3)对于给定的显著性水平 α,根据统计量的分布查表,确定统计量对应于 α 的临界值,得到拒绝域 W.

(4)根据样本观测值计算统计量的观测值,并与临界值比较,从而对拒绝或接受原假设 H_0 作出判断.

【例 1】 某化学日用品有限责任公司用包装机包装洗衣粉,洗衣粉包装机在正常工作时,装包量 $X \sim N(500, 2^2)$(单位:g),每天开工后,需先检验包装机工作是否正常.某天开工后,在装好的洗衣粉中任取 9 袋,其质量如下:

$$505, 499, 502, 506, 498, 498, 497, 510, 503.$$

假设总体标准差 σ 不变,即 $\sigma = 2$,试问这天包装机工作是否正常?($\alpha = 0.05$)

解 (1)提出假设检验:

$$H_0: \mu = 500, H_1: \mu \neq 500.$$

(2)以 H_0 成立为前提,确定检验 H_0 的统计量及其分布.

$$U = \frac{\overline{X} - \mu_0}{\sigma / \sqrt{n}} = \frac{\overline{X} - 500}{2/3} \sim N(0, 1).$$

(3)对给定显著性水平 $\alpha = 0.05$,确定 H_0 的接受域 $\overline{W}$ 或拒绝域 W,取临界点为 $u_{\alpha/2} = 1.96$,使 $P\{|U| > u_{\alpha/2}\} = \alpha$.故 H_0 被接受与被拒绝的区域分别为

$$\overline{W} = [-1.96, 1.96], W = (-\infty, -1.96) \cup (1.96, +\infty).$$

(4)由样本计算统计量 U 的值 $u = \dfrac{502 - 500}{2/3} = 3$,因此 $u \in W$(拒绝域),故认为这天洗衣粉包装机工作不正常.

五、多参数与非参数假设检验问题

原则上,以上介绍的所有单参数假设检验的内容也适用于多参数与非参数假设检验问题,只需在某些细节上作适当的调整即可,这里仅说明下列两点:

(1)对多参数假设检验问题,要寻求一个不包含所有待检验参数的检验统计量,使之服从一个已知的确定分布.

(2)非参数假设检验问题可近似地化为一个多参数假设检验问题.

鉴于正态总体是统计应用中最为常见的总体,在以下两节中,我们将先分别讨论单正态

总体与双正态总体的参数假设检验.

习题 8-1

1. 样本容量 n 确定后,在一个假设检验中,给定显著性水平为 α,设此第二类错误的概率为 β,则必有(　　).

　　A. $\alpha+\beta=1$　　　　B. $\alpha+\beta>1$　　　　C. $\alpha+\beta<1$　　　　D. $\alpha+\beta<2$

2. 在假设检验中,如何理解指定的显著性水平 α?

3. 在假设检验中,如何确定原假设 H_0 和备择假设 H_1?

4. 假设检验的基本步骤有哪些?

5. 犯第一类错误的概率 α 和犯第二类错误的概率 β 之间有何关系?

6. 假设检验和区间估计有何异同?

7. 已知在正常生产情况下某种汽车零件的质量服从正态分布 $N(54,0.75^2)$,在某日生产的零件中抽取 10 件,测得质量(单位:g)如下:

　　　　54.0, 55.1, 53.8, 54.2, 52.1, 54.2, 55.0, 55.8, 55.1, 55.3.

如果标准差不变,该日生产的零件质量的均值是否有显著差异? 将这个问题化为假设检验问题,写出假设检验的步骤.(取显著性水平 $\alpha=0.05$)

第二节　单正态总体参数的假设检验

一、总体均值的假设检验

在检验关于总体均值 μ 的假设时,该总体中的另一个参数(方差 σ^2)是否已知,会影响到对于检验统计量的选择,故分两种情形进行讨论.

1. 方差 σ^2 已知的情形

设总体 $X\sim N(\mu,\sigma^2)$,其中方差 σ^2 已知,$X_1,X_2,\cdots,X_n$ 是取自总体 X 的一个样本,$\overline{X}$ 为样本均值.

(1) 检验假设 $H_0:\mu=\mu_0$,$H_1:\mu\neq\mu_0$,其中 μ_0 为已知常数.

当 H_0 为真时,有

$$U=\frac{\overline{X}-\mu_0}{\sigma/\sqrt{n}} \sim N(0,1), \tag{4}$$

故选取 U 作为检验统计量,记其观测值为 u. 相应的检验法称为 u **检验法**.

因为 $\overline{X}$ 是 μ 的无偏估计量,当 H_0 成立时,$|u|$ 不应太大,当 H_1 成立时,$|u|$ 有偏大的趋势,故拒绝域形式为

$$|u| = \left| \frac{\bar{x} - \mu_0}{\sigma/\sqrt{n}} \right| > k \ (k \ 待定).$$

对于给定的显著性水平 α,查标准正态分布表,得 $k = u_{\alpha/2}$,使 $P\{|U| > u_{\alpha/2}\} = \alpha$,由此得拒绝域为

$$|u| = \left| \frac{\bar{x} - \mu_0}{\sigma/\sqrt{n}} \right| > u_{\alpha/2}, \tag{5}$$

即

$$W = (-\infty, -u_{\alpha/2}) \bigcup (u_{\alpha/2}, +\infty).$$

根据一次抽样后得到的样本观察值 $x_1, x_2, \cdots, x_n$,计算出 U 的观察值 u,若 $|u| > u_{\alpha/2}$,则拒绝原假设 H_0,即认为总体均值与 μ_0 有显著差异;若 $|u| \leq u_{\alpha/2}$,则接受原假设 H_0,即认为总体均值与 μ_0 无显著差异.

类似地,还可给出对总体均值 μ 的单侧检验的拒绝域:

(2)右侧检验:检验假设 $H_0: \mu \leq \mu_0$,$H_1: \mu > \mu_0$,其中 μ_0 为已知常数,可得拒绝域为

$$u = \frac{\bar{x} - \mu_0}{\sigma/\sqrt{n}} > u_\alpha, \tag{6}$$

即

$$W = (u_\alpha, +\infty).$$

(3)左侧检验:检验假设 $H_0: \mu \geq \mu_0$,$H_1: \mu < \mu_0$,其中 μ_0 为已知常数,可得拒绝域为

$$u = \frac{\bar{x} - \mu_0}{\sigma/\sqrt{n}} < -u_\alpha, \tag{7}$$

即

$$W = (-\infty, -u_\alpha).$$

【例2】 某车间生产钢丝,用 X 表示钢丝的折断力,由经验判断 $X \sim N(\mu, \sigma^2)$,其中 $\mu = 570$,$\sigma^2 = 8^2$. 今换了一批材料,从性能上看,估计折断力的方差 σ^2 不会有什么变化(仍有 $\sigma^2 = 8^2$),但不知折断力的均值 μ 和原先有无差别,现抽得样本,测得其折断力如下:

$$578, 572, 570, 568, 572, 570, 570, 572, 596, 584.$$

取显著性水平 $\alpha = 0.05$,试检验折断力均值有无变化.

解 (1)建立假设 $H_0: \mu = \mu_0 = 570$,$H_1: \mu \neq 570$;

(2)选择统计量 $U = \dfrac{\bar{X} - \mu_0}{\sigma/\sqrt{n}} \sim N(0,1)$;

(3)对于给定的显著性水平 α,确定 k,使

$$P\{|U| > k\} = \alpha,$$

查正态分布表,得 $k = u_{\alpha/2} = u_{0.025} = 1.96$,从而拒绝域为 $|u| > 1.96$;

(4)由于 $\bar{x} = \dfrac{1}{10} \sum\limits_{i=1}^{10} x_i = 575.20$,$\sigma^2 = 64$,所以

$$|u| = \left| \frac{\bar{x} - \mu_0}{\sigma/\sqrt{n}} \right| \approx 2.06 > 1.96,$$

故应拒绝 H_0,即认为折断力的均值发生了变化.

【例3】 某工厂生产的固体燃料推进器的燃烧率服从正态分布 $N(40, 2^2)$(单位:cm/s).现

在用新方法生产了一批推进器,从中随机抽取 25 只,测得燃烧率的样本均值 $\overline{x}=41.25$,问这批推进器的平均燃烧率是否有显著提高?(取显著性水平 $\alpha=0.05$)

解 由题意知,这是单侧假设检验问题:

(1) 建立假设: $H_0:\mu\leq40$, $H_1:\mu>40$.

(2) 选择统计量: $U=\dfrac{\overline{X}-\mu_0}{\sigma/\sqrt{n}}\sim N(0,1)$.

(3) 对于给定的显著性水平 α,确定 k,使

$$P\{U>k\}=\alpha,$$

查正态分布表,得 $k=u_\alpha=u_{0.05}=1.645$,从而拒绝域为 $W=(1.645,+\infty)$.

(4) 由于 $\overline{x}=41.25$,$\sigma^2=4$,所以

$$u=\frac{\overline{x}-\mu_0}{\sigma/\sqrt{n}}=3.125\in W,$$

故应拒绝 H_0,而接受 $H_1:\mu>40$,即认为这批推进器的平均燃烧率有显著提高.

2. 方差 σ^2 未知的情形

设总体 $X\sim N(\mu,\sigma^2)$,其中方差 σ^2 未知,$X_1,X_2,\cdots,X_n$ 是取自总体 X 的一个样本,$\overline{X}$ 与 S^2 分别为样本均值与样本方差.

(1) 检验假设 $H_0:\mu=\mu_0$,$H_1:\mu\neq\mu_0$,其中 μ_0 为已知常数.

当 H_0 为真时,

$$T=\frac{\overline{X}-\mu_0}{S/\sqrt{n}}\sim t(n-1). \tag{8}$$

故选取 T 作为检验统计量,记其观测值为 t,相应的检验法称为 t **检验法**. 由于 $\overline{X}$ 是 μ 的无偏估计量,S^2 是 σ^2 的无偏估计量,当 H_0 成立时,$|t|$ 不应太大,当 H_1 成立时,$|t|$ 有偏大的趋势,故拒绝域形式为

$$|t|=\left|\frac{\overline{x}-\mu_0}{s/\sqrt{n}}\right|>k\ (k\ \text{待定}).$$

对于给定的显著性水平 α,查正态分布表,得到 $k=t_{\alpha/2}(n-1)$,使

$$P\{|T|>t_{\alpha/2}(n-1)\}=\alpha,$$

由此得拒绝域为

$$|t|=\left|\frac{\overline{x}-\mu_0}{s/\sqrt{n}}\right|>t_{\alpha/2}(n-1),$$

即

$$W=(-\infty,-t_{\alpha/2}(n-1))\bigcup(t_{\alpha/2}(n-1),+\infty). \tag{9}$$

根据一次抽样后得到的样本观察值 $x_1,x_2,\cdots,x_n$,计算出 T 的观察值 t,若 $|t|>t_{\alpha/2}(n-1)(t\in W)$,则拒绝原假设 H_0,即认为总体均值与 μ_0 有显著差别;若 $|t|\leq t_{\alpha/2}(n-1)(t\in\overline{W})$,则接受原假设 H_0,即认为总体均值与 μ_0 无显著差别.

类似地,还可以给出对总体均值 μ 的单侧检验的拒绝域.

(2) 右侧检验:检验假设 $H_0:\mu\leq\mu_0$,$H_1:\mu>\mu_0$,其中 μ_0 为已知常数,可得拒绝域为

$$t = \frac{\overline{x} - \mu_0}{s/\sqrt{n}} > t_a(n-1), \tag{10}$$

即

$$W = (t_a(n-1), +\infty).$$

（3）左侧检验：检验假设 $H_0 : \mu \geqslant \mu_0, H_1 : \mu < \mu_0$，其中 μ_0 为已知常数，可得拒绝域为

$$t = \frac{\overline{x} - \mu_0}{s/\sqrt{n}} < -t_a(n-1), \tag{11}$$

即

$$W = (-\infty, -t_a(n-1)).$$

【例4】 水泥厂用自动包装机包装水泥，每袋额定质量是 50 kg，某日开工后随机抽取了 9 袋，称得质量（单位：kg）如下：

49.6，49.3，50.1，50.0，49.2，49.9，49.8，51.0，50.2.

设每袋质量服从正态分布，问包装机工作是否正常？（取显著性水平 $\alpha = 0.05$）

解 （1）建立假设 $H_0 : \mu = 50, H_1 : \mu \neq 50$.

（2）选择统计量 $T = \dfrac{\overline{X} - \mu_0}{S/\sqrt{n}} \sim t(n-1)$.

（3）对于给定的显著性水平 α，确定 k，使 $P\{|T| > k\} = \alpha$，查 t 分布表，得 $k = t_{\alpha/2} = t_{0.025}(8) = 2.306$，从而拒绝域为 $|t| > 2.306$.

（4）由于 $\overline{x} = 49.9, s^2 \approx 0.29$，所以 $|t| = \left| \dfrac{\overline{x} - 50}{s/\sqrt{n}} \right| \approx 0.56 < 2.306$，

故应接受 H_0，即认为包装机工作正常.

【例5】 一公司声称某种类型的电池的平均使用寿命至少为 21.5 h，有一实验室检验了该公司制造的 6 套电池，得到如下的使用寿命数据（单位：h）：

19，18，22，20，16，25.

试问：这些结果是否表明，这种类型的电池低于该公司所声称的使用寿命？（取显著性水平 $\alpha = 0.05$）

解 可把上述问题归纳为下述假设检验问题：

$$H_0 : \mu \geqslant 21.5, \quad H_1 : \mu < 21.5.$$

利用 t 检验法的左侧检验法来解. 由题意知，$\mu_0 = 21.5, n = 6$. 对于给定的显著性水平 $\alpha = 0.05$，查 t 分布表，得 $t_\alpha(n-1) = t_{0.05}(5) = 2.015$.

再根据测得的 6 个使用寿命数据算出：$\overline{x} = 20, s^2 = 10$. 由此计算

$$t = \frac{\overline{x} - \mu_0}{s/\sqrt{n}} = \frac{20 - 21.5}{\sqrt{10}} \sqrt{6} \approx -1.162.$$

因为 $t = -1.162 > -2.015 = -t_{0.05}(5)$，所以不能否定原假设 H_0，从而认为这种类型电池的使用寿命并不比公司宣称的使用寿命短.

我们对总体均值的假设检验总结为表 8-1.

表 8-1 总体均值的假设检验

原假设 H_0	备择假设 H_1	已知 $\sigma = \sigma_0$	未知 σ
		在显著性水平 α 下关于 H_0 的拒绝域	
$\mu = \mu_0$	$\mu \neq \mu_0$	$\mid u \mid > u_{\alpha/2}$	$\mid t \mid > t_{\alpha/2}(n-1)$
$\mu \leqslant \mu_0$	$\mu > \mu_0$	$u > u_\alpha$	$t > t_\alpha(n-1)$
$\mu \geqslant \mu_0$	$\mu < \mu_0$	$u < -u_\alpha$	$t < -t_\alpha(n-1)$

二、总体方差的假设检验

1. 均值 μ 已知的情形

设总体 $X \sim N(\mu, \sigma^2), X_1, X_2, \cdots, X_n$ 是取自总体 X 的一个样本，$\overline{X}$ 与 S^2 分别为样本均值与样本方差.

(1) 检验假设 $H_0: \sigma^2 = \sigma_0^2$，$H_1: \sigma^2 \neq \sigma_0^2$，其中 σ_0 为已知常数.

当 H_0 为真时，

$$\chi^2 = \frac{1}{\sigma_0^2} \sum_{i=1}^n (X_i - \mu_0)^2 \sim \chi^2(n), \tag{12}$$

故选取 χ^2 作为检验统计量，相应的检验法称为 χ^2 检验法.

由于 $\frac{1}{n} \sum_{i=1}^n (X_i - \mu_0)^2$ 是 σ^2 的无偏估计量，当 H_0 成立时，$\frac{1}{n} \sum_{i=1}^n (X_i - \mu_0)^2$ 在 σ^2 的附近，当 H_1 成立时，χ^2 有偏小或偏大的趋势，故拒绝域形式为

$$\chi^2 = \frac{1}{\sigma_0^2} \sum_{i=1}^n (X_i - \mu_0)^2 < k_1 \text{ 或 } \chi^2 = \frac{1}{\sigma_0^2} \sum_{i=1}^n (X_i - \mu_0)^2 > k_2 (k_1, k_2 \text{ 待定}).$$

对于给定的显著性水平 α，查正态分布表，得

$$k_1 = \chi_{1-\alpha/2}^2(n), \quad k_2 = \chi_{\alpha/2}^2(n),$$

使

$$P\{\chi^2 < \chi_{1-\alpha/2}^2(n)\} = \frac{\alpha}{2}, \quad P\{\chi^2 > \chi_{\alpha/2}^2(n)\} = \frac{\alpha}{2}.$$

由此得拒绝域为

$$\chi^2 = \frac{1}{\sigma_0^2} \sum_{i=1}^n (X_i - \mu_0)^2 < \chi_{1-\alpha/2}^2(n) \text{ 或} \chi^2 = \frac{1}{\sigma_0^2} \sum_{i=1}^n (X_i - \mu_0)^2 > \chi_{\alpha/2}^2(n),$$

即

$$W = [0, \chi_{1-\alpha/2}^2(n)) \bigcup (\chi_{\alpha/2}^2(n), +\infty). \tag{13}$$

类似地，还可给出对总体方差 σ^2 的单侧检验的拒绝域.

(2) 右侧检验：检验假设 $H_0: \sigma^2 \leqslant \sigma_0^2, H_1: \sigma^2 > \sigma_0^2$，其中 σ_0 为已知常数，可得到拒绝域为

$$\chi^2 > \chi_\alpha^2(n),$$

即

$$W = (\chi_\alpha^2(n), +\infty). \tag{14}$$

(3) 左侧检验：检验假设 $H_0: \sigma^2 \geqslant \sigma_0^2, H_1: \sigma^2 < \sigma_0^2$，其中 σ_0 为已知常数，可得到拒绝域为

$$\chi^2 < \chi^2_{1-\alpha}(n),$$

即
$$W = [0, \chi^2_{1-\alpha}(n)). \tag{15}$$

2. 均值 μ 未知的情形

设总体 $X \sim N(\mu, \sigma^2)$，$X_1, X_2, \cdots, X_n$ 是取自总体 X 的一个样本，$\overline{X}$ 与 S^2 分别为样本均值与样本方差.

(1) 检验假设 $H_0: \sigma^2 = \sigma_0^2$，$H_1: \sigma^2 \neq \sigma_0^2$，其中 σ_0 为已知常数.

当 H_0 为真时，

$$\chi^2 = \frac{n-1}{\sigma_0^2} S^2 \sim \chi^2(n-1), \tag{16}$$

故选取 χ^2 作为检验统计量，相应的检验法称为 χ^2 检验法.

由于 S^2 是 σ^2 的无偏估计量，当 H_0 成立时，S^2 应在 σ_0^2 附近，当 H_1 成立时，χ^2 有偏小或偏大的趋势，故拒绝域形式为

$$\chi^2 = \frac{n-1}{\sigma_0^2} S^2 < k_1 \text{ 或 } \chi^2 = \frac{n-1}{\sigma_0^2} S^2 > k_2 (k_1, k_2 \text{ 待定}).$$

对于给定的显著性水平 α，查正态分布表，得

$$k_1 = \chi^2_{1-\alpha/2}(n-1), \quad k_2 = \chi^2_{\alpha/2}(n-1),$$

使
$$P\{\chi^2 < \chi^2_{1-\alpha/2}(n-1)\} = \frac{\alpha}{2}, \quad P\{\chi^2 > \chi^2_{\alpha/2}(n-1)\} = \frac{\alpha}{2}.$$

由此即得拒绝域为

$$\chi^2 = \frac{n-1}{\sigma_0^2} s^2 < \chi^2_{1-\alpha/2}(n-1) \text{ 或 } \quad \chi^2 = \frac{n-1}{\sigma_0^2} s^2 > \chi^2_{\alpha/2}(n-1),$$

即
$$W = [0, \chi^2_{1-\alpha/2}(n-1)) \bigcup (\chi^2_{\alpha/2}(n-1), +\infty). \tag{17}$$

根据一次抽样得到的样本观察值 $x_1, x_2, \cdots, x_n$，计算出 χ^2 的观测值. 若

$$\chi^2 < \chi^2_{1-\alpha/2}(n-1) \text{ 或 } \chi^2 > \chi^2_{\alpha/2}(n-1),$$

则拒绝原假设 H_0；若 $\chi^2_{1-\alpha/2}(n-1) \leqslant \chi^2 \leqslant \chi^2_{\alpha/2}(n-1)$，则接受假设 H_0.

类似地，还可给出对总体方差 σ^2 的单侧检验的拒绝域：

(2) 右侧检验：检验假设 $H_0: \sigma^2 \leqslant \sigma_0^2$，$H_1: \sigma^2 > \sigma_0^2$，其中 σ_0 为已知常数，可得到拒绝域为

$$\chi^2 > \chi^2_{\alpha}(n-1),$$

即
$$W = (\chi^2_{\alpha}(n-1), +\infty). \tag{18}$$

(3) 左侧检验：检验假设 $H_0: \sigma^2 \geqslant \sigma_0^2$，$H_1: \sigma^2 < \sigma_0^2$，其中 σ_0 为已知常数，可得到拒绝域为

$$\chi^2 < \chi^2_{1-\alpha}(n-1),$$

即
$$W = [0, \chi^2_{1-\alpha}(n-1)). \tag{19}$$

【例 6】 某工厂用自动包装机包装葡萄糖，规定每袋的质量为 $500\ \text{g}$. 现在随机抽取 10 袋，测得各袋葡萄糖的质量（单位：g）如下：

$$495,510,505,498,503,492,502,505,497,506.$$

设每袋葡萄糖的质量服从正态分布 $N(\mu,\sigma^2)$，如果

(1) 已知每袋葡萄糖的平均质量 $\mu=500$，

(2) 未知 μ，

能否认为每袋葡萄糖质量的方差 $\sigma^2 \leqslant 5^2$？（取显著性水平 $\alpha=0.05$）

解 按题意，要检验的假设是

$$H_0:\sigma^2 \leqslant 5^2;\quad H_1:\sigma^2 > 5^2.$$

(1) 已知 $\mu=500$，则应选取统计量

$$\chi^2 = \frac{1}{\sigma^2}\sum_{i=1}^{n}(X_i-\mu_0)^2 \sim \chi^2(n).$$

计算统计量 χ^2 的观测值，得

$$\chi^2 = \frac{1}{5^2}\sum_{i=1}^{10}(x_i-500)^2 = 12.04.$$

查表得 $\chi_\alpha^2(n)=\chi_{0.05}^2(10)=18.3$，因为 $\chi^2 < \chi_{0.05}^2(10)$，所以在显著性水平 $\alpha=0.05$ 下，接受原假设 H_0，即认为每袋葡萄糖质量的方差 $\sigma^2 \leqslant 5^2$。

(2) 未知 μ，则应选取统计量

$$\chi^2 = \frac{(n-1)S^2}{\sigma_0^2} \sim \chi^2(n-1),$$

计算统计量 χ^2 的观测值得

$$\chi^2 = \frac{9 \times 31.566\,7}{5^2} \approx 11.36,$$

查表得 $\chi_\alpha^2(n-1)=\chi_{0.05}^2(9)=16.9$，因为 $\chi^2 < \chi_{0.05}^2(9)$，所以在显著性水平 $\alpha=0.05$ 下，接受原假设 H_0，即认为每袋葡萄糖质量的方差 $\sigma^2 \leqslant 5^2$。

【例 7】 某工厂生产的某种型号的电池，其使用寿命（单位：h）长期以来服从方差 $\sigma^2=5\,000$ 的正态分布，现有一批这种电池，从其生产情况来看，寿命的波动性有所改变。现随机取 25 只电池，测出其使用寿命的样本方差 $s^2=9\,200$，问根据这一数据能否判断这批电池的寿命的波动性较以往有显著的变化？（取显著性水平 $\alpha=0.02$）

解 本题要求在水平 $\alpha=0.02$ 下检验假设

$$H_0:\sigma^2=5\,000,\quad H_1:\sigma^2 \neq 5\,000,$$

现在 $n=26$，$\sigma_0^2=5\,000$，由于现在 μ 未知，所以选取统计量为

$$\chi^2 = \frac{n-1}{\sigma_0^2}S^2 \sim \chi^2(n-1).$$

查表，得 $\chi_{\alpha/2}^2(n-1)=\chi_{0.01}^2(25)=44.314$，$\chi_{1-\alpha/2}^2(n-1)=\chi_{0.99}^2(25)=11.524$，根据 χ^2 检验法，拒绝域 $W=[0,11.524) \cup (44.314,+\infty)$，代入观测值 $s^2=9\,200$，得

$$\chi^2 = \frac{n-1}{\sigma_0^2}s^2 = 46 > 44.314.$$

故拒绝 H_0，认为这批电池使用寿命的波动性较以往有显著的变化。

我们对总体方差的假设检验总结为表 8-2.

表 8-2　总体方差的假设检验

原假设 H_0	备择假设 H_1	已知 $\mu = \mu_0$	未知 μ
		在显著性水平 α 下关于 H_0 的拒绝域	
$\sigma^2 = \sigma_0^2$	$\sigma^2 \neq \sigma_0^2$	$\left(\chi^2 = \dfrac{1}{\sigma^2}\sum\limits_{i=1}^{n}(X_i - \mu_0)^2\right)$ $\chi^2 < \chi_{1-\alpha/2}^2(n)$ 或 $\chi^2 > \chi_{\alpha/2}^2(n)$	$\left(\chi^2 = \dfrac{(n-1)S^2}{\sigma^2}\right)$ $\chi^2 < \chi_{1-\alpha/2}^2(n-1)$ 或 $\chi^2 > \chi_{\alpha/2}^2(n-1)$
$\sigma^2 \leqslant \sigma_0^2$	$\sigma^2 > \sigma_0^2$	$\chi^2 > \chi_{\alpha}^2(n)$	$\chi^2 > \chi_{\alpha}^2(n-1)$
$\sigma^2 \geqslant \sigma_0^2$	$\sigma^2 < \sigma_0^2$	$\chi^2 < \chi_{1-\alpha}^2(n)$	$\chi^2 < \chi_{1-\alpha}^2(n-1)$

习题 8-2

1. 已知某炼铁厂的铁水含碳量在正常情况下服从正态分布 $N(4.40, 0.05^2)$，某日测得 5 炉铁水的含碳量如下：

$$4.34, \ 4.40, \ 4.42, \ 4.30, \ 4.35.$$

如果标准差不变，该日铁水含碳量的均值是否显著降低？（取显著性水平 $\alpha = 0.05$）

2. 化肥厂用自动打包机包装化肥，某日测得 9 包化肥的质量（单位：kg）如下：

$$49.7, \ 49.8, \ 50.3, \ 50.5, \ 49.7, \ 50.1, \ 49.9, \ 50.5, \ 50.4.$$

已知每包化肥的质量服从正态分布，是否可以认为每包化肥的平均质量为 50 kg？（取显著性水平 $\alpha = 0.05$）

3. 某工厂生产的铜丝的折断力（单位：N）服从正态分布 $N(2\ 820, 40^2)$，某日抽取 10 根铜丝进行折断力试验，测得结果如下：

$$2\ 830, \ 2\ 800, \ 2\ 795, \ 2\ 785, \ 2\ 820, \ 2\ 850, \ 2\ 830, \ 2\ 890, \ 2\ 860, \ 2\ 875.$$

是否可以认为该日生产的铜丝折断力的方差也是 40^2？（取显著性水平 $\alpha = 0.05$）

4. 在正常情况下，维尼纶纤度服从正态分布，方差不大于 0.048^2. 某日抽取 5 根纤维，测得纤度为

$$1.32, \ 1.55, \ 1.36, \ 1.40, \ 1.44.$$

是否可以认为该日生产的维尼纶纤度的方差是正常的？（取显著性水平 $\alpha = 0.05$）

5. 从清凉饮料自动售货机随机抽样 36 杯，其平均含量为 219 mL，标准差为 14.2 mL，在显著性水平 $\alpha = 0.05$ 下，试检验假设：

$$H_0 : \mu = \mu_0 = 222, \quad H_1 : \mu < \mu_0 = 222.$$

6. 过去经验显示，高手学生完成标准考试的时间为一正态分布变量，其标准差为 6 min，若随机样本为 20 名学生，其标准差 $s = 4.51$，试在显著性水平 $\alpha = 0.05$ 下，检验假设：$H_0 : \sigma^2 \geqslant 6^2, H_1 : \sigma^2 < 6^2$.

*第三节 双正态总体参数的假设检验

上节我们讨论了单正态总体的参数假设检验,基于同样的思想,本节将考虑双正态总体的参数假设检验.与单正态总体的参数假设检验不同的是,这里所关心的不是逐一对每个参数的值作假设检验,而是着重考虑两个总体之间的差异,即两个总体的均值或方差是否相等.

设 $X \sim N(\mu_1, \sigma_1{}^2)$,$Y \sim N(\mu_2, \sigma_2{}^2)$,$X_1, X_2, \cdots, X_{n_1}$ 为取自总体 $N(\mu_1, \sigma_1{}^2)$ 的一个样本,$Y_1, Y_2, \cdots, Y_{n_2}$ 为取自总体 $N(\mu_2, \sigma_2{}^2)$ 的一个样本,并且两个样本相互独立,记 $\overline{X}$ 和 $S_1{}^2$ 分别为样本 $X_1, X_2, \cdots, X_{n_1}$ 的均值和方差,$\overline{Y}$ 和 $S_2{}^2$ 分别为样本 $Y_1, Y_2, \cdots, Y_{n_2}$ 的均值和方差.

一、双正态总体均值差的假设检验

1. 方差 $\sigma_1{}^2$,$\sigma_2{}^2$ 已知

检验假设 $H_0: \mu_1 - \mu_2 = \mu_0$,$H_1: \mu_1 - \mu_2 \neq \mu_0$,其中 μ_0 为已知常数.

由第七章第三节知,当 H_0 为真时,有

$$U = \frac{\overline{X} - \overline{Y} - \mu_0}{\sqrt{\sigma_1{}^2/n_1 + \sigma_2{}^2/n_2}} \sim N(0,1). \tag{20}$$

故选取 U 作为检验统计量,记其观测值为 u,称相应的检验方法为 **u 检验法**.

由于 $\overline{X}$ 和 $\overline{Y}$ 是 μ_1 与 μ_2 的无偏估计量,当 H_0 成立时,$|u|$ 不应太大,当 H_1 成立时,$|u|$ 有偏大的趋势,故拒绝域形式为

$$|u| = \left| \frac{\overline{x} - \overline{y} - \mu_0}{\sqrt{\sigma_1{}^2/n_1 + \sigma_2{}^2/n_2}} \right| > k \ (k \text{ 待定}).$$

对于给定的显著性水平 α,查标准正态分布表,得 $k = u_{\alpha/2}$,使

$$P\{|U| > u_{\alpha/2}\} = \alpha,$$

由此即得拒绝域为

$$|u| = \left| \frac{\overline{x} - \overline{y} - \mu_0}{\sqrt{\sigma_1{}^2/n_1 + \sigma_2{}^2/n_2}} \right| > u_{\alpha/2}. \tag{21}$$

根据一次抽样得到的样本观测值 $x_1, x_2, \cdots, x_{n_1}$ 和 $y_1, y_2, \cdots, y_{n_2}$,计算出 U 的观测值 u. 若 $|u| > u_{\alpha/2}$,则拒绝原假设 H_0. 特别地,当 $\mu_0 = 0$ 时即认为总体均值 μ_1 与 μ_2 有显著差异. 若 $|u| \leqslant u_{\alpha/2}$,则接受原假设 H_0. 特别地,当 $\mu_0 = 0$ 时即认为总体均值 μ_1 与 μ_2 无显著差异.

注 对于双正态总体均值差的单侧假设检验,也可以给出相应的拒绝域.

(1) 右侧检验:检验假设 $H_0: \mu_1 - \mu_2 \leqslant \mu_0$,$H_1: \mu_1 - \mu_2 > \mu_0$,其中 μ_0 为已知常数,可得拒绝域为

$$u = \frac{\overline{x} - \overline{y} - \mu_0}{\sqrt{\sigma_1{}^2/n_1 + \sigma_2{}^2/n_2}} > u_\alpha.$$

（2）左侧检验：检验假设 $H_0: \mu_1 - \mu_2 \geq \mu_0$，$H_1: \mu_1 - \mu_2 < \mu_0$，其中 μ_0 为已知常数，可得拒绝域为

$$u = \frac{\overline{x} - \overline{y} - \mu_0}{\sqrt{\sigma_1^2/n_1 + \sigma_2^2/n_2}} < -u_\alpha.$$

【例8】 设甲、乙两厂生产同样的灯泡，其使用寿命 X, Y 分别服从正态分布 $N(\mu_1, \sigma_1^2)$，$N(\mu_2, \sigma_2^2)$，已知它们使用寿命的标准差分别为 84 h 和 96 h，现从两厂生产的灯泡中各取 60 只，测得平均使用寿命甲厂为 1 295 h，乙厂为 1 230 h，能否认为两厂生产的灯泡的使用寿命无显著差异？（取显著性水平 $\alpha = 0.05$）

解 （1）建立假设 $H_0: \mu_1 = \mu_2$，$H_1: \mu_1 \neq \mu_2$；

（2）选择统计量 $U = \dfrac{\overline{X} - \overline{Y}}{\sqrt{\sigma_1^2/n_1 + \sigma_2^2/n_2}} \sim N(0, 1)$；

（3）对于给定的显著性水平 α，确定 k，使 $P\{|U| > k\} = \alpha$，查标准正态分布表，得 $k = u_{\alpha/2} = u_{0.025} = 1.96$，从而拒绝域为 $|u| > 1.96$；

（4）由于 $\overline{x} = 1\ 295$，$\overline{y} = 1\ 230$，$\sigma_1 = 84$，$\sigma_2 = 96$，所以

$$|u| = \left| \frac{\overline{x} - \overline{y}}{\sqrt{\sigma_1^2/n_1 + \sigma_2^2/n_2}} \right| \approx 3.95 > 1.96,$$

故应拒绝 H_0，即认为两厂生产的灯泡的使用寿命寿命有显著差异.

【例9】 一药厂生产一种新的止痛片，厂方希望验证服用新药片后至开始起作用的时间间隔较原有止痛药至少缩短一半，因此，厂方提出需检验假设：

$$H_0: \mu_1 \geq 2\mu_2, \quad H_1: \mu_1 < 2\mu_2,$$

此处 μ_1 和 μ_2 分别是服用原有止痛片和服用新止痛片后至起作用的时间间隔的总体的均值. 设两总体均为正态总体，且方差分别为已知值 σ_1^2, σ_2^2，现分别在两总体中取样 $X_1, X_2, \cdots, X_{n_1}$ 和 $Y_1, Y_2, \cdots, Y_{n_2}$，设两个样本独立. 试给出上述假设 H_0 的拒绝域，取显著性水平为 α.

解 检验假设 $H_0: \mu_1 \geq 2\mu_2$，$H_1: \mu_1 < 2\mu_2$. 利用

$$\overline{X} - 2\overline{Y} \sim N(\mu_1 - 2\mu_2, \sigma_1^2/n_1 + 4\sigma_2^2/n_2),$$

在 H_0 成立的条件下，

$$U = \frac{\overline{X} - 2\overline{Y} - (\mu_1 - 2\mu_2)}{\sqrt{\sigma_1^2/n_1 + 4\sigma_2^2/n_2}} \sim N(0, 1).$$

因此，对于给定的 $\alpha > 0$，则 H_0 成立（$\mu_1 \geq 2\mu_2$）时，其概率 $P\{U > u_\alpha\} = \alpha$，该检验法的拒绝域为

$$W = \left\{ \frac{\overline{x} - 2\overline{y}}{\sqrt{\sigma_1^2/n_1 + 4\sigma_2^2/n_2}} < -u_\alpha \right\}.$$

2. 方差 σ_1^2, σ_2^2 未知，但 $\sigma_1^2 = \sigma_2^2 = \sigma^2$

检验假设 $H_0: \mu_1 - \mu_2 = \mu_0$，$H_1: \mu_1 - \mu_2 \neq \mu_0$，其中 μ_0 为已知常数.

由第七章第三节知，当 H_0 为真时，有

$$T = \frac{\overline{X} - \overline{Y} - \mu_0}{S_w \sqrt{1/n_1 + 1/n_2}} \sim t(n_1 + n_2 - 2), \tag{22}$$

其中 $S_w^2 = \dfrac{(n_1-1)S_1^2 + (n_2-1)S_2^2}{n_1 + n_2 - 2}$. 故选取 T 作为检验统计量,记其观测值为 t,相应的检验法为 **t 检验法**.

由于 S_w^2 也是 σ^2 的最小方差无偏估计量,当 H_0 成立时,$|t|$ 不应太大,当 H_1 成立时,$|t|$ 有偏大的趋势,故拒绝域形式为

$$|t| = \left| \frac{\overline{x} - \overline{y} - \mu_0}{s_w \sqrt{1/n_1 + 1/n_2}} \right| > k \ (k \ 待定).$$

对于给定的显著性水平 α,查分布表,得 $k = t_{\alpha/2}(n_1 + n_2 - 2)$,使

$$P\{ |T| > t_{\alpha/2}(n_1 + n_2 - 2) \} = \alpha, \tag{23}$$

由此即得拒绝域为

$$|t| = \left| \frac{\overline{x} - \overline{y} - \mu_0}{s_w \sqrt{1/n_1 + 1/n_2}} \right| > t_{\alpha/2}(n_1 + n_2 - 2).$$

根据一次抽样得到的样本观测值 $x_1, x_2, \cdots, x_{n_1}$ 和 $y_1, y_2, \cdots, y_{n_2}$ 计算出 T 的观测值 t,若 $|t| > t_{\alpha/2}(n_1 + n_2 - 2)$,则拒绝原假设 H_0,否则接受原假设 H_0.

注　对于双正态总体均值差的单侧假设检验,也可以给出相应的拒绝域.

(1) 右侧检验:检验假设 $H_0 : \mu_1 - \mu_2 \leqslant \mu_0$, $H_1 : \mu_1 - \mu_2 > \mu_0$,其中 μ_0 为已知常数,可得拒绝域为

$$t = \frac{\overline{x} - \overline{y} - \mu_0}{s_w \sqrt{1/n_1 + 1/n_2}} > t_{\alpha}(n_1 + n_2 - 2).$$

(2) 左侧检验:检验假设 $H_0 : \mu_1 - \mu_2 \geqslant \mu_0$, $H_1 : \mu_1 - \mu_2 < \mu_0$,其中 μ_0 为已知常数,可得拒绝域为

$$t = \frac{\overline{x} - \overline{y} - \mu_0}{s_w \sqrt{1/n_1 + 1/n_2}} < -t_{\alpha}(n_1 + n_2 - 2).$$

【例 10】　某地某年高考后随机抽得 15 名男生、12 名女生的化学考试成绩如下:

男生:49,48,47,53,51,43,39,57,56,46,42,44,55,44,40.

女生:46,40,47,51,43,36,43,38,48,54,48,34.

这 27 名学生的成绩能说明这个地区男、女生的化学考试成绩不相上下吗?(取显著性水平 $\alpha = 0.05$)

解　把该地区男生和女生的化学考试成绩分别近似地看作是服从正态分布的随机变量 $X \sim N(\mu_1, \sigma^2)$ 与 $Y \sim N(\mu_2, \sigma^2)$,则本例可归结为双侧检验问题:

$$H_0 : \mu_1 = \mu_2, H_1 : \mu_1 \neq \mu_2.$$

这里,$n_1 = 15$, $n_2 = 12$,故 $n = n_1 + n_2 = 27$. 再根据题中数据,算出 $\overline{x} = 47.6$, $\overline{y} = 44$,以及

$$(n-1)s_1^2 = \sum_{i=1}^{15} (x_i - \overline{x})^2 = 469.6, (n_2 - 1)s_2^2 = \sum_{i=1}^{12} (y_i - \overline{y})^2 = 412.$$

$$s_w = \sqrt{\frac{1}{n_1 + n_2 - 2} \{ (n_1 - 1)s_1^2 + (n_2 - 1)s_2^2 \}} = \sqrt{\frac{1}{25}(469.6 + 412)} \approx 5.94.$$

由此可以算出

$$t = \frac{\overline{x} - \overline{y}}{s_w \sqrt{1/n_1 + 1/n_2}} = \frac{47.6 - 44}{5.94 \sqrt{1/15 + 1/12}} \approx 1.565.$$

取显著性水平 $\alpha = 0.05$, 查附表, 得 $t_{\alpha/2}(n-2) = t_{0.025}(25) = 2.060.$

因 $|t| = 1.565 < 2.060 = t_{0.025}(25)$, 从而没有充分理由否认原假设 H_0, 即认为这一地区男、女生的化学考试成绩不相上下.

我们对双正态总体均值的假设检验总结为表 8-3.

表 8-3   双正态总体均值的假设检验

原假设 H_0	备择假设 H_1	已知 σ_1 及 σ_2	未知 σ_1 及 σ_2 ($\sigma_1 = \sigma_2$)
		在显著性水平 α 下关于 H_0 的拒绝域	
$\mu_1 - \mu_2 = \mu_0$	$\mu_1 - \mu_2 \neq \mu_0$	$|U| > u_{\alpha/2}$	$|T| > t_{\alpha/2}(n_1 + n_2 - 2)$
$\mu_1 \leq \mu_2 + \mu_0$	$\mu_1 > \mu_2 + \mu_0$	$U > u_\alpha$	$T > t_\alpha(n_1 + n_2 - 2)$
$\mu_1 \geq \mu_2 + \mu_0$	$\mu_1 < \mu_2 + \mu_0$	$U < -u_\alpha$	$T < -t_\alpha(n_1 + n_2 - 2)$

*3. 方差 σ_1^2, σ_2^2 未知, 但 $\sigma_1^2 \neq \sigma_2^2$

检验假设 $H_0: \mu_1 - \mu_2 = \mu_0$, $H_1: \mu_1 - \mu_2 \neq \mu_0$, 其中 μ_0 为已知常数.

当 H_0 为真时,

$$T = \frac{\overline{X} - \overline{Y} - \mu_0}{\sqrt{S_1^2/n_1 + S_2^2/n_2}}, \tag{24}$$

近似地服从 $t(f)$, 其中

$$f = \frac{\left(\dfrac{S_1^2}{n_1} + \dfrac{S_2^2}{n_2} \right)^2}{\dfrac{S_1^4}{n_1^2(n_1-1)} + \dfrac{S_2^4}{n_2^2(n_2-1)}}. \tag{25}$$

故选取 T 作为检验统计量, 记其观测值为 t, 可得拒绝域为

$$|t| = \left| \frac{\overline{x} - \overline{y} - \mu_0}{\sqrt{s_1^2/n_1 + s_2^2/n_2}} \right| > t_{\alpha/2}(f). \tag{26}$$

根据一次抽样得到样本观测值 $x_1, x_2, \cdots, x_{n_1}$ 和 $y_1, y_2, \cdots, y_{n_2}$, 计算出 T 的观测值 t, 若 $|t| > t_{\alpha/2}(f)$, 则拒绝原假设 H_0, 否则接受原假设 H_0.

注   对于此类情况的一般情形, 进行假设检验比较复杂, 已超出了教学大纲的要求, 这里不再深入讨论. 但在实际应用中, 对于大样本问题, 常采用如下简化方法: 把 s_1, s_2 近似看作 σ_1, σ_2, 从而将问题转化为方差 σ_1^2, σ_2^2 已知情形的假设检验, 即用 u 检验法进行检验.

*二、双正态总体方差相同的假设检验

设 $X \sim N(\mu_1, \sigma_1^2)$, $Y \sim N(\mu_2, \sigma_2^2)$, $X_1, X_2, \cdots, X_{n_1}$ 为取自总体 $N(\mu_1, \sigma_1^2)$ 的一个样本, $Y_1, Y_2, \cdots, Y_{n_2}$ 为取自总体 $N(\mu_2, \sigma_2^2)$ 的一个样本, 并且两个样本相互独立, 记 $\overline{X}$ 和 S_1^2 分别为样本 $X_1, X_2, \cdots, X_{n_1}$ 的均值和方差, $\overline{Y}$ 和 S_2^2 分别为样本 $Y_1, Y_2, \cdots, Y_{n_2}$ 的均值和方差.

检验假设 $H_0:\sigma_1{}^2=\sigma_2{}^2,H_1:\sigma_1{}^2\neq\sigma_2{}^2$.

由第七章第三节知,当 H_0 为真时,有

$$F=S_1{}^2/S_2{}^2\sim F(n_1-1,n_2-1),\tag{27}$$

故选取 F 作为检验统计量,相应的检验法称为 F 检验法.

由于 $S_1{}^2$ 与 $S_2{}^2$ 是 $\sigma_1{}^2$ 与 $\sigma_2{}^2$ 的无偏统计量,当 H_0 成立时,F 的取值应集中在 1 的附近,当 H_1 成立时,F 的取值有偏小或偏大的趋势,故拒绝域形式为

$$F<k_1\text{ 或 }F>k_2(k_1,k_2\text{ 待定}).$$

对于给定的显著性水平 α,查 F 分布表,得

$$k_1=F_{1-\alpha/2}(n_1-1,n_2-1),k_2=F_{\alpha/2}(n_1-1,n_2-1),$$

使　　　　$P\{F<F_{1-\alpha/2}(n_1-1,n_2-1)\}=P\{F>F_{\alpha/2}(n_1-1,n_2-1)\}=\alpha/2.$

由此即得拒绝域为

$$F<F_{1-\alpha/2}(n_1-1,n_2-1)\text{ 或 }F>F_{\alpha/2}(n_1-1,n_2-1).\tag{28}$$

根据一次抽样得到的样本观测值 $x_1,x_2,\cdots,x_{n_1}$ 和 $y_1,y_2,\cdots,y_{n_2}$ 计算出 F 的观测值,若式(28)成立,则拒绝原假设 H_0,否则接受原假设 H_0.

【例 11】　甲、乙两厂生产同一种电阻,现从甲、乙两厂的产品中分别随机抽取 12 个和 10 个样品,测得它们的电阻值后,计算出样本方差分别为 $s_1{}^2=1.40,s_2{}^2=4.38$. 假设电阻值服从正态分布,在显著性水平 $\alpha=0.10$ 下,我们是否可以认为两厂生产的电阻值的方差相等.

解　该问题即检验假设:$H_0:\sigma_1{}^2=\sigma_2{}^2,H_1:\sigma_1{}^2\neq\sigma_2{}^2$.

因为 $n_1=12,n_2=10$,从式(28)知,我们需要计算 $F_{0.95}(11,9)$,但一般 F 分布表中查不到这个值,利用 F 分布的性质,有

$$F_{0.95}(11,9)=\frac{1}{F_{0.05}(9,11)}=\frac{1}{2.9}\approx0.34,$$

而　　　　$$\frac{s_1{}^2}{s_2{}^2}=\frac{1.40}{4.38}\approx0.32<0.34=F_{0.95}(11,9).$$

所以,我们拒绝原假设,即可以认为两厂生产的电阻阻值的方差不同.

【例 12】　为比较甲、乙两种安眠药的疗效,将 20 名患者分成两组,每组 10 人,如服药后延长的睡眠时间分别服从正态分布,其数据(单位:h)如下:

甲:5.5,4.6,4.4,3.4,1.9,1.6,1.1,0.8,0.1,-0.1.

乙:3.7,3.4,2.0,2.0,0.8,0.7,0,-0.1,-0.2,-1.6.

问:在显著性水平 $\alpha=0.05$ 下两种药的疗效有无显著差别?

解　设服甲药后延长的睡眠时间 $X\sim N(\mu_1,\sigma_1{}^2)$,服乙药后延长的睡眠时间 $Y\sim N(\mu_2,\sigma_2{}^2)$,其中 $\mu_1,\mu_2,\sigma_1{}^2,\sigma_2{}^2$ 均未知,先在 μ_1,μ_2 未知的条件下检验假设:

$$H_0:\sigma_1{}^2=\sigma_2{}^2,H_1:\sigma_1{}^2\neq\sigma_2{}^2.$$

所用统计量为 $F=S_1{}^2/S_2{}^2$,由题中给出的数据,得

$$n_1=10,n_2=10,\bar{x}=2.33,\bar{y}=1.07,s_1{}^2\approx4.01,s_2{}^2\approx2.84,$$

于是 $F=\dfrac{s_1^2}{s_2^2}\approx1.412$，查 F 分布表，得

$$F_{0.025}(9,9)=4.03,\quad F_{0.975}(9,9)=\frac{1}{F_{0.025}(9,9)}=\frac{1}{4.03}.$$

由于 $\dfrac{1}{4.03}<1.412<4.03$，故接受原假设 $H_0:\sigma_1^2=\sigma_2^2$，因此，在显著性水平 $\alpha=0.05$ 下不能认为两种药的疗效的方差有显著差别.

其次，在 $\sigma_1^2=\sigma_2^2$ 但其值未知的条件下，检验假设 $H_0':\mu_1=\mu_2$，所用统计量为

$$T=\frac{\overline{X}-\overline{Y}}{S_w\sqrt{1/n_1+1/n_2}},\ \text{其中}\ S_w=\sqrt{\frac{(n_1-1)S_1^2+(n_2-1)S_2^2}{n_1+n_2-2}},$$

计算出 S_w 的值 $s_w=\sqrt{\dfrac{9\times4.01+9\times2.84}{18}}\approx1.85$，从而得到 $t=\dfrac{2.33-1.07}{1.85\sqrt{1/10+1/10}}\approx1.523.$

查 t 分布表，得 $t_{0.025}(18)=2.101$，由于 $|1.523|<2.101$，故接受原假设 $H_0':\mu_1=\mu_2$，因此，在显著性水平 $\alpha=0.05$ 下不能认为两种药的疗效的均值有显著性差别.

综合上述讨论结果，可以认为两种药的疗效无显著差异.

注 对于双正态总体方差的单侧假设检验，也可以给出相应的拒绝域.

(1) 右侧检验：检验假设 $H_0:\sigma_1^2\leqslant\sigma_2^2$，$H_1:\sigma_1^2>\sigma_2^2$，可得拒绝域为

$$F=\frac{s_1^2}{s_2^2}>F_\alpha(n_1-1,n_2-1).$$

(2) 左侧检验：检验假设 $H_0:\sigma_1^2\geqslant\sigma_2^2$，$H_1:\sigma_1^2<\sigma_2^2$，可得拒绝域为

$$F=\frac{s_1^2}{s_2^2}<F_{1-\alpha}(n_1-1,n_2-1).$$

对双正态总体方差的假设检验总结为表 8-4.

表 8-4 双正态总体方差的假设检验

原假设 H_0	备择假设 H_1	已知 μ_1 及 μ_2	未知 μ_1 及 μ_2
		在显著性水平 α 下关于 H_0 的拒绝域	
$\sigma_1^2=\sigma_2^2$	$\sigma_1^2\neq\sigma_2^2$	$F>F_{\frac{\alpha}{2}}(n_1,n_2)$ 或 $F<F_{1-\frac{\alpha}{2}}(n_1,n_2)$，$\left(F=\dfrac{n_1\sum\limits_{i=1}^{n_1}(x_i-\mu_1)^2}{n_2\sum\limits_{i=1}^{n_1}(y_i-\mu_2)^2}\right)$	$F>F_{\frac{\alpha}{2}}(n_1-1,n_2-1)$ 或 $F<F_{1-\frac{\alpha}{2}}(n_1-1,n_2-1)$，$\left(F=\dfrac{S_1^2}{S_2^2}\right)$
$\sigma_1^2\leqslant\sigma_2^2$	$\sigma_1^2>\sigma_2^2$	$F>F_{\frac{\alpha}{2}}(n_1,n_2)$	$F>F_\alpha(n_1-1,n_2-1)$
$\sigma_1^2\geqslant\sigma_2^2$	$\sigma_1^2<\sigma_2^2$	$F<F_{1-\frac{\alpha}{2}}(n_1,n_2)$	$F<F_{1-\alpha}(n_1-1,n_2-1)$

习题 8-3

1. 某厂使用 A,B 两种不同的原料生产同一类型产品,分别在用 A,B 生产的一星期的产品中取样进行测试,取 A 种原料生产的样品 220 件,B 种原料生产的样品 205 件,测得平均质量和质量的方差分别如下:

A:$\overline{x}_A = 2.46\ \text{kg}, s_A^2 = 0.57^2\ \text{kg}^2, n_A = 220.$

B:$\overline{x}_B = 2.55\ \text{kg}, s_B^2 = 0.48^2\ \text{kg}^2, n_B = 205.$

设这两个总体都服从正态分布,且方差相同,问在显著性水平 $\alpha = 0.05$ 下能否认为使用原料 B 的产品的平均质量比使用原料 A 的要大?

2. 欲知某种血清是否能抑制白细胞过多症,选取已患该病的老鼠 9 只,并将其中 5 只施与此种血清,另外 4 只则不然,从实验开始,其存活年限如表 8-5 所示.

表 8-5　存活年限

接受血清	2.1	5.3	1.4	4.6	0.9
未接受血清	1.9	0.5	2.8	3.1	

假设两总体均服从方差相同的正态分布,试在显著性水平 $\alpha = 0.05$ 下检验此种血清是否有效.

3. 对两批同种类型电子元件的电阻(单位:Ω)进行测试,各抽取 6 件,测得结果如下:

第一批:0.140, 0.138, 0.143, 0.141, 0.144, 0.137;

第二批:0.135, 0.140, 0.142, 0.136, 0.138, 0.140.

设电子元件的电阻服从正态分布,检验:

(1) 两批电子元件电阻的方差是否有显著差异;(取显著性水平 $\alpha = 0.05$)

(2) 两批电子元件电阻的均值是否有显著差异.(取显著性水平 $\alpha = 0.05$)

4. 按两种不同的橡胶配方生产橡胶,测得橡胶伸长率(%)如下:

第一种配方:540, 533, 525, 520, 544, 531, 536, 529, 534.

第二种配方:565, 577, 580, 575, 556, 542, 560, 532, 570, 561.

已知橡胶伸长率服从正态分布,两种配方生产的橡胶伸长率的方差是否有显著差异?(取显著性水平 $\alpha = 0.05$)

5. 据现在的推测,矮个子的人比高个子的人寿命要长一些,下面给出美国 31 个自然死亡的总统的寿命,将他们分为矮个子和高个子两类,数据如下:

矮个子总统:85, 79, 67, 90, 80.

高个子总统:68, 53, 63, 70, 88, 74, 64, 66, 60, 60, 78, 71, 67, 90,

73, 71, 77, 72, 57, 78, 67, 56, 63, 64, 83, 65.

假设两组总统的寿命服从方差相同的正态分布,试问这些数据是否符合上述推测?(取显著性水平 $\alpha = 0.05$)

*第四节　非正态总体参数的假设检验

在前两节中,我们讨论了正态总体的假设检验问题.本节我们讨论一般总体的假设检验问题,此类问题可借助一些统计量的极限分布近似地进行假设检验,属于大样本统计范畴,其理论依据是中心极限定理.

一、一般总体数学期望的假设检验

1. 一个总体均值的大样本假设检验

设非正态总体 X 的均值为 μ,方差为 σ^2,$X_1, X_2, \cdots, X_n$ 为总体 X 的一个样本,样本的均值为 $\overline{X}$,样本的方差为 S^2,则当 n 充分大时,由中心极限定理,知 $U = \dfrac{\overline{X} - \mu}{\sigma/\sqrt{n}}$ 近似地服从 $N(0, 1)$.所以对 μ 的假设检验可以用前面讲过的 u 检验法.这里所不同的是拒绝域是近似的,这是关于一般总体数学期望的假设检验的简单有效的方法.

(1) 双侧检验:$H_0 : \mu = \mu_0, H_1 : \mu \neq \mu_0$,可得近似的拒绝域为 $|U_n| > u_{\alpha/2}$.

(2) 右侧检验:$H_0 : \mu \leqslant \mu_0, H_1 : \mu > \mu_0$,可得近似的拒绝域为 $U_n > u_\alpha$.

(3) 左侧检验:$H_0 : \mu \geqslant \mu_0, H_1 : \mu < \mu_0$,可得近似的拒绝域为 $U_n < -u_\alpha$.

注　若标准差 σ 未知,可以用样本标准差 S 来代替,即当 n 充分大时,由中心极限定理,知 $T_n = \dfrac{\overline{X} - \mu_0}{S/\sqrt{n}}$ 近似地服从 $N(0, 1)$.只需将上述的 σ 用 S 代替,U_n 用 T_n 代替,可得到类似的结论.

【例 13】　设某批电子元件的使用寿命服从指数分布,现取 50 个进行使用寿命试验,得使用寿命的样本均值 $\overline{x} = 1\,350$ h,问:能否认为总体均值为 1 200 h?(取显著性水平 $\alpha = 0.05$)

解　设总体寿命为 X,由题意,知 X 服从指数分布 $E\left(\dfrac{1}{\theta}\right)$,具有密度函数

$$f(x) = \begin{cases} \dfrac{1}{\theta} e^{-x/\theta}, & x > 0, \\ 0, & x \leqslant 0, \end{cases}$$

从而有 $E(\overline{X}) = \theta, D(\overline{X}) = \theta^2$,要解决的是如下检验问题:

$$H_0 : \theta = \theta_0 = 1\,200, H_1 : \theta \neq \theta_0 = 1\,200.$$

因为 $n = 50$,可以认为是大样本问题,用 U 检验:

$$u = \frac{\overline{x} - \theta_0}{\theta_0} \sqrt{n} = \frac{1\,350 - 1\,200}{1\,200} \sqrt{50} \approx 0.883\,9.$$

由 $\alpha = 0.05, u_{\alpha/2} = 1.96$ 知,$|u| < u_{\alpha/2}$,所以接受 H_0,即认为这批电子元件的使用寿命的均值为 1 200 h.

2. 两个总体均值的大样本假设检验

设有两个独立的总体 X,Y,其均值分别为 μ_1,μ_2,方差分别为 σ_1^2,σ_2^2,均值与方差均未知,现从两个总体中分别抽取样本容量为 n_1,n_2(n_1,n_2 均大于 100)的大样本 $X_1,X_2,\cdots,X_{n_1}$ 与 $Y_1,Y_2,\cdots,Y_{n_2}$,$\overline{X}$ 与 $\overline{Y}$ 及 S_1^2 与 S_2^2 分别为这两个样本的样本均值及样本方差,记 S_w^2 是 S_1^2 与 S_2^2 的加权平均:

$$S_w^2 = \frac{(n_1-1)S_1^2+(n_2-1)S_2^2}{n_1+n_2-2}.$$

检验假设:

(1) 双侧检验:$H_0:\mu_1=\mu_2,H_1:\mu_1\neq\mu_2$.

(2) 右侧检验:$H_0:\mu_1\leqslant\mu_2,H_1:\mu_1>\mu_2$.

(3) 左侧检验:$H_0:\mu_1\geqslant\mu_2,H_1:\mu_1<\mu_2$.

若 $\sigma_1^2\neq\sigma_2^2$,可采用以下检验统计量及其近似分布($\mu_1=\mu_2$):

$$U=\frac{\overline{X}-\overline{Y}}{\sqrt{S_1^2/n_1+S_2^2/n_2}} \sim N(0,1)（近似）.$$

若 $\sigma_1^2=\sigma_2^2$,可采用以下检验统计量及其近似分布($\mu_1=\mu_2$):

$$U=\frac{\overline{X}-\overline{Y}}{S_w\sqrt{1/n_1+1/n_2}} \sim N(0,1)（近似）.$$

对于给定的显著性水平 α,有

(a) 对假设(1),$P\{|U|\geqslant u_{\alpha/2}\}\approx\alpha$,可得拒绝域为 $|U|>u_{\alpha/2}$.

(b) 对假设(2),$P\{U>u_\alpha\}\approx\alpha$,可得拒绝域为 $U>u_\alpha$.

(c) 对假设(3),$P\{U<-u_\alpha\}\approx\alpha$,可得拒绝域为 $U<-u_\alpha$.

【例 14】 为比较两种小麦植株的高度(单位:cm),在相同条件下进行高度测定,算得样本均值与样本方差分别如下.

甲小麦:$n_1=100,\overline{x}=28,s_1^2=35.8$; 乙小麦:$n_2=100,\overline{y}=26,s_2^2=32.3$.

在显著性水平 $\alpha=0.05$ 下,这两种小麦株高之间有无显著差异?(假设两个总体方差相等)

解 这是属于大样本情形下两个总体分布未知、两个总体方差未知但相等的均值的差异性检验,提出假设:

$$H_0:\mu_1=\mu_2,H_1:\mu_1\neq\mu_2.$$

由于 $\alpha=0.05,u_{\alpha/2}=1.96$,又

$$n_1=n_2=100,\overline{x}=28,\overline{y}=26,s_1^2=35.8,s_2^2=32.3,$$

计算统计量 U 的值为

$$u=\frac{\overline{x}-\overline{y}}{\sqrt{\dfrac{(n_1-1)s_1^2+(n_2-1)s_2^2}{n_1+n_2-2}}\sqrt{\dfrac{1}{n_1}+\dfrac{1}{n_2}}}\approx2.42.$$

由于 $|u|>1.96$,故否定 H_0,在显著性水平 $\alpha=0.05$ 下可认为两种小麦株高之间有显著性差异.

二、0-1分布总体数学期望的假设检验

在实际问题中,常常需要对一个事件 A 发生的概率 P 进行假设检验,对此类问题,可设总体是服从两点分布的.

1. 一个 0-1 分布总体参数的检验

设总体 $X \sim b(1,p)$,$X_1, X_2, \cdots, X_n$ 为总体 X 的一个样本,p 为未知参数. 关于参数 p 的检验问题有三种类型,其待检假设分别为:

(1)双侧检验:$H_0: p = p_0$,$H_1: p \neq p_0$.

(2)右侧检验:$H_0: p \leqslant p_0$,$H_1: p > p_0$.

(3)左侧检验:$H_0: p \geqslant p_0$,$H_1: p < p_0$.

因对于这种类型的假设检验无现成的统计量可利用,一般借助中心极限定理,对这类假设进行检验,因 $E(\overline{X}) = p$,$D(\overline{X}) = p(1-p)/n$,由中心极限定理,当 n 充分大($n \geqslant 30$)时,有 $\dfrac{\overline{X} - p}{\sqrt{p(1-p)/n}} \sim N(0,1)$(近似),其中 $\overline{X} = \dfrac{\mu_n}{n}$,$\mu_n$ 是 n 次独立重复试验中事件 A 发生的次数,若 H_0 为真,则

$$U = \frac{\overline{X} - p_0}{\sqrt{p_0(1-p_0)/n}} \sim N(0,1).$$

对于给定的显著性水平 α,有

(a)对假设(1),$P\{|U| \geqslant u_{\alpha/2}\} \approx \alpha$,可得拒绝域为 $|U| > u_{\alpha/2}$.

(b)对假设(2),$P\{U > u_\alpha\} \approx \alpha$,可得拒绝域为 $U > u_\alpha$.

(c)对假设(3),$P\{U < -u_\alpha\} \approx \alpha$,可得拒绝域为 $U < -u_\alpha$.

【**例 15**】 根据以往长期统计,某种产品的次品率不小于 5%,技术革新后,从此种产品中随机抽取 500 件,发现有 15 件次品,问:能否认为此种产品的次品率降低了?(取显著水平 $\alpha = 0.05$)

解 这一问题可以归结为假设检验

$$H_0: p \geqslant 0.05, \quad H_1: p < 0.05,$$

其中 p 为产品的次品率,易知 $\overline{x} = 15/500 = 0.03$,$p_0 = 0.05$,有

$$u = \frac{0.03 - 0.05}{\sqrt{\dfrac{0.05 \times 0.95}{500}}} \approx -2.062,$$

在 $\alpha = 0.05$,$u_\alpha = 1.645$ 下,$u < -u_\alpha = u_{1-\alpha}$,所以拒绝 H_0,即认为次品率已降至 5% 以下.

2. 两个 0-1 分布总体参数的检验

对两个独立的 0-1 分布总体 X 与 Y,我们要检验的是两个总体参数 p_1,p_2 的差异性,故给出如下检验假设:

(1)双侧检验:$H_0: p_1 = p_2$,$H_1: p_1 \neq p_2$.

(2)右侧检验:$H_0: p_1 \leqslant p_2$,$H_1: p_1 > p_2$.

(3)左侧检验:$H_0: p_1 \geqslant p_2$,$H_1: p_1 < p_2$.

由中心极限定理,知当 H_0 为真且 n_1,n_2 充分大(n_1,n_2 均大于100)时,有

$$U=\frac{\overline{P}_1-\overline{P}_2}{\sqrt{\overline{P}(1-\overline{P})(1/n_1+1/n_2)}}\sim N(0,1),$$

其中,$\overline{P}_1=\mu_{n_1}/n_1$,$\overline{P}_2=\mu_{n_2}/n_2$,$\overline{P}=(\mu_{n_1}+\mu_{n_2})/(n_1+n_2)$,$\mu_{n_1}$ 是 n_1 次独立重复试验中事件 A 发生($X=1$)的次数,μ_{n_2} 是 n_2 次独立重复试验中事件 B 发生($Y=1$)的次数,对于给定的显著性水平 α,有

(a) 对假设(1),$P\{|U|\geqslant u_{\alpha/2}\}\approx\alpha$,可得拒绝域为 $|U|>u_{\alpha/2}$.

(b) 对假设(2),$P\{U>u_\alpha\}\approx\alpha$,可得拒绝域为 $U>u_\alpha$.

(c) 对假设(3),$P\{U<-u_\alpha\}\approx\alpha$,可得拒绝域为 $U<-u_\alpha$.

【例 16】 在甲县调查 $n_1=1\,500$ 个农户,其中有中小型农业机械的农户 $\mu_{n_1}=300$ 户;在乙县调查 $n_2=1\,800$ 户,其中有中小型农业机械的农户 $\mu_{n_2}=320$ 户,试在显著性水平 $\alpha=0.05$ 下检验两个县有中小型农业机械的农户的比例有无差异?

解 由于 $n_1=1\,500$,$n_2=1\,800$,这是大样本情形下的两个 0-1 分布总体的概率检验问题,假设

$$H_0:p_1=p_2,\quad H_1:p_1\neq p_2.$$

由于 $n_1=1\,500$,$n_2=1\,800$,$\mu_{n_1}=300$,$\mu_{n_2}=320$,经计算,得 $\overline{p}_1=\dfrac{\mu_{n_1}}{n_1}=0.200$,$\overline{p}_2=\dfrac{\mu_{n_2}}{n_2}\approx$

0.178,$\overline{p}=\dfrac{\mu_{n_1}+\mu_{n_2}}{n_1+n_2}\approx0.188$,$u=\dfrac{\overline{p}_1-\overline{p}_2}{\sqrt{\overline{p}(1-\overline{p})\left(\dfrac{1}{n_1}+\dfrac{1}{n_2}\right)}}\approx1.61$.

由于 $\alpha=0.05$,可知 $u_{\alpha/2}=1.96$,由 $|u|<u_{\alpha/2}$,故在显著性水平 $\alpha=0.05$ 下接受 H_0,即可认为两县有中小型农业机械的农户的比例无显著差异.

习题 8-4

1. 设两总体 X,Y 分布服从泊松分布 $P(\lambda_1)$,$P(\lambda_2)$,给定显著性水平 α,试设计一个检验统计量,使之能确定检验 $H_0:\lambda_1=\lambda_2$,$H_1:\lambda_1\neq\lambda_2$ 的拒绝域,并说明设计的理论依据.

2. 已知某种电子元件的使用寿命(单位:h)服从指数分布 $e(\lambda)$,抽查 100 个样品,测得使用寿命的样本均值为 950,能否认为参数 $\lambda=0.001$?(取显著性水平 $\alpha=0.05$)

3. 某药品广告上声称该药品对某种疾病的治愈率为 90%.一家医院对该种药品临床使用 120 例,治愈 85 人,问该药品广告是否真实?(取显著性水平 $\alpha=0.05$)

4. 某产品的次品率为 0.17,现对此产品进行新工艺试验,从中抽取 400 件检查,发现次品 56 件,能否认为这项新工艺显著地影响产品质量?(取显著性水平 $\alpha=0.05$)

5. 某厂生产了一大批产品,按规定次品率 $p\leqslant0.05$ 才能出厂,否则不能出厂,现从产品中随机抽取 50 件,发现有 4 件次品,问这批产品能否出厂?(取显著性水平 $\alpha=0.05$)

*第五节　分布拟合检验

前面主要讨论的是参数假设检验问题,往往是在总体分布的数学表达式已知的前提下,对总体均值与方差进行假设检验.但在实际问题中,有时不能预先知道总体的分布,而需要根据样本来判断总体 X 是否服从某种指定的分布,这个问题的一般提法是,在给定的显著性水平 α 下,对假设

$$H_0 : F_X(x) = F_0(x), H_1 : F_X(x) \neq F_0(x)$$

做显著性检验,其中 $F_0(x)$ 为已知的具有明确表达式的分布函数.这种假设检验通常称为分布的拟合优度检验,简称分布拟合检验,它是非参数检验中较为重要的一种.

关于分布的假设检验有许多方法,本节我们介绍较为重要的一种——皮尔逊(Pearson) χ^2 检验法.

一、引例

例如,某工厂制造一批骰子,声称它是均匀的,即在抛掷试验中,出现 1 点,2 点,$\cdots$,6 点的概率都应是 $\frac{1}{6}$.

为检验骰子是否均匀,要重复地进行抛掷骰子的试验,并统计各点出现的频率与 $\frac{1}{6}$ 的差距.

问题归结为:如何利用得到的统计数据对"骰子均匀"的结论进行检验,即检验抛掷骰子的点数服从 6 点均匀分布.

二、χ^2 检验法的基本思想

χ^2 检验法是在总体 X 的分布未知时,根据来自总体的样本,检验总体分布的假设的一种检验方法,具体进行检验时,先提出原假设:

$$H_0 : 总体 X 的分布函数为 F(x),$$

然后根据样本的经验分布和所假设的理论分布之间的吻合程度来决定是否接受原假设.

这种检验通常被称为**拟合优度检验**.它是一种非参数检验.一般地,我们总是根据样本观测值用直方图和经验分布函数,来推断出总体可能服从的分布,然后做检验.

三、χ^2 检验法的基本原理和步骤

(1)提出原假设:

$$H_0 : 总体 X 的分布函数为 F(x).$$

如果总体分布为离散型,则假设具体为

$$H_0:总体\ X\ 的分布律为\ P\{X=x_i\}=p_i,i=1,2,\cdots;$$

如果总体分布为连续型,则假设具体为

$$H_0:总体\ X\ 的概率密度函数为\ f(x).$$

(2) 将总体 X 的取值范围分成 k 个互不相交的小区间 $A_1,A_2,\cdots,A_k$,如可取

$$A_1=(a_0,a_1],A_2=(a_1,a_2],\cdots,A_k=(a_{k-1},a_k),$$

其中 a_0 可取 $-\infty$,a_k 可取 $+\infty$.区间的划分视具体情况而定,但要使每个小区间所含样本值个数不小于 5,而区间个数 k 不要太大,也不要太小.

(3) 把落入第 i 个小区间 A_i 的样本值的个数记作 f_i,称为**组频数**,所有组频数之和 $f_1+f_2+\cdots+f_k$ 等于样本容量 n.

(4) 当 H_0 为真时,根据所假设的总体理论分布,可算出总体 X 的值落入第 i 个小区间 A_i 的概率为 p_i,于是,np_i 就是落入第 i 个小区间 A_i 的样本值的理论频数.

(5) 当 H_0 为真时,n 次试验中样本值落入第 i 个小区间 A_i 的频率 $\dfrac{f_i}{n}$ 与概率 p_i 应很接近,当 H_0 为不真时,则 $\dfrac{f_i}{n}$ 与 p_i 相差较大.基于这种思想,皮尔逊引进如下检验统计量 $\chi^2=\sum_{i=1}^{k}\dfrac{(f_i-np_i)^2}{np_i}$,并证明了下列结论:

定理 1　当 n 充分大($n\geqslant50$)时,统计量 χ^2 近似服从 $\chi^2(k-1)$ 分布.

(6) 根据定理 1,对于给定的显著性水平 α,确定 l 值,使 $P\{\chi^2>l\}=\alpha$,查 χ^2 分布表,得 $l=\chi_\alpha^2(k-1)$,所以拒绝域为 $\chi^2>\chi_\alpha^2(k-1)$.

(7) 若由所给的样本值 $x_1,x_2,\cdots,x_n$,算得统计量 χ^2 的实测值落入拒绝域,则拒绝原假设 H_0,否则就认为差异不显著而接受原假设 H_0.

【例 17】　将一颗骰子投掷 120 次,所得数据见表 8-6.

表 8-6　投掷骰子数据

点数 i	1	2	3	4	5	6
出现次数 f_i	23	26	21	20	15	15

问这颗骰子是否均匀、对称?(取显著水平 $\alpha=0.05$)

解　若这颗骰子是均匀、对称的,则 $1\sim6$ 点中每点出现的可能性相同,都为 $\dfrac{1}{6}$.如果用 $A_i(i=1,2,\cdots,6)$ 表示第 i 点出现,则待检验假设为

$$H_0:P(A_i)=\frac{1}{6},\quad i=1,2,\cdots,6.$$

在 H_0 成立的条件下,理论概论 $p_i=p(A_i)=\dfrac{1}{6}$,由 $n=120$,得频率 $np_i=20,i=1,2,\cdots,$ 6.计算结果如表 8-7 所示.

表 8-7　计算结果

i	f_i	p_i	np_i	$\dfrac{(f_i-np_i)^2}{np_i}$
1	23	$\dfrac{1}{6}$	20	$\dfrac{9}{20}$
2	26	$\dfrac{1}{6}$	20	$\dfrac{36}{20}$
3	21	$\dfrac{1}{6}$	20	$\dfrac{1}{20}$
4	20	$\dfrac{1}{6}$	20	0
5	15	$\dfrac{1}{6}$	20	$\dfrac{25}{20}$
6	15	$\dfrac{1}{6}$	20	$\dfrac{25}{20}$
合计	120			4.8

因所求分布不含未知参数,又 $k=6,\alpha=0.05$,查表,得

$$\chi_\alpha^{\ 2}(k-1)=\chi_{0.05}^2(5)=11.071,$$

由表 8-6,知

$$\chi^2=\sum_{i=1}^6\frac{(f_i-np_i)^2}{np_i}=4.8<11.07.$$

故接受 H_0,可认为这颗骰子是均匀、对称的.

四、总体含未知参数的情形

在对总体分布的假设检验中,有时只知道总体 X 的分布函数的形式,但其中还含有未知参数,即分布函数为 $F(x,\theta_1,\theta_2,\cdots,\theta_r)$,其中 $\theta_1,\theta_2,\cdots,\theta_r$ 为未知参数,设 $X_1,X_2,\cdots,X_n$ 为总体 X 的样本,现要用此样本来检验假设:

$\quad\quad H_0$:总体 X 的分布函数为 $F(x,\theta_1,\theta_2,\cdots,\theta_r)$.

此类情况可按如下步骤进行检验:

(1) 利用样本 $X_1,X_2,\cdots,X_n$,求出 $\theta_1,\theta_2,\cdots,\theta_r$ 的最大似然估计 $\hat{\theta}_1,\hat{\theta}_2,\cdots,\hat{\theta}_r$.

(2) 在分布函数 $F(x,\theta_1,\theta_2,\cdots,\theta_r)$ 中用 $\hat{\theta}_i$ 代替 $\theta_i(i=1,2,\cdots,r)$,则得到一个完全已知的分布函数 $F(x,\hat{\theta}_1,\hat{\theta}_2,\cdots,\hat{\theta}_r)$.

(3) 利用 $F(x,\hat{\theta}_1,\hat{\theta}_2,\cdots,\hat{\theta}_r)$,计算 p_i 的估计量 $\hat{p}_i(i=1,2,\cdots,k)$.

(4) 计算要检验的统计量 $\chi^2=\sum_{i=1}^k\dfrac{(f_i-n\hat{p}_i)^2}{n\hat{p}_i}$,当 n 充分大时,统计量 χ^2 近似服从 $\chi_\alpha^{\ 2}(k-r-1)$ 分布.

(5) 对给定的显著性水平 α,得拒绝域为

$$\chi^2 = \sum_{i=1}^{k} \frac{(f_i - n\hat{p_i})^2}{n\hat{p_i}} > \chi_\alpha^2(k-r-1).$$

注　在使用皮尔逊的 χ^2 检验法时,要求 $n \geqslant 50$,以及每个理论频数 $np_i \geqslant 5(i=1,2,\cdots,k)$,否则应适应地合并相邻的小区间,使 np_i 满足要求.

【例 18】　为检验棉纱的拉力强度(单位:kg)X 服从正态分布,从一批棉纱中随机抽取 300 条进行拉力试验,结果列在表 8-8 中. 我们的问题是检验假设:

H_0:拉力强度 $X \sim N(\mu, \sigma^2)$.(取显著性水平 $\alpha = 0.01$)

表 8-8　棉纱拉力数据

i	x	f_i	i	x	f_i
1	0.5~0.64	1	8	1.48~1.62	53
2	0.64~0.78	2	9	1.62~1.76	25
3	0.78~0.92	9	10	1.76~1.90	19
4	0.92~1.06	25	11	1.90~2.04	16
5	1.06~1.20	37	12	2.04~2.18	3
6	1.20~1.34	53	13	2.18~2.32	1
7	1.34~1.48	56			

解　可按以下四步来检验:

(1) 将观测值 x_i 分成 13 组,这相当于

$$a_0 = -\infty, a_1 = 0.64, a_2 = 0.78, \cdots, a_{12} = 2.18, a_{13} = +\infty.$$

但是这样分组后,前两组和后两组的 np_i 比较小,于是,我们把它们合并成为一个组 (表 8-9).

表 8-9　棉纱拉力数据的分组

区间序号	区间	f_i	$\hat{p_i}$	$n\hat{p_i}$	$f_i - n\hat{p_i}$
1	≤0.78 或 >2.04	7	0.035 7	10.718 7	-3.72
2	0.78~0.92	9	0.033 3	10.000 5	-1
3	0.92~1.06	25	0.070 5	21.141 9	3.858
4	1.06~1.20	37	0.120 3	36.087 3	0.913
5	1.20~1.34	53	0.165 8	49.736 3	3.264
6	1.34~1.48	56	0.184 5	55.349 2	0.651
7	1.48~1.62	53	0.165 8	49.736 3	3.264
8	1.62~1.76	25	0.120 3	36.087 3	-11.1
9	1.76~1.90	19	0.070 5	21.141 9	-2.14
10	1.90~2.04	16	0.033 3	10.000 5	5.999

(2) 计算每个区间上的理论频数,这里,$F(x)$ 就是正态分布 $N(\mu, \sigma^2)$ 的分布函数,含有两个未知参数 μ 和 σ^2,分别用它们的最大似然估计

$$\hat{\mu} = \overline{X} \text{和} \hat{\sigma}^2 = \sum_{i=1}^{n} \frac{(X_i - \overline{X})^2}{n}$$

来代替,关于 $\overline{X}$ 的计算作如下说明:因为表(1)中每个区间都很狭窄,我们可以认为每个区间内 X_i 都取这个区间的中点,将每个区间的中点值乘该区间的样本数,然后相加再除以总样本数就得到样本均值 $\overline{X}$,计算结果: $\hat{\mu} \approx 1.41, \hat{\sigma}^2 \approx 0.30^2$.

对于服从 $N(1.41, 0.30^2)$ 的随机变量 Y,计算它在上面第 i 个区间上的概率 p_i. 例如,

$$\hat{p}_1 = P\{Y \leqslant 0.78\} + P\{Y > 2.04\} = P\left\{\frac{Y-1.41}{0.30} \leqslant -2.1\right\} + P\left\{\frac{Y-1.41}{0.30} > 2.1\right\} \approx 0.0357,$$

$$\hat{p}_2 = P\{0.78 < Y \leqslant 0.92\} = P\left\{-2.1 < \frac{Y-1.41}{0.30} \leqslant -1.633\right\} \approx 0.0333.$$

(3) 计算 $x_1, x_2, \cdots, x_{300}$ 中落在每个区间上的实际频数 f_i,如表 8-9 所示.

(4) 计算统计量的值: $\chi^2 = \sum_{k=1}^{10} \frac{(f_i - n\hat{p}_i)^2}{n\hat{p}_i} \approx 9.7760$. 因为 $k=10, r=2$,所以,χ^2 的自由度为 $10-2-1=7$,查表,得 $\chi^2_{0.01}(7) = 18.48 > \chi^2 = 9.7760$. 于是,我们不能拒绝原假设,即认为棉纱拉力强度服从正态分布.

习题 8-5

1. 根据观察到的数据(表 8-10),检验整批零件上的疵点数是否服从泊松分布(取显著性水平 $\alpha = 0.05$)?

表 8-10　疵点数统计分布情况

疵点数	0	1	2	3	4	5	6
频数 f_i	14	27	26	20	7	3	3

2. 检查了一本书的 100 页,记录各页印刷错误的个数,其结果如表 8-11 所示.

表 8-11　各页印刷错误个数统计分布情况

错误个数 f_i	0	1	2	3	4	5	6	$\geqslant 7$
含 f_i 个错误的页数	36	40	19	2	0	2	1	0

问:能否认为一页的印刷错误个数服从泊松分布?(取显著性水平 $\alpha = 0.05$)

3. 在某段公路上,观测每 15 s 内通过的汽车辆数,得到数据如表 8-12 所示.

表 8-12　通过的汽车辆数

每 15 s 通过的汽车辆数 x_i	0	1	2	3	4	5	6	$\geqslant 7$
频数 m_i	24	67	58	35	10	4	2	0

利用 χ^2 拟合检验准则检验该段公路上每 15 s 内通过的汽车辆数是否服从泊松分布?(取显著性水平 $\alpha = 0.05$)

4. 检验产品的质量时,在生产过程中每次抽取 10 个产品来检查,抽查 100 次,得到每 10 个产品中次品数的统计分布如表 8-13 所示.

表 8-13　每 10 个产品中次品数的统计分布情况

每 10 个产品中次品数 x_i	0	1	2	3	4	5	6
频数 m_i	32	45	17	4	1	1	0

利用 χ^2 拟合检验准则检验生产过程中出现次品的概率是否可以认为是不变的,即每次抽查的 10 个产品中的次品数是否服从二项分布?(取显著性水平 $\alpha = 0.05$)

阅读资料

皮尔逊

"我相信总有一天,生物学家作为非数学家会在需要数学分析时毫不迟疑地用它."

——皮尔逊

一、生平简介

皮尔逊(1857 年 3 月 27 日—1936 年 4 月 27 日,图 8-1)是英国应用数学家、生物统计学家.皮尔逊 1875 年获剑桥大学皇家学院奖学金,进入剑桥大学学习,1879 年毕业,并获优等生称号.在校期间,他除主修数学外,还学习法律,于 1881 年取得律师资格.随后又到德国海得堡大学、柏林大学继续深造,1882 年获硕士学位,不久又获博士学位.1884 年,任伦敦大学学院戈德斯米德应用数学与力学教授.1890—1900 年间,在高尔顿的指点下,研讨生物进化、返祖、遗传、自然选择、随机交配等问题.1911 年,皮尔逊应高尔顿的要求,辞去应用数学与力学教授的职位,应聘为优生学教授,并任生物统计系主任.

图 8-1

二、主要贡献

皮尔逊继高尔顿之后进一步发展了"回归"与"相关"的理论,成功地创建了生物统计学,并得到了"总体"的概念.所谓总体,是由可观测的个体构成的集合.为了分析总体的特征,一般随机选取一些个体作为样本.统计研究不是研究样本本身,而是根据样本对总体进行推断.这种想法导致了拟合优度检验,亦即作为样本取出若干个体是否拟合从理论上所确定的总体分布问题,这是假设检验的先声.皮尔逊用微分方程刻画总体分布的特征,并将这些分布分为若干类型,然后讨论了样本的频率分布是否拟合这些总体分布.为了对此进行检验,他提出了检验拟合优度的 χ^2 统计量,并证明其极限分布是 χ^2 分布,从而发展了 χ^2 分布.并先后提出和发展了"众数""标准差""正态曲线""平均变差""均方根误差"等一系列数理统计学名词和概念.在皮尔逊的时代,统计学家把总体看作是无限多个个体的集合(无限总体),并认为样本的越大(亦即样本中个体的数目越大,就越能精确地反映总体的特征).因此,取尽可能大的样本,由近似计算来进行统计推断,特别是进行假设检验,这叫作大样本理论.然而,在现实世界中,并非都能获得大样本,如果样本很小,统计工作该如何进行呢? 这个问题由他的学生戈塞特 1908 年以笔名"学生"发表的"学生氏分布(t 分布)",从而开创了小样本统计理论.皮尔逊引进了一个现在以他的姓氏命名的分布族,它包括正态分布及现在已知的一些偏分布.他还引进了一种方法——矩估计法,用来估计他所引进的分布族中的参数,这个方法一直是一种重要的参数估计方法.数学中还有以他的姓氏命名的皮尔逊曲线、皮尔逊统计量等.

皮尔逊 1900 年主持创办了著名的《生物统计学》杂志,他还担任过《优生学记事》的编辑.他的主要著作有:《科学的基本原理》《对进化论的数学贡献》《统计学家和生物统计学家用表》《死的可能性和进化论的其他研究》《F·高尔顿的生活、书信和工作》等. 皮尔逊建立了世界上第一个数理统计实验室,吸引了大批训练有素的数理学家到这个实验室去做研究工作,培养了不少杰出的数理统计学家,推动了这个学科的发展.

总习题八

1. 已知全国高校男生百米跑成绩服从 $N(\mu_0, \sigma^2)$,且均值 $\mu_0 = 14.5$ s. 为比较某高校与全国高校的百米跑水平,从该校随机抽测 13 名男生的百米跑成绩(单位:s)如下:

$$15.2, 14.8, 14.4, 14.2, 13.9, 13.6, 13.7, 13.5, 13.3, 13.8, 14.2, 14.1, 14.6.$$

分别在(1)已知 $\sigma^2 = 0.72^2$,(2)未知 σ^2 的条件下检验该校百米跑水平与全国高校有无显著差异.(取显著性水平 $\alpha = 0.05$)

2. 某种电子元件的使用寿命(单位:h)$X \sim N(\mu, \sigma^2)$,μ, σ^2 均未知. 现测得 16 只元件的使用寿命如下:

$$159, 280, 101, 212, 224, 379, 179, 264, 362, 168, 250, 149, 260, 485, 170, 222.$$

问:是否有理由认为元件的平均使用寿命等于 225 h? (取显著性水平 $\alpha = 0.05$)

3. 现要求一种元件的使用寿命不得低于 1 000 h,今从一批这种元件中随机抽取 25 件,测得使用寿命的平均值为 994 h,已知该种元件的使用寿命 $X \sim N(\mu, 15^2)$,试在显著性水平 $\alpha = 0.05$ 的条件下,确定这批元件是否合格.

4. 某车间生产的电阻,其值一直以来服从 $N(\mu, \sigma^2)$,且方差 $\sigma^2 = 64$,为检验该车间新生产的一批电阻,从中抽取 9 个,测得阻值(单位:Ω)分别为

$$578, 572, 570, 568, 572, 570, 572, 596, 584.$$

给定 $\alpha = 0.05$,问:新生产的这批电阻的精度是否有显著变化?

5. 已知全国高校男生百米跑成绩服从 $N(14.5, 0.72^2)$,测得甲、乙两校男生百米跑成绩(单位:s)如下:

甲:15.2, 14.8, 14.4, 14.2, 13.9, 13.6, 13.7, 13.5, 13.3, 13.8, 14.2, 14.1, 14.6.

乙:15.3, 14.9, 14.1, 15.1, 14.5, 13.7, 14.9, 14.2, 14.4, 14.9, 15.2.

取 $\alpha = 0.05$,试在下列两种条件下判断甲、乙两校男生百米跑成绩有无显著差异.

(1) 方差不变,即同全国此项成绩数据的方差;

(2) 方差未知,但相等.

6. 为研究正常成年人男、女血液中红细胞的平均数之差,检查某地正常成年男子 156 名,正常成年女子 74 名,计算得男性红细胞的平均数为 465.13 万/mm³,样本标准差为 54.80 万/mm³;女性红细胞的平均数为 422.16 万/mm³,样本标准差为 49.20 万/mm³. 由经验知道,正常成年人男、女血液中红细胞数均服从正态分布,且方差相等. 试检验该地区正常成年人红细胞的平均数是否与性别有关.(取显著性水平 $\alpha = 0.01$)

7. 研究由机器 A 和机器 B 生产的钢管的内径(单位:mm),随机抽取机器 A 生产的钢管 18 支,测得样本方差 $s_1^2 = 0.034$;抽取机器 B 生产的钢管 13 支,测得样本方差 $s_2^2 = 0.029$.设两样本相互独立,且分别服从正态分布 $N(\mu_1, \sigma_1^2)$ 和 $N(\mu_2, \sigma_2^2)$,这里 $\mu_1, \mu_2, \sigma_1^2, \sigma_2^2$ 均未知,问:能否判断工作时机器 B 比机器 A 更稳定?(取显著性水平 $\alpha = 0.1$)

参考文献

[1] 李金林，赵中秋，马宝龙. 管理统计学[M]. 3 版. 北京：清华大学出版社，2016.

[2] 魏宗舒. 概率论与数理统计教程[M]. 2 版. 北京：高等教育出版社，2008.

[3] 盛骤，谢式千，潘承毅. 概率论与数理统计[M]. 4 版. 北京：高等教育出版社，2008.

[4] 吴赣昌. 概率论与数理统计（经管类）[M]. 4 版. 北京：中国人民大学出版社，2011.

[5] 严继高. 概率论与数理统计[M]. 2 版. 北京：高等教育出版社，2017.

附　录

附表 1　泊松分布表

$$P\{X=k\}=\frac{\lambda^k}{k!}e^{-\lambda}$$

n	λ							
	0.1	0.2	0.3	0.4	0.5	0.6	0.7	0.8
0	0.904 837	0.818 731	0.740 818	0.670 320	0.606 531	0.548 812	0.496 585	0.449 329
1	0.090 484	0.163 746	0.222 245	0.268 128	0.303 265	0.329 287	0.347 610	0.359 463
2	0.004 524	0.016 375	0.033 337	0.053 626	0.075 816	0.098 786	0.121 663	0.143 785
3	0.000 151	0.001 092	0.003 334	0.007 150	0.012 636	0.019 757	0.028 388	0.038 343
4	0.000 004	0.000 055	0.0002 50	0.000 715	0.001 580	0.002 964	0.004 968	0.007 669
5		0.000 002	0.000 015	0.000 057	0.000 158	0.000 356	0.000 696	0.001 227
6			0.000 001	0.000 004	0.000 013	0.000 036	0.000 081	0.000 164
7					0.000 001	0.000 003	0.000 008	0.000 019
8							0.000 001	0.000 002

n	λ							
	0.9	1.0	1.5	2.0	2.5	3.0	3.5	4.0
0	0.406 570	0.367 879	0.223 130	0.135 335	0.082 085	0.049 787	0.030 197	0.018 316
1	0.365 913	0.367 879	0.334 695	0.270 671	0.205 212	0.149 361	0.105 691	0.073 263
2	0.164 661	0.183 940	0.251 021	0.270 671	0.256 516	0.224 042	0.184 959	0.146 525
3	0.049 398	0.061 313	0.125 511	0.180 447	0.213 763	0.224 042	0.215 785	0.195 367
4	0.011 115	0.015 328	0.047 067	0.090 224	0.133 602	0.168 031	0.188 812	0.195 367
5	0.002 001	0.003 066	0.014 120	0.036 089	0.066 801	0.100 819	0.132 169	0.156 293
6	0.000 300	0.000 511	0.003 530	0.012 030	0.027 834	0.050 409	0.077 098	0.104 196
7	0.000 039	0.000 073	0.000 756	0.003 437	0.009 941	0.021 604	0.038 549	0.059 540
8	0.000 004	0.000 009	0.000 142	0.000 859	0.003 106	0.008 102	0.016 865	0.029 770
9		0.000 001	0.000 024	0.000 191	0.000 863	0.002 701	0.006 559	0.013 231
10			0.000 004	0.000 038	0.000216	0.000 810	0.002 296	0.005 292
11				0.000 007	0.000 049	0.000 221	0.000 730	0.001 925
12				0.000 001	0.000 010	0.000 055	0.000 213	0.000 642
13					0.000 002	0.000 013	0.000 057	0.000 197
14						0.000 003	0.000 014	0.000 056
15						0.000 001	0.000 003	0.000 015
16							0.000 001	0.000 004
17								0.000 001

续表

n	λ							
	4.5	5.0	5.5	6.0	6.5	7.0	7.5	8.0
0	0.011 109	0.006 738	0.004 087	0.002 479	0.001 503	0.000 912	0.000 553	0.000 335
1	0.049 990	0.033 690	0.022 477	0.014 873	0.009 772	0.006 383	0.004 148	0.002 684
2	0.112 479	0.084 224	0.061 812	0.044 618	0.031 760	0.022 341	0.015 555	0.010 735
3	0.168 718	0.140 374	0.113 323	0.089 235	0.068 814	0.052 129	0.038 889	0.028 626
4	0.189 808	0.175 467	0.155 819	0.133 853	0.111 822	0.091 226	0.072 916	0.057 252
5	0.170 827	0.175 467	0.171 401	0.160 623	0.145 369	0.127 717	0.109 375	0.091 604
6	0.128 120	0.146 223	0.157 117	0.160 623	0.157 483	0.149 003	0.136 718	0.122 138
7	0.082 363	0.104 445	0.123 449	0.137 677	0.146 234	0.149 003	0.146 484	0.139 587
8	0.046 329	0.065 278	0.084 871	0.103 258	0.118 815	0.130 377	0.137 329	0.139 587
9	0.023 165	0.036 266	0.051 866	0.068 838	0.085 811	0.101 405	0.114 440	0.124 077
10	0.010 424	0.018 133	0.028 526	0.041 303	0.055 777	0.070 983	0.085 830	0.099 262
11	0.004 264	0.008 242	0.014 263	0.022 529	0.032 959	0.045 171	0.058 521	0.072 190
12	0.001 599	0.003 434	0.006 537	0.011 264	0.017 853	0.026 350	0.036 575	0.048 127
13	0.000 554	0.001 321	0.002 766	0.005 199	0.008 926	0.014 188	0.021 101	0.029 616
14	0.000 178	0.000 472	0.001 087	0.002 228	0.004 144	0.007 094	0.011 304	0.016 924
15	0.000 053	0.000 157	0.000 398	0.000 891	0.001 796	0.003 311	0.005 652	0.009 026
16	0.000 015	0.000 049	0.000 137	0.000 334	0.000 730	0.001 448	0.002 649	0.004 513
17	0.000 004	0.000 014	0.000 044	0.000 118	0.000 279	0.000 596	0.001 169	0.002 124
18	0.000 001	0.000 004	0.000 014	0.000 039	0.000 101	0.000 232	0.000 487	0.000 944
19		0.000 001	0.000 004	0.000 012	0.000 034	0.000 085	0.000 192	0.000 397
20			0.000 001	0.000 004	0.000 011	0.000 030	0.000 072	0.000 159
21				0.000 001	0.000 003	0.000 010	0.000 026	0.000 061
22					0.000 001	0.000 003	0.000 009	0.000 022
23						0.000 001	0.000 003	0.000 008
24							0.000 001	0.000 003
25								0.000 001

n	λ							
	8.5	9.0	9.5	10	12	15	18	20
0	0.000 203	0.000 123	0.000 075	0.000 045	0.000 006	0.000 000	0.000 000	0.000 000
1	0.001 729	0.001 111	0.000 711	0.000 454	0.000 074	0.000 005	0.000 000	0.000 000
2	0.007 350	0.004 998	0.003 378	0.002 270	0.000 442	0.000 034	0.000 002	0.000 000
3	0.020 826	0.014 994	0.010 696	0.007 567	0.001 770	0.000 172	0.000 015	0.000 003
4	0.044 255	0.033 737	0.025 403	0.018 917	0.005 309	0.000 645	0.000 067	0.000 014
5	0.075 233	0.060 727	0.048 266	0.037 833	0.012 741	0.001 936	0.000 240	0.000 055
6	0.106 581	0.091 090	0.076 421	0.063 055	0.025 481	0.004 839	0.000 719	0.000 183
7	0.129 419	0.117 116	0.103 714	0.090 079	0.043 682	0.010 370	0.001 850	0.000 523
8	0.137 508	0.131 756	0.123 160	0.112 599	0.065 523	0.019 444	0.004 163	0.001 309
9	0.129 869	0.131 756	0.130 003	0.125 110	0.087 364	0.032 407	0.008 325	0.002 908
10	0.110 388	0.118 580	0.123 502	0.125 110	0.104 837	0.048 611	0.014 985	0.005 816
11	0.085 300	0.097 020	0.106 661	0.113 736	0.114 368	0.066 287	0.024 521	0.010 575
12	0.060 421	0.072 765	0.084 440	0.094 780	0.114 368	0.082 859	0.036 782	0.017 625

续表

n	λ							
	8.5	9.0	9.5	10	12	15	18	20
13	0.039 506	0.050 376	0.061 706	0.072 908	0.105 570	0.095 607	0.050 929	0.027 116
14	0.023 986	0.032 384	0.041 872	0.052 077	0.090 489	0.102 436	0.065 480	0.038 737
15	0.013 592	0.019 431	0.026 519	0.034 718	0.072 391	0.102 436	0.078 576	0.051 649
16	0.007 221	0.010 930	0.015 746	0.021 699	0.054 293	0.096 034	0.088 397	0.064 561
17	0.003 610	0.005 786	0.008 799	0.012 764	0.038 325	0.084 736	0.093 597	0.075 954
18	0.001 705	0.002 893	0.004 644	0.007 091	0.025 550	0.070 613	0.093 597	0.084 394
19	0.000 763	0.001 370	0.002 322	0.003 732	0.016 137	0.055 747	0.088 671	0.088 835
20	0.000 324	0.000 617	0.001 103	0.001 866	0.009 682	0.041 810	0.079 804	0.088 835
21	0.000 131	0.000 264	0.000 499	0.000 889	0.005 533	0.029 865	0.068 403	0.084 605
22	0.000 051	0.000 108	0.000 215	0.000 404	0.003 018	0.020 362	0.055 966	0.076 914
23	0.000 019	0.000 042	0.000 089	0.000 176	0.001 574	0.013 280	0.043 800	0.066 881
24	0.000 007	0.000 016	0.000 035	0.000 073	0.000 787	0.008 300	0.032 850	0.055 735
25	0.000 002	0.000 006	0.000 013	0.000 029	0.000 378	0.004 980	0.023 652	0.044 588
26	0.000 001	0.000 002	0.000 005	0.000 011	0.000 174	0.002 873	0.016 374	0.034 298
27		0.000 001	0.000 002	0.000 004	0.000 078	0.001 596	0.010 916	0.025 406
28			0.000 001	0.000 001	0.000 033	0.000 855	0.007 018	0.018 147
29				0.000 001	0.000 014	0.000 442	0.004 356	0.012 515
30					0.000 005	0.000 221	0.002 613	0.008 344
31					0.000 002	0.000 107	0.001 517	0.005 383
32					0.000 001	0.000 050	0.000 854	0.003 364
33						0.000 023	0.000 466	0.002 039
34						0.000 010	0.000 246	0.001 199
35						0.000 004	0.000 127	0.000 685
36						0.000 002	0.000 063	0.000 381
37						0.000 001	0.000 031	0.000 206
38							0.000 015	0.000 108
39							0.000 007	0.000 056

附表 2　标准正态分布表

$$\Phi(x) = \int_{-\infty}^{x} \frac{1}{\sqrt{2\pi}} e^{-\frac{t^2}{2}} dt \quad (x \geqslant 0)$$

x	0	1	2	3	4	5	6	7	8	9
0.0	0.500 0	0.504 0	0.508 0	0.512 0	0.516 0	0.519 9	0.523 9	0.527 9	0.531 9	0.535 9
0.1	0.539 8	0.543 8	0.547 8	0.551 7	0.555 7	0.559 6	0.563 6	0.567 5	0.571 4	0.575 4
0.2	0.579 3	0.583 2	0.587 1	0.591 0	0.594 8	0.598 7	0.602 6	0.606 4	0.610 3	0.614 1
0.3	0.617 9	0.621 7	0.625 5	0.629 3	0.633 1	0.636 8	0.640 6	0.644 3	0.648 0	0.651 7
0.4	0.655 4	0.659 1	0.662 8	0.666 4	0.670 0	0.673 7	0.677 2	0.680 8	0.684 4	0.687 9
0.5	0.691 5	0.695 1	0.698 5	0.701 9	0.705 4	0.708 8	0.712 3	0.715 7	0.719 0	0.722 4
0.6	0.725 8	0.729 1	0.732 4	0.735 7	0.738 9	0.742 2	0.745 4	0.748 6	0.751 7	0.754 9
0.7	0.758 0	0.761 2	0.764 2	0.767 3	0.770 4	0.773 4	0.776 4	0.779 4	0.782 3	0.785 2
0.8	0.788 2	0.791 0	0.793 9	0.796 7	0.799 6	0.802 3	0.805 1	0.807 9	0.810 6	0.813 3
0.9	0.815 9	0.818 6	0.821 2	0.823 8	0.826 4	0.828 9	0.831 5	0.834 0	0.836 5	0.838 9
1.0	0.841 3	0.843 8	0.846 1	0.848 5	0.850 8	0.853 1	0.855 4	0.857 7	0.859 9	0.862 1
1.1	0.864 3	0.866 5	0.868 6	0.870 8	0.872 9	0.874 9	0.877 0	0.879 0	0.881 0	0.883 0
1.2	0.884 9	0.886 9	0.888 8	0.890 7	0.892 5	0.894 4	0.896 2	0.898 0	0.899 7	0.901 5
1.3	0.903 2	0.904 9	0.906 6	0.908 2	0.909 9	0.911 5	0.913 1	0.914 7	0.916 2	0.917 7
1.4	0.919 2	0.920 7	0.922 2	0.923 6	0.925 1	0.926 5	0.927 9	0.929 2	0.930 6	0.931 9
1.5	0.933 2	0.934 5	0.935 8	0.937 0	0.938 2	0.939 4	0.940 6	0.941 8	0.943 0	0.944 1
1.6	0.945 2	0.946 3	0.947 4	0.948 5	0.949 5	0.950 5	0.951 5	0.952 5	0.953 5	0.954 5
1.7	0.955 4	0.956 4	0.957 3	0.958 2	0.959 1	0.959 9	0.960 8	0.961 6	0.962 5	0.963 3
1.8	0.964 1	0.964 9	0.965 6	0.966 4	0.967 1	0.967 8	0.968 6	0.969 3	0.970 0	0.970 6
1.9	0.971 3	0.971 9	0.972 6	0.973 2	0.973 8	0.974 4	0.975 0	0.975 6	0.976 2	0.976 7
2.0	0.977 2	0.977 8	0.978 3	0.978 8	0.979 3	0.979 8	0.980 3	0.980 8	0.981 2	0.981 7
2.1	0.982 1	0.982 6	0.983 0	0.983 4	0.983 8	0.984 2	0.984 6	0.985 0	0.985 4	0.985 7
2.2	0.986 1	0.986 4	0.986 8	0.987 1	0.987 5	0.987 8	0.988 1	0.988 4	0.988 7	0.989 0
2.3	0.989 3	0.989 6	0.989 8	0.990 1	0.990 4	0.990 6	0.990 9	0.991 1	0.991 3	0.991 6
2.4	0.991 8	0.992 0	0.992 2	0.992 5	0.992 7	0.992 9	0.993 1	0.993 2	0.993 4	0.993 6
2.5	0.993 8	0.994 0	0.994 1	0.994 3	0.994 5	0.994 6	0.994 8	0.994 9	0.995 1	0.995 2
2.6	0.995 3	0.995 5	0.995 6	0.995 7	0.995 9	0.996 0	0.996 1	0.996 2	0.996 3	0.996 4
2.7	0.996 5	0.996 6	0.996 7	0.996 8	0.996 9	0.997 0	0.997 1	0.997 2	0.997 3	0.997 4
2.8	0.997 4	0.997 5	0.997 6	0.997 7	0.997 7	0.997 8	0.997 9	0.997 9	0.998 0	0.998 1
2.9	0.998 1	0.998 2	0.998 3	0.998 3	0.998 4	0.998 4	0.998 5	0.998 5	0.998 6	0.998 6

x	0	1	2	3	4	5	6	7	8	9
3.0	0.998 7	0.998 7	0.998 7	0.998 8	0.998 8	0.998 9	0.998 9	0.998 9	0.999 0	0.999 0
3.1	0.999 0	0.999 1	0.999 1	0.999 1	0.999 2	0.999 2	0.999 2	0.999 2	0.999 3	0.999 3
3.2	0.999 3	0.999 3	0.999 4	0.999 4	0.999 4	0.999 4	0.999 4	0.999 5	0.999 5	0.999 5
3.3	0.999 5	0.999 5	0.999 6	0.999 6	0.999 6	0.999 6	0.999 6	0.999 6	0.999 6	0.999 7
3.7	0.999 7	0.999 7	0.999 7	0.999 7	0.999 7	0.999 7	0.999 7	0.999 7	0.999 7	0.999 8

附表 3　χ^2 分布表

$$P\{\chi^2(n) > \chi_\alpha^2(n)\} = \alpha$$

n	$\alpha=0.995$	$\alpha=0.99$	$\alpha=0.975$	$\alpha=0.95$	$\alpha=0.90$	$\alpha=0.75$
1	—	—	0.001	0.004	0.016	0.102
2	0.010	0.020	0.051	0.103	0.211	0.575
3	0.072	0.115	0.216	0.352	0.584	1.213
4	0.207	0.297	0.484	0.711	1.064	1.923
5	0.412	0.554	0.831	1.145	1.610	2.675
6	0.676	0.872	1.237	1.635	2.204	3.455
7	0.989	1.239	1.690	2.167	2.833	4.255
8	1.344	1.646	2.180	2.733	3.490	5.071
9	1.735	2.088	2.700	3.325	4.168	5.899
10	2.156	2.558	3.247	3.940	4.865	6.737
11	2.603	3.053	3.816	4.575	5.578	7.584
12	3.074	3.571	4.404	5.226	6.304	8.438
13	3.565	4.107	5.009	5.892	7.042	9.299
14	4.075	4.660	5.629	6.571	7.790	10.165
15	4.601	5.229	6.262	7.261	8.547	11.037
16	5.142	5.812	6.908	7.962	9.312	11.912
17	5.697	6.408	7.564	9.672	10.085	12.792
18	6.265	7.015	8.231	9.390	10.865	13.675
19	6.844	7.633	8.907	10.117	11.651	14.562
20	7.434	8.026	9.591	10.851	12.443	15.452
21	8.034	8.897	10.283	11.591	13.240	16.344
22	8.643	9.542	10.982	12.338	14.042	17.240
23	9.260	10.196	11.689	13.091	14.848	18.137
24	9.886	10.856	12.401	13.848	15.659	19.037
25	10.520	11.524	13.120	14.611	16.473	19.939
26	11.160	12.198	13.844	15.379	17.292	20.843
27	11.808	12.879	14.573	16.151	18.114	21.749
28	12.461	13.565	15.308	16.928	18.939	22.657
29	13.121	14.257	16.047	17.708	19.768	23.567
30	13.787	14.954	16.791	18.493	20.599	24.478
31	14.458	15.655	17.539	19.281	21.434	25.390

续表

n	$\alpha=0.995$	$\alpha=0.99$	$\alpha=0.975$	$\alpha=0.95$	$\alpha=0.90$	$\alpha=0.75$
32	15.134	16.362	18.291	20.072	22.271	26.304
33	15.815	17.074	19.047	20.867	23.110	27.219
34	16.501	17.789	19.806	21.664	23.952	28.136
35	17.192	18.509	20.569	22.465	24.797	29.054
36	17.887	19.233	21.336	23.269	25.643	29.973
37	18.586	19.960	22.106	24.075	26.492	30.893
38	19.289	20.691	22.878	24.884	27.343	31.815
39	19.996	21.426	23.654	25.695	28.196	32.737
40	20.707	22.164	24.433	26.509	29.051	33.660
41	21.421	22.906	25.215	27.326	29.907	34.585
42	22.138	23.650	25.999	28.144	30.765	35.510
43	22.859	24.398	26.785	28.965	31.625	36.436
44	23.584	25.148	27.575	29.787	32.487	37.363
45	24.311	25.901	28.366	30.612	33.350	38.291
n	$\alpha=0.25$	$\alpha=0.10$	$\alpha=0.05$	$\alpha=0.025$	$\alpha=0.01$	$\alpha=0.005$
1	1.323	2.706	3.841	5.024	6.635	7.879
2	2.773	4.605	5.991	7.378	9.210	10.597
3	4.108	6.251	7.815	9.348	11.345	12.838
4	5.385	7.779	9.488	11.143	13.277	14.860
5	6.626	9.236	11.071	12.833	15.086	16.750
6	7.841	10.645	12.592	14.449	16.812	18.548
7	9.037	12.017	14.067	16.013	18.475	20.278
8	10.219	13.362	15.507	17.535	20.090	21.955
9	11.389	14.684	16.919	19.023	21.666	23.589
10	12.549	15.987	18.307	20.483	23.209	25.188
11	13.701	17.275	19.675	21.920	24.725	26.757
12	14.845	18.549	21.026	23.337	26.217	28.299
13	15.984	19.812	22.362	24.736	27.688	29.819
14	17.117	21.064	23.685	26.119	29.141	31.319
15	18.245	22.307	24.996	27.488	30.578	32.801
16	19.369	23.542	26.296	28.845	32.000	34.267
17	20.489	24.769	27.587	30.191	33.409	35.718
18	21.605	25.989	28.869	31.526	34.805	37.156

n	$\alpha=0.25$	$\alpha=0.10$	$\alpha=0.05$	$\alpha=0.025$	$\alpha=0.01$	$\alpha=0.005$
19	22.718	27.204	30.144	32.852	36.191	38.582
20	23.828	28.412	31.410	34.170	37.566	39.997
21	24.935	29.615	32.671	35.479	38.932	41.401
22	26.039	30.813	33.924	36.781	40.289	42.796
23	27.141	32.007	35.172	38.076	41.638	44.181
24	28.241	33.196	36.415	39.364	42.980	45.559
25	29.339	34.382	37.652	40.646	44.314	46.928
26	30.435	35.563	38.885	41.923	45.642	48.290
27	31.528	36.741	40.113	43.194	46.963	49.645
28	32.620	37.916	41.337	44.461	48.278	50.993
29	33.711	39.087	42.557	45.722	49.588	52.336
30	34.800	40.256	43.773	46.979	50.892	53.672
31	35.887	41.422	44.985	48.232	52.191	55.003
32	36.973	42.585	46.194	49.480	53.486	56.328
33	38.056	43.745	47.400	50.725	54.776	57.648
34	39.141	44.903	48.602	51.966	56.061	58.964
35	40.223	46.059	49.802	53.203	57.342	60.275
36	41.304	47.212	50.998	54.437	58.619	61.581
37	42.383	48.363	52.192	55.668	59.892	62.883
38	43.462	49.513	53.384	56.896	61.162	64.181
39	44.539	50.660	54.572	58.120	62.428	65.476
40	45.616	51.805	55.758	59.342	63.691	66.766
41	46.692	52.949	56.942	60.561	64.950	68.053
42	47.766	54.090	58.124	61.777	66.206	69.336
43	48.840	55.230	59.304	62.990	67.459	70.616
44	49.913	56.369	60.481	64.201	68.710	71.893
45	50.985	57.505	61.656	65.410	69.957	73.166

附表 4　*t* 分布表

$$P\{t(n)>t_\alpha(n)\}=\alpha$$

n	$\alpha=0.25$	$\alpha=0.10$	$\alpha=0.05$	$\alpha=0.025$	$\alpha=0.01$	$\alpha=0.005$
1	1.000 0	3.077 7	6.313 8	12.706 2	31.820 7	63.657 4
2	0.816 5	1.885 6	2.920 0	4.302 4	6.964 6	9.924 8
3	0.764 9	1.637 7	2.353 4	3.182 4	4.540 7	5.840 9
4	0.740 7	1.533 2	2.131 8	2.776 4	3.746 9	4.604 1
5	0.726 7	1.475 9	2.015 0	2.570 6	3.364 9	4.032 2
6	0.717 6	1.439 8	1.943 2	2.446 9	3.142 7	3.707 4
7	0.711 1	1.414 9	1.894 2	2.364 6	2.998 0	3.499 5
8	0.706 4	1.396 8	1.859 5	2.306 0	2.896 5	3.355 4
9	0.702 7	1.383 0	1.833 1	2.262 2	2.821 4	3.249 8
10	0.699 8	1.372 2	1.812 5	2.228 1	2.763 8	3.169 3
11	0.697 4	1.363 4	1.795 9	2.201 0	2.718 1	3.105 8
12	0.695 5	1.356 2	1.782 3	2.178 8	2.681 0	3.054 5
13	0.693 8	1.350 2	1.770 9	2.160 4	2.650 3	3.012 3
14	0.692 4	1.345 0	1.761 3	2.144 8	2.624 5	2.976 8
15	0.691 2	1.340 6	1.753 1	2.131 5	2.602 5	2.946 7
16	0.690 1	1.336 8	1.745 9	2.119 9	2.583 5	2.920 8
17	0.689 2	1.333 4	1.739 6	2.109 8	2.566 9	2.898 2
18	0.688 4	1.330 4	1.734 1	2.100 9	2.552 4	2.878 4
19	0.687 6	1.327 7	1.729 1	2.093 0	2.539 5	2.860 9
20	0.687 0	1.325 3	1.724 7	2.086 0	2.528 0	2.845 3
21	0.686 4	1.323 2	1.720 7	2.079 6	2.517 7	2.831 4
22	0.685 8	1.321 2	1.717 1	2.073 9	2.508 3	2.818 8
23	0.685 3	1.319 5	1.713 9	2.068 9	2.499 9	2.807 3
24	0.684 8	1.317 8	1.710 9	2.063 9	2.492 2	2.796 9
25	0.684 4	1.316 3	1.708 1	2.059 5	2.485 1	2.787 4
26	0.684 0	1.315 0	1.705 6	2.055 5	2.478 6	2.778 7
27	0.683 7	1.313 7	1.703 3	2.051 8	2.472 7	2.770 7
28	0.683 4	1.312 5	1.701 1	2.048 4	2.467 1	2.763 3
29	0.683 0	1.311 4	1.699 1	2.045 2	2.462 0	2.756 4
30	0.682 8	1.310 4	1.697 3	2.042 3	2.457 3	2.750 0
31	0.682 5	1.309 5	1.695 5	2.039 5	2.452 8	2.744 0
32	0.682 2	1.308 6	1.693 9	2.036 9	2.448 7	2.738 5
33	0.682 0	1.307 7	1.692 4	2.034 5	2.444 8	2.733 3
34	0.681 8	1.307 0	1.690 9	2.032 2	2.441 1	2.728 4

续表

n	$\alpha=0.25$	$\alpha=0.10$	$\alpha=0.05$	$\alpha=0.025$	$\alpha=0.01$	$\alpha=0.005$
35	0.681 6	1.306 2	1.689 6	2.030 1	2.437 7	2.723 8
36	0.681 4	1.305 5	1.688 3	2.028 1	2.434 5	2.719 5
37	0.681 2	1.304 9	1.687 1	2.026 2	2.431 4	2.715 4
38	0.681 0	1.304 2	1.686 0	2.024 4	2.428 6	2.711 6
39	0.680 8	1.303 6	1.684 9	2.022 7	2.425 8	2.707 9
40	0.680 7	1.303 1	1.683 9	2.021 1	2.423 3	2.704 5
41	0.680 5	1.302 5	1.682 9	2.019 5	2.420 8	2.701 2
42	0.680 4	1.302 0	1.682 0	2.018 1	2.418 5	2.698 1
43	0.680 2	1.301 6	1.681 1	2.016 7	2.416 3	2.695 1
44	0.680 1	1.301 1	1.680 2	2.015 4	2.414 1	2.692 3
45	0.680 0	1.300 6	1.679 4	2.014 1	2.412 1	2.689 6

附表5 F 分布表

$$P\{F(n_1,n_2)>F_\alpha(n_1,n_2)\}=\alpha$$

									n_1										
n_2	1	2	3	4	5	6	7	8	9	10	12	15	20	24	30	40	60	120	∞
1	39.86	49.50	53.59	55.83	57.24	58.20	58.91	59.44	59.86	60.19	60.71	61.22	61.74	62.00	62.26	62.63	62.79	63.06	63.33
2	8.53	9.00	9.16	9.24	9.29	9.33	9.35	9.37	9.38	9.39	9.41	9.42	9.44	9.45	9.46	9.47	9.47	9.48	9.49
3	5.54	5.46	5.39	5.34	5.31	5.28	5.27	5.25	5.24	5.23	5.22	5.20	5.18	5.18	5.17	5.16	5.15	5.14	5.13
4	4.54	4.32	4.19	4.11	4.05	4.01	3.98	3.95	3.94	3.92	3.90	3.87	3.84	3.83	3.82	3.80	3.79	3.78	4.76
5	4.06	3.78	3.62	3.52	3.45	3.40	3.37	3.34	3.32	3.30	3.27	3.24	3.21	3.19	3.17	3.16	3.14	3.12	3.10
6	3.78	3.46	3.29	3.18	3.11	3.05	3.01	2.98	2.96	2.94	2.90	2.87	2.84	2.82	2.80	2.78	2.76	2.74	2.72
7	3.59	3.26	3.07	2.96	2.88	2.83	2.78	2.75	2.72	2.70	2.67	2.63	2.59	2.58	2.56	2.54	2.51	2.49	2.47
8	3.46	3.11	2.92	2.81	2.73	2.67	2.62	2.59	2.56	2.54	2.50	2.46	2.42	2.40	2.38	2.36	2.34	2.32	2.29
9	3.36	3.01	2.81	2.69	2.61	2.55	2.51	2.47	2.44	2.42	2.38	2.34	2.30	2.28	2.25	2.23	2.21	2.18	2.16
10	3.29	2.92	2.73	2.61	2.52	2.46	2.41	2.38	2.35	2.32	2.28	2.24	2.20	2.18	2.16	2.13	2.11	2.08	2.06
11	3.23	2.86	2.66	2.54	2.45	2.39	2.34	2.30	2.27	2.25	2.21	2.17	2.12	2.10	2.08	2.05	2.03	2.00	1.97
12	3.18	2.81	2.61	2.48	2.39	2.33	2.28	2.24	2.21	2.19	2.15	2.10	2.06	2.04	2.01	1.99	1.96	1.93	1.90
13	3.14	2.76	2.56	2.43	2.35	2.28	2.23	2.20	2.16	2.14	2.10	2.05	2.01	1.98	1.96	1.93	1.90	1.88	1.85
14	3.10	2.73	2.52	2.39	2.31	2.24	2.19	2.15	2.12	2.10	2.05	2.01	1.96	1.94	1.91	1.89	1.86	1.83	1.80
15	3.07	2.70	2.49	2.36	2.27	2.21	2.16	2.12	2.09	2.06	2.02	1.97	1.92	1.90	1.87	1.85	1.82	1.79	1.76
16	3.05	2.67	2.46	2.33	2.24	2.18	2.13	2.09	2.06	2.03	1.99	1.94	1.89	1.87	1.84	1.81	1.78	1.75	1.72
17	3.03	2.64	2.44	2.31	2.22	2.15	2.10	2.06	2.03	2.00	1.96	1.91	1.86	1.84	1.81	1.78	1.75	1.72	1.69
18	3.01	2.62	2.42	2.29	2.20	2.13	2.08	2.04	2.00	1.98	1.93	1.89	1.84	1.81	1.78	1.75	1.72	1.69	1.66
19	2.99	2.61	2.40	2.27	2.18	2.11	2.06	2.02	1.98	1.96	1.91	1.86	1.81	1.79	1.76	1.73	1.70	1.67	1.63
20	2.97	2.59	2.38	2.25	2.16	2.09	2.04	2.00	1.96	1.94	1.89	1.84	1.79	1.77	1.74	1.71	1.68	1.64	1.61
21	2.96	2.57	2.36	2.23	2.14	2.08	2.02	1.98	1.95	1.92	1.87	1.83	1.78	1.75	1.72	1.69	1.66	4.62	1.59
22	2.95	2.56	2.35	2.22	2.13	2.06	2.01	1.97	1.93	1.90	1.86	1.81	1.76	1.73	1.70	1.67	1.64	1.60	1.57
23	2.94	2.55	2.34	2.21	2.11	2.05	1.99	1.95	1.92	1.89	1.84	1.80	1.74	1.72	1.69	1.66	1.62	1.59	1.55
24	2.93	2.54	2.33	2.19	2.10	2.04	1.98	1.94	1.91	1.88	1.83	1.78	1.73	1.70	1.67	1.64	1.61	1.57	1.53
25	2.92	2.53	2.32	2.18	2.09	2.02	1.97	1.93	1.89	1.87	1.82	1.77	1.72	1.69	1.66	1.63	1.59	1.56	1.52
26	2.91	2.52	2.31	2.17	2.08	2.01	1.96	1.92	1.88	1.86	1.81	1.76	1.71	1.68	1.65	1.61	1.58	1.54	1.50
27	2.90	2.51	2.30	2.17	2.07	2.00	1.95	1.91	1.87	1.85	1.80	1.75	1.70	1.67	1.64	1.60	1.57	1.53	1.49
28	2.89	2.50	2.29	2.16	2.06	2.00	1.94	1.90	1.87	1.84	1.79	1.74	1.69	1.66	1.63	1.59	1.56	1.52	1.48
29	2.89	2.50	2.28	2.15	2.06	1.99	1.93	1.89	1.86	1.83	1.78	1.73	1.68	1.65	1.62	1.58	1.55	1.51	1.47
30	2.88	2.49	2.28	2.14	2.05	1.98	1.93	1.88	1.85	1.82	1.77	1.72	1.67	1.64	1.61	1.57	1.54	1.50	1.46
40	2.84	2.44	2.23	2.09	2.00	1.93	1.87	1.83	1.79	1.76	1.71	1.66	1.61	1.57	1.54	1.51	1.47	1.42	1.38
60	2.79	2.39	2.18	2.04	1.95	1.87	1.82	1.77	1.74	1.71	1.66	1.60	1.54	1.51	1.48	1.44	1.40	1.35	1.29
120	2.75	2.35	2.13	1.99	1.90	1.82	1.77	1.72	1.68	1.65	1.60	1.55	1.48	1.45	1.41	1.37	1.32	1.26	1.19
∞	2.71	2.30	2.08	1.94	1.85	1.77	1.72	1.67	1.63	1.60	1.55	1.49	1.42	1.38	1.34	1.30	1.24	1.17	1.00

n_2	$\alpha=0.05$																		
	n_1																		
	1	2	3	4	5	6	7	8	9	10	12	15	20	24	30	40	60	120	∞
1	161.4	199.5	215.7	224.6	230.2	234.0	236.8	238.9	240.5	241.9	243.9	245.9	248.0	249.1	250.1	251.1	252.2	253.3	254.3
2	18.51	19.00	19.16	19.25	19.30	19.33	19.35	19.37	19.38	19.40	19.41	19.43	19.45	19.45	19.46	19.47	19.48	19.49	19.50
3	10.13	9.55	9.28	9.12	9.01	8.94	8.89	8.85	8.81	8.79	8.74	8.70	8.66	8.64	8.62	8.59	8.57	8.55	8.53
4	7.71	6.94	6.59	6.39	6.26	6.16	6.09	6.04	6.00	5.96	5.91	5.86	5.80	5.77	5.75	5.72	5.69	5.66	5.63
5	6.61	5.79	5.41	5.19	5.05	4.95	4.88	4.82	4.77	4.74	4.68	4.62	4.56	4.53	4.50	4.46	4.43	4.40	4.36
6	5.99	5.14	4.76	4.53	4.39	4.28	4.21	4.15	4.10	4.06	4.00	3.94	3.87	3.84	3.81	3.77	3.74	3.70	3.67
7	5.59	4.74	4.35	4.12	3.97	3.87	3.79	3.73	3.68	3.64	3.57	3.51	3.44	3.41	3.38	3.34	3.30	3.27	3.23
8	5.32	4.46	4.07	3.84	3.69	3.58	3.50	3.44	3.39	3.35	3.28	3.22	3.15	3.12	3.08	3.04	3.01	2.97	2.93
9	5.12	4.26	3.86	3.63	3.48	3.37	3.29	3.23	3.18	3.14	3.07	3.01	2.94	2.90	2.86	2.83	2.79	2.75	2.71
10	4.96	4.10	3.71	3.48	3.33	3.22	3.14	3.07	3.02	2.98	2.91	2.85	2.77	2.74	2.70	2.66	2.62	2.58	2.54
11	4.84	3.98	3.59	3.36	3.20	3.09	3.01	2.95	2.90	2.85	2.79	2.72	2.65	2.61	2.57	2.53	2.49	2.45	2.40
12	4.75	3.89	3.49	3.26	3.11	3.00	2.91	2.85	2.80	2.75	2.69	2.62	2.54	2.51	2.47	2.43	2.38	2.34	2.30
13	4.67	3.81	3.41	3.18	3.03	2.92	2.83	2.77	2.71	2.67	2.60	2.53	2.46	2.42	2.38	2.34	2.30	2.25	2.21
14	4.60	3.74	3.34	3.11	2.96	2.85	2.76	2.70	2.65	2.60	2.53	2.46	2.39	2.35	2.31	2.27	2.22	2.18	2.13
15	4.54	3.68	3.29	3.06	2.90	2.79	2.71	2.64	2.59	2.54	2.48	2.40	2.33	2.29	2.25	2.20	2.16	2.11	2.07
16	4.49	3.63	3.24	3.01	2.85	2.74	2.66	2.59	2.54	2.49	2.42	2.35	2.28	2.24	2.19	2.15	2.11	2.06	2.01
17	4.45	3.59	3.20	2.96	2.81	2.70	2.61	2.55	2.49	2.45	2.38	2.31	2.23	2.19	2.15	2.10	2.06	2.01	1.96
18	4.41	3.55	3.16	2.93	2.77	2.66	2.58	2.51	2.46	2.41	2.34	2.27	2.19	2.15	2.11	2.06	2.02	1.97	1.92
19	4.38	3.52	3.13	2.90	2.74	2.63	2.54	2.48	2.42	2.38	2.31	2.23	2.16	2.11	2.07	2.03	1.98	1.93	1.88
20	4.35	3.49	3.10	2.87	2.71	2.60	2.51	2.45	2.39	2.35	2.28	2.20	2.12	2.08	2.04	1.99	1.95	1.90	1.84
21	4.32	3.47	3.07	2.84	2.68	2.57	2.49	2.42	2.37	2.32	2.25	2.18	2.10	2.05	2.01	1.96	1.92	1.87	1.81
22	4.30	3.44	3.05	2.82	2.66	2.55	2.46	2.40	2.34	2.30	2.23	2.15	2.07	2.03	1.98	1.94	1.89	1.84	1.78
23	4.28	3.42	3.03	2.80	2.64	2.53	2.44	2.37	2.32	2.27	2.20	2.13	2.05	2.01	1.96	1.91	1.86	1.81	1.76
24	4.26	3.40	3.01	2.78	2.62	2.51	2.42	2.36	2.30	2.25	2.18	2.11	2.03	1.98	1.94	1.89	1.84	1.79	1.73
25	4.24	3.39	2.99	2.76	2.60	2.49	2.40	2.34	2.28	2.24	2.16	2.09	2.01	1.96	1.92	1.87	1.82	1.77	1.71
26	4.23	3.37	2.98	2.74	2.59	2.47	2.39	2.32	2.27	2.22	2.15	2.07	1.99	1.95	1.90	1.85	1.80	1.75	1.69
27	4.21	3.35	2.96	2.73	2.57	2.46	2.37	2.31	2.25	2.20	2.13	2.06	1.97	1.93	1.88	1.84	1.79	1.73	1.67
28	4.20	3.34	2.95	2.71	2.56	2.45	2.36	2.29	2.24	2.19	2.12	2.04	1.96	1.91	1.87	1.82	1.77	1.71	1.65
29	4.18	3.33	2.93	2.70	2.55	2.43	2.35	2.28	2.22	2.18	2.10	2.03	1.94	1.90	1.85	1.81	1.75	1.70	1.64
30	4.17	3.32	2.92	2.69	2.53	2.42	2.33	2.27	2.21	2.16	2.09	2.01	1.93	1.89	1.84	1.79	1.74	1.68	1.62
40	4.08	3.23	2.84	2.61	2.45	2.34	2.25	2.18	2.12	2.08	2.00	1.92	1.84	1.79	1.74	1.69	1.64	1.58	1.51
60	4.00	3.15	2.76	2.53	2.37	2.25	2.17	2.10	2.04	1.99	1.92	1.84	1.75	1.70	1.65	1.59	1.53	1.47	1.39
120	3.92	3.07	2.68	2.45	2.29	2.17	2.09	2.02	1.96	1.91	1.83	1.75	1.66	1.61	1.55	1.50	1.43	1.45	1.25
∞	3.84	3.00	2.60	2.37	2.21	2.10	2.01	1.94	1.88	1.83	1.75	1.67	1.57	1.52	1.46	1.39	1.32	1.22	1.00

续表

	n_1																		
	$\alpha=0.025$																		
n_2	1	2	3	4	5	6	7	8	9	10	12	15	20	24	30	40	60	120	∞
1	647.8	799.5	864.2	899.6	921.8	937.1	948.2	956.7	963.3	368.6	976.7	984.9	993.1	997.2	1001	1006	1010	1014	1018
2	38.51	39.00	39.17	39.25	39.30	39.33	39.36	39.37	39.39	39.39	39.41	39.43	39.45	39.46	39.46	39.47	39.48	39.49	39.50
3	17.44	16.04	15.44	15.10	14.88	14.73	14.62	14.54	14.47	14.42	14.34	14.25	14.17	14.12	14.08	14.04	13.99	13.95	13.90
4	12.22	10.65	9.98	9.60	9.36	9.20	9.07	8.98	8.90	8.84	8.75	8.66	8.56	8.51	8.46	8.41	8.36	8.31	8.26
5	10.01	8.43	7.76	7.39	7.15	6.98	6.85	6.76	6.68	6.62	6.52	6.43	6.33	6.28	6.23	6.18	6.12	6.07	6.02
6	8.81	7.26	6.60	6.23	5.99	5.82	5.70	5.60	5.52	5.46	5.37	5.27	5.17	5.12	5.07	5.01	4.96	4.90	4.85
7	8.07	6.54	5.89	5.52	5.29	5.12	4.99	4.90	4.82	4.76	4.67	4.57	4.47	4.42	4.36	4.31	4.25	4.20	4.14
8	7.57	6.06	5.42	5.05	4.82	4.65	4.53	4.43	4.36	4.30	4.20	4.10	4.00	3.95	3.89	3.84	3.78	3.73	3.67
9	7.21	5.71	5.08	4.72	4.48	4.23	4.20	4.10	4.03	3.96	3.87	3.77	3.67	3.61	3.56	3.51	3.45	3.39	3.33
10	6.94	5.46	4.83	4.47	4.24	4.07	3.95	3.85	3.78	3.72	3.62	3.52	3.42	3.37	3.31	3.26	3.20	3.14	3.08
11	6.72	5.26	4.63	4.28	4.04	3.88	3.76	3.66	3.59	3.53	6.43	3.33	3.23	3.17	3.12	3.06	3.00	2.94	2.88
12	6.55	5.10	4.47	4.12	3.89	3.73	3.61	3.51	3.44	3.37	3.28	3.18	3.07	3.02	2.96	2.91	2.85	2.79	2.72
13	6.41	4.97	4.35	4.00	3.77	3.60	3.48	3.39	3.31	3.25	3.15	3.05	2.95	2.89	2.84	2.78	2.72	2.66	2.60
14	6.30	4.86	4.24	3.89	3.66	3.50	3.38	3.29	3.21	3.15	3.05	2.95	2.84	2.79	2.73	2.67	2.61	2.55	2.49
15	6.20	4.77	4.15	3.80	3.58	3.41	3.29	3.20	3.12	3.06	2.96	2.86	2.76	2.70	2.64	2.59	2.52	2.46	2.40
16	6.12	4.69	4.08	3.73	3.50	3.34	3.22	3.12	3.05	2.99	2.89	2.79	2.68	2.63	2.57	2.51	2.45	2.38	2.32
17	6.04	4.62	4.01	3.66	3.44	3.28	3.16	3.06	2.98	2.92	2.82	2.72	2.62	2.56	2.50	2.44	2.38	2.32	2.25
18	5.98	4.56	3.95	3.61	3.38	3.22	3.10	3.01	2.93	2.87	2.77	2.67	2.56	2.50	2.44	2.38	2.32	2.26	2.19
19	5.92	4.51	3.90	3.56	3.33	3.17	3.05	2.96	2.88	2.82	2.72	2.62	2.51	2.45	2.39	2.33	2.27	2.20	2.13
20	5.87	4.46	3.86	3.51	3.29	3.13	3.01	2.91	2.84	2.77	2.68	2.57	2.46	2.41	2.35	2.29	2.22	2.16	2.09
21	5.83	4.42	3.82	3.48	3.25	3.09	2.97	2.87	2.80	2.73	2.64	2.53	2.42	2.37	2.31	2.25	2.18	2.11	2.04
22	5.79	4.38	3.78	3.44	3.22	3.05	2.93	2.84	2.76	2.70	2.60	2.50	2.39	2.33	2.27	2.21	2.14	2.08	2.00
23	5.75	4.35	3.75	3.41	3.18	3.02	2.90	2.81	2.73	2.67	2.57	2.47	2.36	2.30	2.24	2.18	2.11	2.04	1.97
24	5.72	4.32	3.72	3.38	3.15	2.99	2.87	2.78	2.70	2.64	2.54	2.44	2.33	2.27	2.21	2.15	2.08	2.01	1.94
25	5.69	4.29	3.69	3.35	3.13	2.97	2.85	2.75	2.68	2.61	2.51	2.41	2.30	2.24	2.18	2.12	2.05	1.98	1.91
26	5.66	4.27	3.67	3.33	3.10	2.94	2.82	2.73	2.65	2.59	2.49	2.39	2.28	2.22	2.16	2.09	2.03	1.95	1.88
27	5.63	4.24	3.65	3.31	3.08	2.92	2.80	2.71	2.63	2.57	2.47	2.36	2.25	2.19	2.13	2.07	2.00	1.93	1.85
28	5.61	4.22	3.63	3.29	3.06	2.90	2.78	2.69	2.61	2.55	2.45	2.34	2.23	2.17	2.11	2.05	1.98	1.91	1.83
29	5.59	4.20	3.61	3.27	3.04	2.88	2.76	2.67	2.59	2.53	2.43	2.32	2.21	2.15	2.09	2.03	1.96	1.89	1.81
30	5.57	4.18	3.59	3.25	3.03	2.87	2.75	2.65	2.57	2.51	2.41	2.31	2.20	2.14	2.07	2.01	1.94	1.87	1.79
40	5.42	4.05	3.46	3.13	2.90	2.74	2.62	2.53	2.45	2.39	2.29	2.18	2.07	2.01	1.94	1.88	1.80	1.72	1.64
60	5.29	3.93	3.34	3.01	2.79	2.63	2.51	2.41	2.33	2.27	2.17	2.06	1.94	1.88	1.82	1.74	1.67	1.58	1.48
120	5.15	3.80	3.23	2.89	2.67	2.52	2.39	2.30	2.22	2.16	2.05	1.94	1.82	1.76	1.69	1.61	1.53	1.43	1.31
∞	5.02	3.69	3.12	2.79	2.57	2.41	2.29	2.19	2.11	2.05	1.94	1.83	1.71	1.64	1.57	1.48	1.39	1.27	1.00

续表

n_2	\multicolumn{19}{c}{$\alpha=0.01$}
	\multicolumn{19}{c}{n_1}
	1	2	3	4	5	6	7	8	9	10	12	15	20	24	30	40	60	120	∞
1	4052	4999.5	5403	5625	5764	5859	5928	5982	6022	6056	6106	6157	6209	6235	6261	6287	6313	6339	6366
2	98.50	99.00	99.17	99.25	99.30	99.33	99.36	99.37	99.39	99.40	99.45	99.43	99.45	99.46	99.47	99.47	99.48	99.49	99.50
3	34.12	30.82	29.46	28.71	28.24	27.91	27.67	27.49	27.35	27.23	26.69	26.87	26.69	26.60	26.50	26.41	26.32	26.22	26.13
4	21.20	18.00	16.69	15.98	15.52	15.21	14.98	14.80	14.66	14.55	14.02	14.20	14.02	13.93	13.84	13.75	13.65	13.56	13.46
5	16.26	13.27	12.06	11.39	10.97	10.67	10.46	10.29	10.16	10.05	9.89	9.72	9.55	9.47	9.38	9.29	9.20	9.11	9.02
6	13.75	10.92	9.78	9.15	8.75	8.47	8.26	8.10	7.98	7.87	7.72	7.56	7.40	7.31	7.23	7.14	7.06	6.97	6.88
7	12.25	9.55	8.45	7.85	7.46	7.19	6.99	6.84	6.72	6.62	6.47	6.31	6.16	6.07	5.99	5.91	5.82	5.74	5.65
8	11.26	8.65	7.59	7.01	6.63	6.37	6.18	6.03	5.91	5.81	5.67	5.52	5.36	5.28	5.20	5.12	5.03	4.95	4.86
9	10.56	8.02	6.99	6.42	6.06	5.80	5.61	5.47	5.35	5.26	5.11	4.96	4.81	4.73	4.65	4.57	4.48	4.40	4.31
10	10.04	7.56	6.55	5.99	5.64	5.39	5.20	5.06	4.94	4.85	4.71	4.56	4.41	4.33	4.25	4.17	4.08	4.00	3.91
11	9.65	7.21	6.22	5.67	5.32	5.07	4.89	4.74	4.63	4.54	4.40	4.25	4.10	4.02	3.94	3.86	3.78	3.69	3.60
12	9.33	6.93	5.95	5.41	5.06	4.82	4.64	4.50	4.39	4.30	4.16	4.01	3.86	3.78	3.70	3.62	3.54	3.45	3.36
13	9.07	6.70	5.74	5.21	4.86	4.62	4.44	4.30	4.19	4.10	3.96	3.82	3.66	3.59	3.51	3.43	3.34	3.25	3.17
14	8.86	6.51	5.56	5.04	4.69	4.46	4.28	4.14	4.03	3.94	3.80	3.66	3.51	3.43	3.35	3.27	3.18	3.09	3.00
15	8.68	6.36	5.42	4.89	4.56	4.32	4.14	4.00	3.89	3.80	3.67	3.52	3.37	3.29	3.21	3.13	3.05	2.96	2.87
16	8.53	6.23	5.29	4.77	4.44	4.20	4.03	3.89	3.78	3.69	3.55	3.41	3.26	3.18	3.10	3.02	2.93	2.84	2.75
17	8.40	6.11	5.18	4.67	4.34	4.10	3.93	3.79	3.68	3.59	3.46	3.31	3.16	3.08	3.00	2.92	2.83	2.75	2.65
18	8.29	6.01	5.09	4.58	4.25	4.01	3.84	3.71	3.60	3.51	3.37	3.23	3.08	3.00	2.92	2.84	2.75	2.66	2.57
19	8.18	5.93	5.01	4.50	4.17	3.94	3.77	3.63	3.52	3.43	3.30	3.15	3.00	2.92	2.84	2.76	2.67	2.58	2.49
20	8.10	5.85	4.94	4.43	4.10	3.87	3.70	3.56	3.46	3.37	3.23	3.09	2.94	2.86	2.78	2.69	2.61	2.52	2.42
21	8.02	5.78	4.87	4.37	4.04	3.81	3.64	3.51	3.40	3.31	3.17	3.03	2.88	2.80	2.72	2.64	2.55	2.46	2.36
22	7.95	5.72	4.82	4.31	3.99	3.76	3.59	3.45	3.35	3.26	3.12	2.98	2.83	2.75	2.67	2.58	2.50	2.40	2.31
23	7.88	5.66	4.76	4.26	3.94	3.71	3.54	3.41	3.30	3.21	3.07	2.93	2.78	2.70	2.62	2.54	2.45	2.35	2.26
24	7.82	5.61	4.72	4.22	3.90	3.67	3.50	3.36	3.26	3.17	3.03	2.89	2.74	2.66	2.58	2.49	2.40	2.31	2.21
25	7.77	5.57	4.68	4.18	3.85	3.63	3.46	3.32	3.22	3.13	2.99	2.85	2.70	2.62	2.54	2.45	2.36	2.27	2.17
26	7.72	5.53	4.64	4.14	3.82	3.59	3.42	3.29	3.18	3.09	2.96	2.81	2.66	2.58	2.50	2.42	2.33	2.23	2.13
27	7.68	5.49	4.60	4.11	3.78	3.56	3.39	3.26	3.15	3.06	2.93	2.78	2.63	2.55	2.47	2.38	2.29	2.20	2.10
28	7.64	5.45	4.57	4.07	3.75	3.53	3.36	3.23	3.12	3.03	2.90	2.75	2.60	2.52	2.44	2.35	2.26	2.17	2.06
29	7.60	5.42	4.54	4.04	3.73	3.50	3.33	3.20	3.09	3.00	2.87	2.73	2.57	2.49	2.41	2.33	2.23	2.14	2.03
30	7.56	5.39	4.51	4.02	3.70	3.47	3.30	3.17	3.07	2.98	2.84	2.70	2.55	2.47	2.39	2.30	2.21	2.11	2.01
40	7.31	5.18	4.31	3.83	3.51	3.29	3.12	2.99	2.89	2.80	2.66	2.52	2.37	2.29	2.20	2.11	2.02	1.92	1.80
60	7.08	4.98	4.13	3.65	3.34	3.12	2.95	2.82	2.72	2.63	2.50	2.35	2.20	2.12	2.03	1.94	1.84	1.73	1.60
120	6.85	4.79	3.95	3.48	3.17	2.96	2.79	2.66	2.56	2.47	2.34	2.19	2.03	1.95	1.86	1.76	1.66	1.53	1.38
∞	6.63	4.61	3.78	3.32	3.02	2.80	2.64	2.51	2.41	2.32	2.18	2.04	1.88	1.79	1.70	1.59	1.47	1.32	1.00

参考答案

第一章

习题 1-1

1. (1) $S=\{$及格,不及格$\}$；(2) $S=\{0,1,2\}$；(3) $S=\{0,1,2,\cdots,100\}$；

(4) $S=\{0,1,2,\cdots\}$；(5) $S=\{x\,|\,0\leqslant x\leqslant 100\}$；(6) $S=\{t\,|\,t\geqslant 0\}$.

2. (1) $A_1A_2\overline{A_3}\,\overline{A_4}\bigcup A_1\overline{A_2}A_3\overline{A_4}\bigcup A_1\overline{A_2}\,\overline{A_3}A_4\bigcup\overline{A_1}A_2A_3\overline{A_4}\bigcup\overline{A_1}A_2\,\overline{A_3}A_4\bigcup\overline{A_1}\,\overline{A_2}A_3A_4$；

(2) $\overline{A_1}\,\overline{A_2}\,\overline{A_3}\,\overline{A_4}$；(3) $\overline{A_1}A_2A_3A_4\bigcup A_1\overline{A_2}A_3A_4\bigcup A_1A_2\overline{A_3}A_4\bigcup A_1A_2A_3\overline{A_4}\bigcup A_1A_2A_3A_4=A_1A_2A_3\bigcup$

$A_1A_2A_4\bigcup A_1A_3A_4\bigcup A_2A_3A_4$；

(4) $\overline{A_1A_2A_3A_4}=\overline{A_1}\bigcup\overline{A_2}\bigcup\overline{A_3}\bigcup\overline{A_4}$.

习题 1-2

1. $P(\overline{A})=0.8,P(A\bigcup B)=0.3,P(AB)=0.2,P(\overline{A}B)=0.1,P(\overline{A}\,\overline{B})=0.7,P(B-A)=0.1$,

$P(A-B)=0$. **2.** $P(B-A)=0.3,P(A-B)=0.1$. **3.** $0,\dfrac{7}{8}$.

习题 1-3

1. (1) $\dfrac{1}{12}$；(2) $\dfrac{1}{20}$. **2.** (1) $\dfrac{5}{14}$；(2) $\dfrac{15}{28}$；(3) $\dfrac{15}{56}$. **3.** (1) 0.88；(2) 0.12；(3) 0.28；(4) 0.65；

(5) 0.1；(6) 0.18.

习题 1-4

1. $P(AB)=\dfrac{1}{12},P(A\bigcup B)=\dfrac{1}{3}$. **2.** $\dfrac{1}{3}$. **3.** $\dfrac{893}{990}\approx 0.9$. **4.** $\dfrac{8}{35}\approx 0.228\,6$. **5.** (1) 0.035；

(2) $\dfrac{18}{35}\approx 0.514\,3$.

习题 1-5

1. 0.855. **2.** (1) 0.72；(2) 0.98. **3.** $\dfrac{40}{47}\approx 0.851\,1$. **4.** (1) 0.552；(2) 0.012；(3) 0.328.

5. (1) 0.5；(2) $\dfrac{5}{6}\approx 0.833\,3$；(3) 0.9.

总习题一

一、选择题

1. D **2.** B **3.** C **4.** B **5.** D **6.** C **7.** D **8.** D **9.** B **10.** D

二、填空题

1. 0.6 **2.** $\dfrac{5}{6}$ **3.** $\dfrac{27}{64}$ **4.** $\dfrac{1}{4}$ **5.** 0.92 **6.** $\dfrac{3}{5}$ **7.** $\dfrac{2}{35}$ **8.** 0.5 **9.** 0.4 **10.** $\dfrac{243}{256}$

三、计算题

1. (1) $S=\{3,4,5,6,\cdots,18\}$; (2) $S=\{3,4,5,6,\cdots\}$; (3) $S=\{2,3,4,5\}$ **2.** (1) $A_1\,\overline{A_2}\,\overline{A_3}$;

(2) $A_1\,\overline{A_2}\,\overline{A_3}\bigcup\overline{A_1}A_2\,\overline{A_3}\bigcup\overline{A_1}\,\overline{A_2}A_3$; (3) $A_1\bigcup A_2\bigcup A_3$; (4) $\overline{A_1}\,\overline{A_2}\,\overline{A_3}\bigcup A_1\,\overline{A_2}\,\overline{A_3}\bigcup\overline{A_1}A_2\,\overline{A_3}\bigcup\overline{A_1}\,\overline{A_2}A_3$.

3. (1) $P(A\bigcup B)=0.8$; (2) $P(A\bigcup\overline{B})=0.8$; (3) $P(B\overline{A})=0.2$.   **4.** $\dfrac{1}{12}$.   **5.** $\dfrac{3}{44}$.   **6.** $\dfrac{1}{35}$.

7. (1) 0.106; (2) $\dfrac{10}{53}\approx0.188\ 7$.   **8.** 0.104.   **9.** 3.   **10.** $\dfrac{4}{19}$.

第二章

习题 2-2

1. $\dfrac{1}{3}$.   **2.** $P\{X=3\}=\dfrac{C_3^3}{C_5^3}=\dfrac{1}{10}$, $P\{X=4\}=\dfrac{C_3^2}{C_5^3}=\dfrac{3}{10}$, $P\{X=5\}=\dfrac{C_4^2}{C_5^3}=\dfrac{6}{10}=\dfrac{3}{5}$.

3.

X	0	1	2	3
p_k	0.729	0.243	0.027	0.001

4. $\dfrac{81}{125}$.   **5.** $\dfrac{1-\ln 2}{2}$.   **6.** 0.004 679.

习题 2-3

1. (1) $F(x)=\begin{cases}0, & x<1,\\ 0.2, & 1\leqslant x<2,\\ 0.5, & 2\leqslant x<3,\\ 1, & x\geqslant3;\end{cases}$ (2) $F\left(\dfrac{5}{2}\right)=0.5$; (3) $P\{X>2\}=0.5$; $P\left\{\dfrac{3}{2}<X\leqslant7\right\}=0.8$.

2. 2.

3.

X	1	2	3	4
p_k	$\dfrac{7}{10}$	$\dfrac{7}{30}$	$\dfrac{7}{120}$	$\dfrac{1}{120}$

$$F(x)=\begin{cases}0, & x<1,\\[2pt] \dfrac{7}{10}, & 1\leqslant x<2,\\[2pt] \dfrac{14}{15}, & 2\leqslant x<3,\\[2pt] \dfrac{119}{120}, & 3\leqslant x<4,\\[2pt] 1, & x\geqslant4.\end{cases}$$

4.

X	0	1	3	6
p_k	$\dfrac{1}{4}$	$\dfrac{1}{12}$	$\dfrac{1}{6}$	$\dfrac{1}{2}$

$$P\{X<3\}=\dfrac{1}{3};\ P\{X\leqslant3\}=\dfrac{1}{2};\ P\{X>1\}=\dfrac{2}{3};\ P\{X\geqslant1\}=\dfrac{3}{4}.$$

5.
$$P\{X\leqslant 0.5\}=0.75;P\{0.2\leqslant X\leqslant 2\}=0.25.$$

$$F(x)=\begin{cases}0, & x<-1,\\ 0.25, & -1\leqslant x<0,\\ 0.75, & 0\leqslant x<1,\\ 1, & x\geqslant 1.\end{cases}$$

习题 2-4

1. $A=1,f(x)=\begin{cases}2x, & 0\leqslant x<1,\\ 0, & 其他.\end{cases}$　**2.** (1) $f(x)=F'(x)=\begin{cases}0.4\mathrm{e}^{-0.4x}, & x>0,\\ 0, & x\leqslant 0;\end{cases}$

(2) $P\{X\leqslant 3\}=1-\mathrm{e}^{-1.2}$; (3) $P\{3<X\leqslant 4\}=\mathrm{e}^{-1.2}-\mathrm{e}^{-1.6}$.　**3.** (1) $a=-1,b=2$;

(2) $P\left\{\dfrac{1}{2}<X<\dfrac{3}{2}\right\}=\dfrac{3}{4}$; (3) $F(x)=\int_{-\infty}^{x}f(t)\mathrm{d}t=\begin{cases}0, & x\leqslant 0,\\ \dfrac{1}{2}x^2, & 0<x\leqslant 1,\\ -\dfrac{1}{2}x^2+2x-1, & 1<x\leqslant 2,\\ 1, & x>2.\end{cases}$

4. (1) $P\{-4<X<3.5\}=0.838\,3$; (2) $P\{X>2\}=0.401\,3$.　**5.** 184 cm.

习题 2-5

1.

Y	0	1	4	9
p_k	$\dfrac{1}{5}$	$\dfrac{7}{30}$	$\dfrac{1}{5}$	$\dfrac{11}{30}$

2.

Y	3	1	-1	-3	-9
p_k	0.1	0.2	0.4	0.2	0.1

3. $f_Y(y)=\begin{cases}\dfrac{1}{3}, & 1<y<4,\\ 0, & 其他.\end{cases}$　**4.** $f_Y(y)=\begin{cases}\dfrac{1}{y\sqrt{2\pi}}\mathrm{e}^{-\frac{(\ln y)^2}{2}}, & y>0,\\ 0, & 其他.\end{cases}$

总习题二

一、选择题

1. D　**2.** A　**3.** A　**4.** B　**5.** B　**6.** C　**7.** D　**8.** B　**9.** A　**10.** A　**11.** D　**12.** A　**13.** A　**14.** C
15. C　**16.** B　**17.** B　**18.** A　**19.** A　**20.** D

二、填空题

1. 0.1　**2.** $\dfrac{1}{3}$　**3.** $2\sqrt{3}$　**4.** $\dfrac{11}{16}$　**5.** $\dfrac{1}{27}$　**6.** $\dfrac{16}{25}$　**7.** 0.977 3　**8.** $\dfrac{1}{2\pi},\dfrac{1}{4}$　**9.** 1

10. $f_Y(y)=\begin{cases}\dfrac{y-1}{18}, & 1<y<7,\\ 0, & 其他\end{cases}$

三、计算题

1.

X	0	1	2	3
p_k	$\dfrac{7}{10}$	$\dfrac{7}{30}$	$\dfrac{7}{120}$	$\dfrac{1}{120}$

2.

X	1	2	3	4
p_k	$\dfrac{1}{2}$	$\dfrac{3}{10}$	$\dfrac{3}{20}$	$\dfrac{1}{20}$

$$P\{2<X\leqslant 5\}=\frac{1}{5}.$$

3. (1) 0.029 770；(2) 0.021 363.　**4.** (1) 100；(2) $\dfrac{19}{27}$.　**5.** (1) 2；(2) $P\{0.3<X<0.7\}=0.4$，

$P\{-1<X<0.5\}=0.25$.　**6.** (1) $P\{X\leqslant 2\}=1-\mathrm{e}^{-2}$，$P\{X>3\}=\mathrm{e}^{-3}$，$P\{-1\leqslant X<3\}=1-\mathrm{e}^{-3}$；

(2) $f(x)=\begin{cases}\mathrm{e}^{-x}, & x\geqslant 0,\\ 0, & x<0.\end{cases}$　**7.** (1) $P\{2<x\leqslant 5\}=0.532\,8$；(2) $P\{-1<x<7\}=0.954\,6$；

(3) $P\{|x|>2\}=0.697\,7$；(4) $P\{x>-1\}=0.977\,3$.

8. (1) 0.493 1；(2) 0.869 8.　**9.** (1) 0.866 5；(2) 符合.

10. (1) $f_Y(y)=\begin{cases}\dfrac{3}{8}(1-y)^2, & -1\leqslant y\leqslant 1,\\ 0, & 其他.\end{cases}$　(2) $f_Z(z)=\begin{cases}\dfrac{3}{2}z^{\frac{1}{2}}, & 0\leqslant z\leqslant 1,\\ 0, & 其他.\end{cases}$

第三章

习题 3-1

1. $a=\dfrac{1}{3}$.

2. X 和 Y 的联合分布律如下表所示.

Y	\multicolumn{4}{c}{X}
	0	1	2	3
0	0	0	$\dfrac{3}{35}$	$\dfrac{2}{35}$
1	0	$\dfrac{6}{35}$	$\dfrac{12}{35}$	$\dfrac{2}{35}$
2	$\dfrac{1}{35}$	$\dfrac{6}{35}$	$\dfrac{3}{35}$	0

3. (1) $F(x,y)=\begin{cases}(1-\mathrm{e}^{-3x})(1-\mathrm{e}^{-4y}), & x>0,y>0,\\ 0, & 其他；\end{cases}$

(2) $P\{0<X\leqslant 1,0<Y\leqslant 2\}=(1-\mathrm{e}^{-3})(1-\mathrm{e}^{-8})$.

习题 3-2

1. (1) X 和 Y 的联合分布律如下表所示.

Y	X			
	1	2	3	4
1	$\dfrac{1}{4}$	$\dfrac{1}{8}$	$\dfrac{1}{12}$	$\dfrac{1}{16}$
2	0	$\dfrac{1}{8}$	$\dfrac{1}{12}$	$\dfrac{1}{16}$
3	0	0	$\dfrac{1}{12}$	$\dfrac{1}{16}$
4	0	0	0	$\dfrac{1}{16}$

(2) (X,Y) 关于 X 和关于 Y 的边缘分布律如下表所示.

X	1	2	3	4
p_i.	$\dfrac{1}{4}$	$\dfrac{1}{4}$	$\dfrac{1}{4}$	$\dfrac{1}{4}$

Y	1	2	3	4
$p._j$	$\dfrac{25}{48}$	$\dfrac{13}{48}$	$\dfrac{7}{48}$	$\dfrac{3}{48}$

2.

X_2	X_1		
	0	1	$p._j$
0	$\dfrac{1}{3}$	$\dfrac{1}{3}$	$\dfrac{2}{3}$
1	0	$\dfrac{1}{3}$	$\dfrac{1}{3}$
p_i.	$\dfrac{1}{3}$	$\dfrac{2}{3}$	1

3. (1) $f_X(x)=\begin{cases} \mathrm{e}^{-x}, & x>0, \\ 0, & x\leqslant 0; \end{cases}$ (2) $P\{X+Y\leqslant 1\}=1-\dfrac{2}{\mathrm{e}^{0.5}}+\dfrac{1}{\mathrm{e}}$.

习题 3-3

1. 在 $X=1$ 的条件下,Y 的条件分布如下表示.

$Y=k$	0	1	2
$P\{Y=k\mid X=1\}$	0	$\dfrac{1}{4}$	$\dfrac{3}{4}$

2. 当 $0<x<1$ 时,$f_{Y\mid X}(y\mid x)=\dfrac{f(x,y)}{f_X(x)}=\begin{cases} \dfrac{1}{2x}, & |y|<x, \\ 0, & \text{其他}; \end{cases}$

当 $|y|<1$ 时,$f_{X\mid Y}(x\mid y)=\dfrac{f(x,y)}{f_Y(y)}=\begin{cases} \dfrac{1}{1-|y|}, & |y|<x<1, \\ 0, & \text{其他}. \end{cases}$

3. (1) $k=2$；(2) 对于任意 $y>0$，有 $f_{X|Y}(x|y)=\begin{cases}2e^{-2x}, & x>0,\\ 0, & \text{其他};\end{cases}$

(3) $P\{X<2\,|\,Y>1\}=P\{X<2\}=1-e^{-4}$.

习题 3-4

1. 随机变量 X 与 Y 不相互独立.

2. (1) X 和 Y 的联合分布律为

Y	X			
	-1	0	1	$P\{Y=j\}$
0	$\frac{1}{4}$	0	$\frac{1}{4}$	$\frac{1}{2}$
1	0	$\frac{1}{2}$	0	$\frac{1}{2}$
$P\{X=i\}$	$\frac{1}{4}$	$\frac{1}{2}$	$\frac{1}{4}$	1

(2) X 和 Y 不相互独立.

3. $A=\frac{2}{9}, B=\frac{1}{9}$. **4.** (1) $f(x,y)=\begin{cases}e^{-(x+y)}, & x>0,y>0,\\ 0, & \text{其他};\end{cases}$ (2) $P\{X\leqslant1\,|\,Y>0\}=1-e^{-1}$.

4. $P\{\max\{X,Y\}\leqslant1\}=P\{X\leqslant1,Y\leqslant1\}=P\{X\leqslant1\}P\{Y\leqslant1\}=\frac{1}{9}$.

习题 3-5

1. Z 的分布律如下表所示.

Z	3	5	7
p	0.18	0.54	0.28

2. (U,V) 的概率分布如下表所示.

U	V	
	1	2
1	$\frac{4}{9}$	0
2	$\frac{4}{9}$	$\frac{1}{9}$

3. $f_Z(z)=\begin{cases}1-\frac{z}{2}, & 0<z<2,\\ 0, & \text{其他}.\end{cases}$

总习题三

一、选择题

1. B **2.** C **3.** A **4.** B

二、计算题

1. (1) $P\{X=1\,|\,Z=0\}=\frac{C_2^1\times2}{3^2}=\frac{4}{9}$.

(2)

Y	X		
	0	1	2
0	$\dfrac{1}{4}$	$\dfrac{1}{6}$	$\dfrac{1}{36}$
1	$\dfrac{1}{3}$	$\dfrac{1}{9}$	0
2	$\dfrac{1}{9}$	0	0

2. （1）X 和 Y 的联合分布律如下表所示.

Y	X		
	0	1	2
0	0	0	$\dfrac{1}{35}$
1	0	$\dfrac{6}{35}$	$\dfrac{6}{35}$
2	$\dfrac{1}{35}$	$\dfrac{12}{35}$	$\dfrac{3}{35}$
3	$\dfrac{2}{35}$	$\dfrac{4}{35}$	0

（2）$P\{X>Y\}=\dfrac{19}{35}$；（3）$P\{X+Y=3\}=\dfrac{4}{7}$；（4）$P\{X<3-Y\}=\dfrac{8}{35}$.

3. （1）$k=\dfrac{1}{8}$；（2）$P\{X<1,Y<3\}=\dfrac{3}{8}$；（3）$P\{X+Y\leqslant4\}=\dfrac{2}{3}$.

4. (X,Y) 的联合分布律及边缘分布律如下表所示.

Y	X			
	0	1	2	$p._{j}$
0	$\dfrac{1}{8}$	0	0	$\dfrac{1}{8}$
1	$\dfrac{1}{8}$	$\dfrac{2}{8}$	0	$\dfrac{3}{8}$
2	0	$\dfrac{2}{8}$	$\dfrac{1}{8}$	$\dfrac{3}{8}$
3	0	0	$\dfrac{1}{8}$	$\dfrac{1}{8}$
$p_{i.}$	$\dfrac{1}{4}$	$\dfrac{1}{2}$	$\dfrac{1}{4}$	1

5. $f_X(x)=\begin{cases}7.2y-9.6y^2+2.4y^3, & 0\leqslant y\leqslant1,\\ 0, & \text{其他.}\end{cases}$

6. （1）$P\{X>2Y\}=\dfrac{7}{24}$.

（2）Z 的概率密度为 $f_Z(z)=\begin{cases}z(2-z), & 0<z<1,\\ (2-z)^2, & 1\leqslant z<2,\\ 0, & \text{其他.}\end{cases}$

7. （1）(X,Y)的概率分布如下表所示.

Y	X	
	0	1
0	$\frac{2}{3}$	$\frac{1}{12}$
1	$\frac{1}{12}$	$\frac{1}{12}$

（2）Z的概率分布如下表所示.

Z	0	1	2
p	$\frac{2}{3}$	$\frac{1}{4}$	$\frac{1}{12}$

8. （1）$P\left\{Z\leqslant\frac{1}{2}\mid X=0\right\}=\frac{1}{2}$；（2）$f(z)=\begin{cases}\frac{1}{3}, & -1\leqslant z<2,\\ 0, & \text{其他}.\end{cases}$

第四章

习题 4-1

1. $E(X)=2.3$. **2.** 乙成绩更好. **3.** $E(X)=0.3$. **4.** $E(X)=\frac{2}{3}$. **5.** $E(X)=-0.2$, $E(X^2)=2.8, E(2X^2+5)=13.4$. **6.** $E(Y)=2$. **7.** $E(X^2+Y)=3.96$.

习题 4-2

1. $E(X)=0.2, E(X^2)=2.8, E(3X^2+5)=13.4, D(X)=2.76$. **2.** $D(X)=\frac{1}{3}$.

3. $E(X^2)=8$. **4.** $D(Y)=\frac{8}{9}$. **5.** $E\left[(X-2)^2\right]=4$. **6.** $E(Y^2)=\lambda^2+\frac{1}{3}\lambda$.

习题 4-3

1. （1）X_1 和 X_2 的联合分布如下表示.

X_2	X_1	
	0	1
0	0.1	0.8
1	0.1	0

（2）$\rho=-\frac{2}{3}$.

2. （1）$E(X)=\frac{7}{6}, E(Y)=\frac{7}{6}$；（2）$\text{Cov}(X,Y)=-\frac{1}{36}, \rho_{XY}=-\frac{1}{11}$；（3）$D(X+Y)=\frac{5}{9}$.

3. $D(X+Y)=85, D(X-Y)=37$. **4.** （1）$E(Z)=\frac{1}{3}, D(Z)=3$；（2）$\rho_{XZ}=0$；（3）相互独立.

5. 对于 $E(Z)$：在(1),(2),(3)三种情况下都有 $E(Z)=29$. 对于 $D(Z)$：(1) X,Y 独立，则 $D(Z)=109$；(2) $D(Z)=109$；(3) $D(Z)=94$.

总习题四

一、选择题

1. D **2.** D **3.** A.

二、计算题

1. $E\left(\dfrac{1}{X+1}\right)=\dfrac{1-e^{-\lambda}}{\lambda}$.

2. (1) $E(X)=2$，$E(Y)=0$；(2) $E(Z)=\dfrac{1}{30}$.

3. $D(X)=\dfrac{2}{25}$.　**4.** (1) $\text{Cov}(X^2,Y^2)=-0.02$；(2) $\rho_{XY}=0$.

5. $\rho_{XY}=-1$.　**6.** X 与 Y 不相关，X 与 Y 不相互独立.

第五章

习题 5-1

1. 1　**2.** σ^2　**3.** 是.

总习题五

一、选择题

1. $\dfrac{1}{2}$　**2.** $\mu^2+\sigma^2$　**3.** 0.5

二、计算题

1. 443.　**2.** 98.

第六章

习题 6-1

1. $P\{X_1=k_1,X_2=k_2,\cdots,X_n=k_n\}=\dfrac{\lambda^{k_1}}{k_1!}\dfrac{\lambda^{k_2}}{k_2!}\cdot\cdots\cdot\dfrac{\lambda^{k_n}}{k_n!}e^{-n\lambda}$，$k_i=0,1,2,\cdots,i=1,2,\cdots,n$.

2. $f(x_1,x_2,\cdots,x_n)=\begin{cases}\dfrac{1}{(b-a)^n}, & a<x_1,x_2,\cdots,x_n<b,\\ 0, & 其他.\end{cases}$

习题 6-2

1. $F_n(x)=\begin{cases}0, & x<344,\\ 0.2, & 344\leqslant x<347,\\ 0.4, & 347\leqslant x<351,\\ 0.8, & 351\leqslant x<355,\\ 1, & x\geqslant355.\end{cases}$　**2.** $F_n(x)=\begin{cases}0, & x<1,\\ \dfrac{1}{3}, & 1\leqslant x<2,\\ \dfrac{2}{3}, & 2\leqslant x<3,\\ 1, & x\geqslant3.\end{cases}$

习题 6-3

1. C　**2.** C　**3.** 39.562 5，0.608 4，0.78，0.532 3.

习题 6-4

1. $\chi^2(n)$，n　**2.** $\dfrac{2\sigma^4}{15}$　**3.** $\chi^2(7)$　**4.** $t(9)$　**5.** 0.000 2.　**6.** 16.

总习题六

一、选择题

1. C　**2.** C　**3.** B　**4.** D

二、填空题

1. $\mu^2+\sigma^2$

三、计算题

1. 36. **2.** $a=0.05, b=0.01, Y \sim \chi^2(2)$.

第七章

习题 7-1

1. $2.13, 3.11 \times 10^{-4}$. **2.** $\hat{\theta} = \dfrac{2\overline{X}-1}{1-\overline{X}}$. **3.** $\hat{\theta} = \dfrac{1}{4}$. **4.** $\hat{\theta} = \dfrac{\sqrt{69}-7}{2}$. **5.** $\hat{p} = \dfrac{\overline{X}}{m}$.

6. 略. **7.** (1) $\hat{\sigma} = \overline{X} - \mu$; (2) $\hat{\mu} = \min\{X_1, X_2, \cdots, X_n\}$;

(3) $\hat{\mu} = \min\{X_1, X_2, \cdots, X_n\}$, $\hat{\sigma} = \overline{X} - \min\{X_1, X_2, \cdots, X_n\}$.

习题 7-2

1. 略. **2.** (1) $C = \dfrac{1}{2(n-1)}$; (2) $C = \dfrac{1}{n}$. **3.** 证明略，$\hat{\mu}_2$. **4.** $a = \dfrac{n_1}{n_1+n_2}, b = \dfrac{n_2}{n_1+n_2}$.

5. $a_1 = 0, a_2 = a_3 = \dfrac{1}{n}, D(T) = \dfrac{\theta(1-\theta)}{n}$.

习题 7-3

1. $(110.43, 119.57)$. **2.** $(9.84, 10.29)$. **3.** $(4.58, 9.60)$. **4.** $(0.015, 0.119)$. **5.** $(9, 51)$.

6. $(0.218, 3.896)$.

总习题七

1. $\dfrac{5}{6}, \dfrac{5}{6}$. **2.** $\dfrac{1}{\overline{X}}$. **3.** $\hat{\theta} = \dfrac{\overline{X}}{\overline{X} - c}, \hat{\theta} = \dfrac{n}{\displaystyle\sum_{i=1}^{n} \ln X_i - n \ln c}$.

4. $\hat{\theta} = \overline{X} - 1, \hat{\theta} = \min(X_1, X_2, \cdots, X_n)$. **5.** (1) T_1, T_3; (2) T_3.

6. (1) $(3.173, 3.827)$; (2) $(2.823, 4.177)$; (3) 0.034.

7. $(4.098, 9.108)$. **8.** $(-6.04, -5.96)$. **9.** $(0.45, 2.79)$. **10.** $(0.504, 0.696)$.

第八章

习题 8-1

1. D. **2~6.** 略.

7. $|u| \approx 1.94 < u_{0.025}$，可以认为该日生产的零件的平均质量与正常生产时无显著差异. 假设检验的步骤略.

习题 8-2

1. $u \approx -1.699 < -u_{0.05}$，故认为该日铁水含碳量的均值显著降低了.

2. $|t| \approx 0.894 < t_{0.025}(8)$，可以认为每包化肥的平均质量为 50 kg.

3. $\chi^2 \approx 6.91$，$\chi^2_{0.975}(9) < \chi^2 < \chi^2_{0.025}(9)$，可以认为该日生产的铜丝折断力的方差也为 40^2.

4. $\chi^2 \approx 13.5 > \chi^2_{0.01}(4)$，所以认为该日生产的维尼纶纤度的方差不正常，而是显著变大了.

5. 可认为自动售货机售出的清凉饮料平均含量为 222 mL.

6. 可认为总体标准差 $\sigma^2 \geqslant 6^2$.

习题 8-3

1. 使用原料 B 的产品的平均质量比使用原料 A 的要大.

2. 可认为此种血清无效.

3. (1)$F \approx 1.06 < F_{0.025}(5,5)$,可认为两批电子元件电阻的方差无显著差异;(2) $|T| \approx 1.28 < t_{0.025}(10)$,可认为两批电子元件电阻的均值无显著差异.

4. $F \approx 4.40 > F_{0.025}(9,8)$,故认为两种配方生产的橡胶伸长率的方差有显著差异.

5. 可认为矮个子总统的寿命比高个子总统的寿命长.

习题 8-4

1. $U = \dfrac{(\overline{X} - \overline{Y}) - (\lambda_1 - \lambda_2)}{\sqrt{S_1{}^2/n_1 + S_2{}^2/n_2}}$.

2. $|U| = 0.5 < u_{0.025}$,可认为 $\lambda = 0.001$.

3. 可认为该药品广告不真实.

4. 可认为新工艺没有显著地影响产品质量.

5. 可认为这批产品可以出厂.

习题 8-5

1. 服从泊松分布.

2. 可认为一页的印刷错误个数服从泊松分布.

3. $\hat{\lambda} = 1.8, \chi^2 \approx 5.65 < \chi^2_{0.05}(4)$,可以认为该段公路上每 15 s 内通过的汽车数量服从泊松分布 $P(1.8)$.

4. $\hat{p} = 0.1, \chi^2 = 1.69 < \chi^2_{0.05}(2)$,可以认为生产过程中出现次品的概率是不变的.

总习题八

1. (1)有显著差异;(2)有显著差异 **2.** 无显著差异 **3.** 这批元件不合格

4. 这批电阻的精度有显著变化.

5. (1)有显著差异;(2)有显著差异.

6. 有显著差异. **7.** 机器 B 不比机器 A 更稳定.